改訂増補
カオス力学の基礎

早間　慧 著

現代数学社

G 1

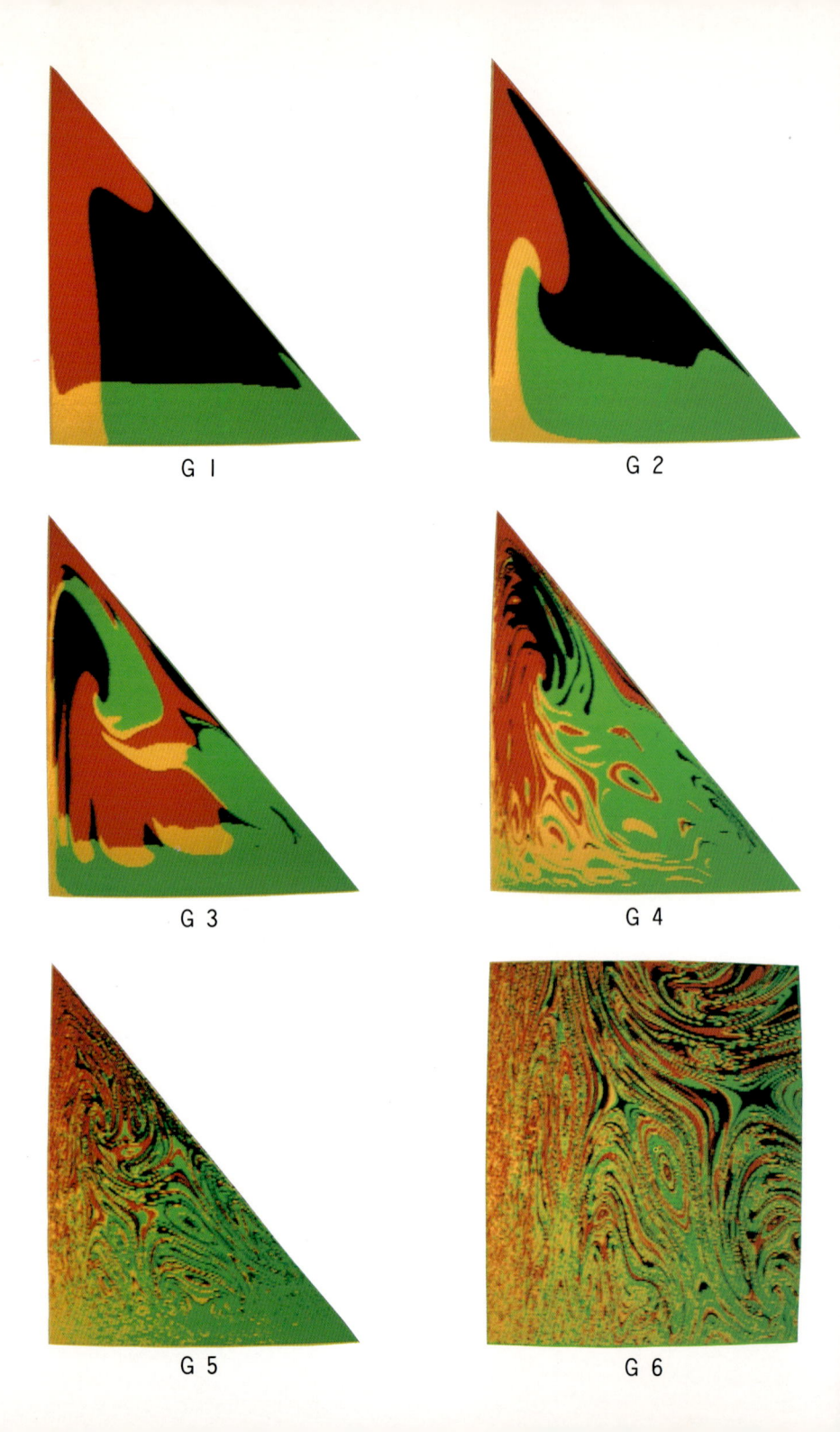

G 2

G 3

G 4

G 5

G 6

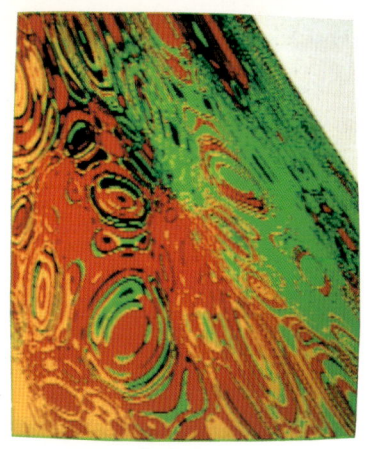

G 7

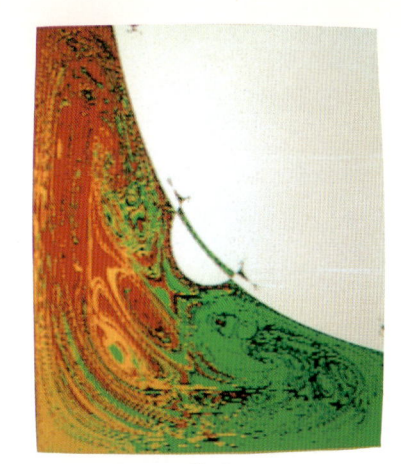

G 8

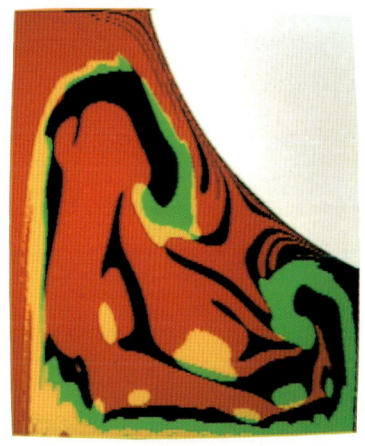

G 9

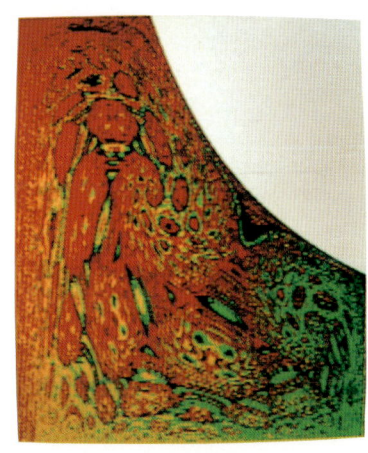

G 10

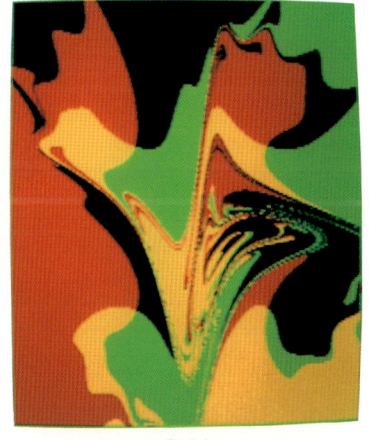

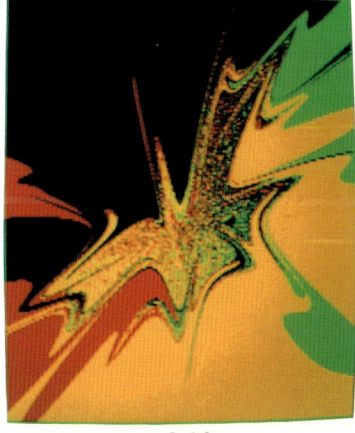

G 11

G 12

口絵の説明
前頁口絵は，非線形写像による '墨流し絵'
　　　　　　　（本文 p. 213〜218参照）

推薦のことば

　リイとヨークの論文でカオスという言葉が数学や物理で用いられはじめてからほぼ20年に近い．最近はジュラシックパークという恐竜の映画にまでカオス学者が登場するほど，この名前は人々の口にのぼるようになった．しかしカオスが何かということを色々の角度から手ほどき的に説明する本がどっとこの5年程に出ている割には，もう少しくわしく，しかも数学的に書いてある本が少ない．カオスの応用などを進めるためにはそんな本が今本当に必要になっていると思う．

　早間 慧さんは，そこのところをこの17年間にじっくりと勉強され，お得意のコンピューターを駆使して，研究もなしとげられた珍しい方である．すべて高校での教育のかたわらだから驚嘆に値する．

　カオスに興味をもっても，記号力学系との関係をくわしく勉強するのに，日本語の本がなかった．それを早間さんの本は十分に教えてくれる．私は，今の時期に貴重な本だと思う．またカオスの例も豊富で，他の本に書いてないものが多い．研究を始めようとする人にもこの本は価値があると思う．

1993年　8月
山　口　昌　哉

第2版への序

　初版発行後，無名の筆者が書いたこの参考書を評価して下さる声を聞き大変うれしく，またありがたく思いました．お礼申し上げます．初版品切れ後も次の発行を期待して下さる方もあり，少数自由度カオス系でその後研究が盛んに行われている分野で，筆者のその後の研究も含めて第3章に1節を補筆し第2版を出すことにいたしました．この間，初版のはしがきに記した方々をはじめ，蔵本由紀京都大学教授，迫田昭一郎大阪電気通信大学教授，前田陽一東海大学教授他多くの方々からご厚意と励ましを頂きましたことを感謝いたします．またこの間，本書に推薦の言葉を寄せていただき，筆者の研究の拠り所でもあった山口昌哉先生の訃報に接することとなったことはとても無念です．ここにご冥福をお祈りいたします．

2001年 10月　著者

はしがき

　本書は非線形力学，特に離散力学系の分岐とカオスを中心にした，初めてカオスを学ぶ読者のための入門書である．

　カオスは今や相対性理論や量子力学などとともに20世紀の科学上の3大発見の1つと言われ，ニュートン以来の力学観におけるパラダイムシフトをもたらしていると言われている．ごく最近までは，決定論的法則にしたがう系については，"系の初期条件がほぼ正確に分かっており，それを支配する自然法則が分かっていれば，その系の未来の近似的振舞いは計算することができ，未来は予知可能である"と信じられてきた．しかしながら，カオスの姿が明らかになるにしたがってこのようなこれまでの考え方は変更されなければならなくなった．非常に簡単な決定論的方程式であるにもかかわらず，いつまでも周期的振舞いに収束せず，初期値の微少な違いがどんどん拡大され将来はまったく異なった振舞いになるような系が次々と示された．そのような系の軌道は発散することなくある領域の中に閉じこめられていて複雑な構造（フラクタル）を持ち，しかも決して同じ点を繰り返さず，異なる初期点に対して再現性があり，構造的に頑丈である．

　カオスは，コンピューターの発達とともにその姿を現し，トポロジー的考察や記号力学によって理解が深められた．また，カオスはソリトンとともに非線形法則が生み出す現象である．これまで，学問の上では非線形は特殊なものとの扱いを受けてきたが，これはもっぱら解析的扱いを受け付けないためであって，非線形現象が特殊なためではない．むしろ，自然現象のなかでは非線形法則に支配される現象の方が多いであろう．カオス力学を学ぶことは自然を理解する上で要の一つであると考えられる．

　本書は，数学の月刊誌『BASIC数学』に1991年8月号から1992年10月号に亘って連載した「カオスの世界への道」を補筆して1冊にまとめたものである．いくつかの典型的なモデルにスポットをあてつつ，非線形力学系の分岐とカオスについての基礎的理解が得られるようにした初等的な入門書であ

る．本書は大学教養コースで学ばれている数学の基礎的知識があれば十分に理解できるものである．部分的に少しばかり深入りしている所もあるが，読み飛ばしていただいても全体の把握には差し支えない．

本書で扱う力学系は主として離散方程式（差分方程式，定差方程式ともいわれる）と呼ばれる次のような逐次式

$$X_{n+1} = F(X_n), \quad n = 0, 1, 2 \cdots$$

で記述されるものに限られる．ここで，X は 1 個または複数個の変数の組，F はその関数である．微分方程式

$$\frac{dX}{dt} = F(X)$$

で記述される力学系の解 $X(t)$ の性質は，軌道（解曲線）に交差するある適当な切断面を考えて，その面上の各点が再びその面上で次にどの様に写されるかといった，切断面上の離散的写像を調べることによって明らかにすることができる．この方法は，このアイデアの提唱者の名にちなんでポアンカレー写像と呼ばれている．この意味からも離散力学系について学ぶことは基本的なことである．

全体は 4 章からなり，中心となるのは 2 章と 3 章である．2 章は，1 次元の非線形離散系について離散ロジスティック方程式

$$x_{n+1} = ax_n(1 - x_n)$$

にモデルを限って物語風に展開する．読者はこの単純な式が思いもよらぬ奥深い内容を秘めていることに驚かれるであろう．3 章は，2 次元系について線形写像，エノン（Hënon）写像，生態学モデルなどを取り上げ，周期点の分岐やカオスの幾何学について述べる．連続系のポアンカレー写像などについては序章と 3 章 6 で触れる．4 章では不動点定理の応用とシャルコフスキーの定理の証明，記号力学，フラクタル，非線形関数が描く墨流し絵模様などについて述べる．興味あるところを選んで読んでいただきたい．

本書では，連続力学系についてはポアンカレー写像にかかわってごく簡単な記述しかしていない．また，円写像とアーノルドの舌，標準写像，カオスの実験とその解析法（スペクトル解析や，時系列データからのアトラクターの構成など），力学系のエントロピーなどについては記述していないか，ご

くかいつまんだ記述にとどまっている．これらについては既に出版されているカオス力学の入門書の中で記述されているので参考にされたい．

　文中の図をパソコンで描く，BASICによるプログラムがいくつか載せてある．カオスにしてもフラクタルにしても，もし読者がパソコンを扱えるならぜひ読者自身で追体験してみていただきたい．そうすることによって読者自身の問題意識が広がり一層の知的興奮がもたらされることになると思う．

　最後になりましたが，浅学の筆者が本書を記すことが出来たのは，17年前にさかのぼる山口昌哉教授との出会いとその後のご指導とご援助によるものであり，深謝いたします．また，寺本 英研究室，富田和久研究室のゼミで学べたことにも感謝いたします．さらにまたこれまで多くの方々，とくに国府寛司，国府（岡）宏枝，宇敷重広，畑正義，平井徹の各氏には有益な議論や貴重なコメントおよび資料文献をいただいたことを，また宇尾槇子さんには数学誌への連載当時草稿へのコメントをいただき大変助けになりましたことを感謝いたします．

1993年8月　著者

も く じ

1 序 章 ·· 1
  1.1 力学系と位相空間 ··· 1
  1.2 線形漸化式と非線形漸化式 ··· 2
  1.3 連続系とポアンカレー写像 ··· 7

2 ロジスティック写像物語 ·· 13
  2.1 はじめに ·· 13
  2.2 周期倍化分岐 ·· 18
    2.2.1 分岐ダイアグラムの概観 ·· 18
    2.2.2 不動点とその安定性 ··· 20
    2.2.3 周期倍化分岐はなぜ起きる ····································· 23
    2.2.4 周期倍化分岐とファイゲンバウムの普遍定数 ············ 27
  2.3 次々繰り出す接線分岐 ·· 30
    2.3.1 次々繰り出す接線分岐 ·· 30
    2.3.2 シャルコフスキーの定理 ······································· 35
    2.3.3 臨界点 c の特異的な性質 ····································· 37
  2.4 周期解の小島'窓'とカオスの海 ····································· 39
    2.4.1 安定な周期解の窓の数 ·· 39
    2.4.2 窓の位置・幅とカオスの海 ···································· 41
    2.4.3 窓のフィナーレ ··· 43
    2.4.4 リー・ヨークの定理とカオス ································· 46

2.4.5　リアプノフ指数と分布関数 ……………………………48
　2.5　ピュアーカオス ……………………………………………52
　　　2.5.1　カオスを生み出すメカニズム ………………………52
　　　2.5.2　カオスの条件 …………………………………………57
　　　2.5.3　カオス集合の分布 ……………………………………60

3　2次元離散力学の世界 ……………………………………………65
　3.1　はじめに ………………………………………………………65
　3.2　線形写像の力学 ………………………………………………67
　　　3.2.1　線形写像と固有方程式 ………………………………67
　　　3.2.2　非線形写像と不動点の安定性 ………………………75
　3.3　非線形写像の例 ………………………………………………77
　　　3.3.1　エノン写像 ……………………………………………77
　　　3.3.2　餌食‐捕食者方程式 …………………………………86
　3.4　周期点の分岐 …………………………………………………94
　　　3.4.1　不動点分岐の種類 ……………………………………94
　　　3.4.2　ゼロカーブの変化と周期点の分岐 …………………97
　　　3.4.3　いくつかのモデルによる例 …………………………104
　3.5　カオスのトポロジー …………………………………………112
　　　3.5.1　馬蹄形写像とホモクリニックカオス ………………113
　　　3.5.2　引き伸ばして折り畳むカオス ………………………118
　　　3.5.3　スナップ‐バックリペラーとカオス
　　　　　　（マロットの定理）……………………………………121
　3.6　連続系のカオス ………………………………………………129
　3.7　リドルベイスンとオン・オフ間欠性 ………………………133
　　　3.7.1　リドルベイスン ………………………………………133

3.7.2 局所的に絡み合ったベイスン ……………………… 139
3.7.3 リドル崩壊と薄膜衝突崩壊 ……………………… 143
3.7.4 オン・オフ間欠性 ……………………………… 148

4 補　章 …………………………………………………… 155
4.1 不動点定理とその応用 ………………………………… 155
4.1.1 不動点定理とその応用 ……………………………… 155
4.1.2 シャルコフスキーの定理の証明 …………………… 161
4.2 入門記号力学 ………………………………………… 170
4.2.1 軌道と旅程 …………………………………………… 170
4.2.2 許容的な旅程と記号列の順序 ……………………… 174
4.2.3 周期的な $K(f)$ は安定周期点の存在を
意味する ……………………………………………… 178
4.2.4 どのような記号列は許容的か ……………………… 181
4.2.5 周期的な許容列は周期点の存在を意味する ……… 186
4.2.6 周期点の分岐と記号列 ……………………………… 188
4.3 入門フラクタル ……………………………………… 194
4.3.1 縮小写像と自己相似な図形 ………………………… 194
4.3.2 複素力学系とフラクタル ………………………… 201
4.3.3 フラクタル次元 …………………………………… 206
4.4 非線形写像と'墨流し絵' ……………………………… 213
4.4.1 墨流し絵の描き方 ………………………………… 213
4.4.2 いくつかのモデルと墨流し絵 ……………………… 215

プログラムリスト ……………………………………………… 220
索　引 …………………………………………………………… 237

1 序　章

1.1　力学系と位相空間

カオスは今や力学における中心的テーマの一つである．ここで力学とは，物体の運動や物質の変化などその対象が何であろうと，系の時間変化を支配する法則と初期条件とが与えられたとき，系のその後の時間発展のあり様を明らかにすることである．

力学系には次の3つのタイプがある：

1. **連続力学系**——次のように微分方程式で表される系
$$\frac{dX}{dt} = F(X), \quad X \in R^n \tag{1-1-1}$$

2. **離散力学系**——次のように離散方程式で表される系
$$X_{n+1} = F(X_n), \quad n = 1, 2, \cdots \tag{1-1-2}$$

3. **記号力学系**——記号列とそれに作用する'ずらし'のオペレーターで表される系

(1-1-1) 式や (1-1-2) 式の X の成分座標で張られる空間を**位相空間**という．

ちなみにニュートンの運動方程式
$$F = ma \tag{1-1-3}$$

について見ると，加速度 a は物体の位置変数 x の時間による2階微分なので，$y = mdx/dt$（すなわち運動量）とおけば $dy/dt = ma$ となり，運動方程式 (1-1-3) は

$$\frac{dx}{dt} = \frac{y}{m}$$
$$\frac{dy}{dt} = F \tag{1-1-4}$$

と書け，(1-1-1) 式の形式に表される．$X=(x,y)$ である．

　世代が重ならない昆虫の世界などは，あるシーズンの個体数が次のシーズンの個体数の決定の決めてになるので離散力学系の典型例である．一方連続系の解の性質も，後に述べるように離散写像を調べることによって明らかにすることができる．

　初期条件を与えると，(1-1-1) 式や (1-1-2) 式の解，すなわち位相空間において点 $X(t)$，あるいは点 X_n が時間とともに辿る軌道が定まる．軌道は，微分方程式 (1-1-1) の場合は連続しており，離散方程式 (1-1-2) の場合は飛びとびの値をとる．軌道が我々の知っている数式によって解析的に表せるものは方程式が線形か，非線形でもごく特殊な場合に限られている．したがって一般の非線形方程式の解については，コンピューターの発達によって数値的に楽に解けるようになるまではなぞのベールに包まれていて，人々ははしがきに述べたように誤った力学観を持っていたのである．

　記号力学については4章2の他に，その基礎となる考え方は2章4，5，3章6，および4章1に現われる．

1.2　線形漸化式と非線形漸化式

　a, b をある定数として，
$$x_{n+1} = ax_n + b, \quad n = 0, 1, 2, \cdots \tag{1-2-1}$$
という線形の漸化式によって定まる数列の一般項は
$$x_n = a^n x_0 + b \sum_{k=0}^{n-1} a^k$$
で与えられる．

　さてここで，(1-2-1) 式で定まる軌道 x_n をグラフ上に求めてみよう．(1-2-1) 式の解の振舞い方は図 1.2.1 のようにグラフを用いると視覚的に理解することができる．このグラフの見方を説明しよう．2つの直線
$$y = ax + b \cdots\cdots\cdots\cdots\cdots\cdots\cdots\cdots\cdots ①$$
$$y = x \quad \cdots\cdots\cdots\cdots\cdots\cdots\cdots\cdots\cdots ②$$
に対して，初期値 x_0 から出発して，図のように，$x_0 \to$（上へ）$\to$ 直線① $\to$

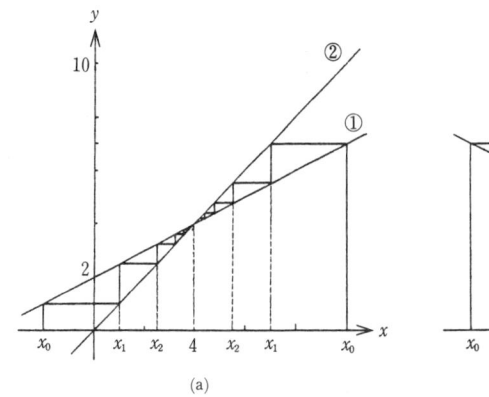

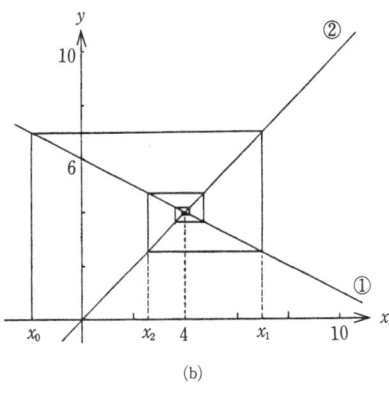

図 1.2.1 線形漸化式のリターンマップ

(横へ) →直線② (x_1 を与える) →直線①→直線② (x_2 を与える) →…，と進めて行って次々と x_n が定まる．この方法は，一般の離散方程式 $x_{n+1} = f(x_n)$ によって定まる軌道 x_n をグラフ上で求める有効な方法で，**リターンマップ**という．図 1.2.1(a) は $a=0.5$, $b=2$ として $x_0=-2$ および $x_0=10$ を初期値とした場合で，どちらの場合も数列は直線①，②の交点 $x=4$ へ単調に収束している．また図 1.2.1(b) は $a=-0.5$, $b=6$, $x_0=-2$ の場合で，数列は $x=4$ を中心に左右に振動しながらこの値に収束している．

このようにして，数列 x_n は，$0<a<1$ の場合は図 1.2.1(a) のように直線①，②の交点 $x=b/(1-a)$ へ単調に漸近し，$-1<a<0$ の場合は図 1.2.1(b) のように振動しながら $x=b/(1-a)$ に近づいて行くことが分かる．他の場合も同様にグラフを描いてみることによって簡単に軌道の振舞いがわかる．概括すれば

    $|a|<1$ ：不動点 $x=b/(1-a)$ に収束する．
    $|a|>1$ ：不動点 $x=b/(1-a)$ から遠ざかり，発散する．

ということになる．この粗い概括の仕方は，そのまま非線形写像の不動点の局所的な安定性（吸引的か，反発的か）の判断につながる．$|a|=1$ の場合は中立的で，中心（center）といい，非線形の場合の軌道の振舞いについてはさらに詳しい考察（中心多様体理論）が必要である．（例えばウィギンス[1]を参考にされたい．）

さて，定数 a を含む次のような非線形の漸化式

$$x_{n+1} = ax_n(1-x_n) \tag{1-2-2}$$

は**離散ロジスティック方程式**，あるいは**ロジスティック写像**と呼ばれ，昆虫などの個体数の変動を記述する方程式として有名である．詳しくは次章でじっくりと考察するが，これだけ簡単な式からはとても想像できない，まるで

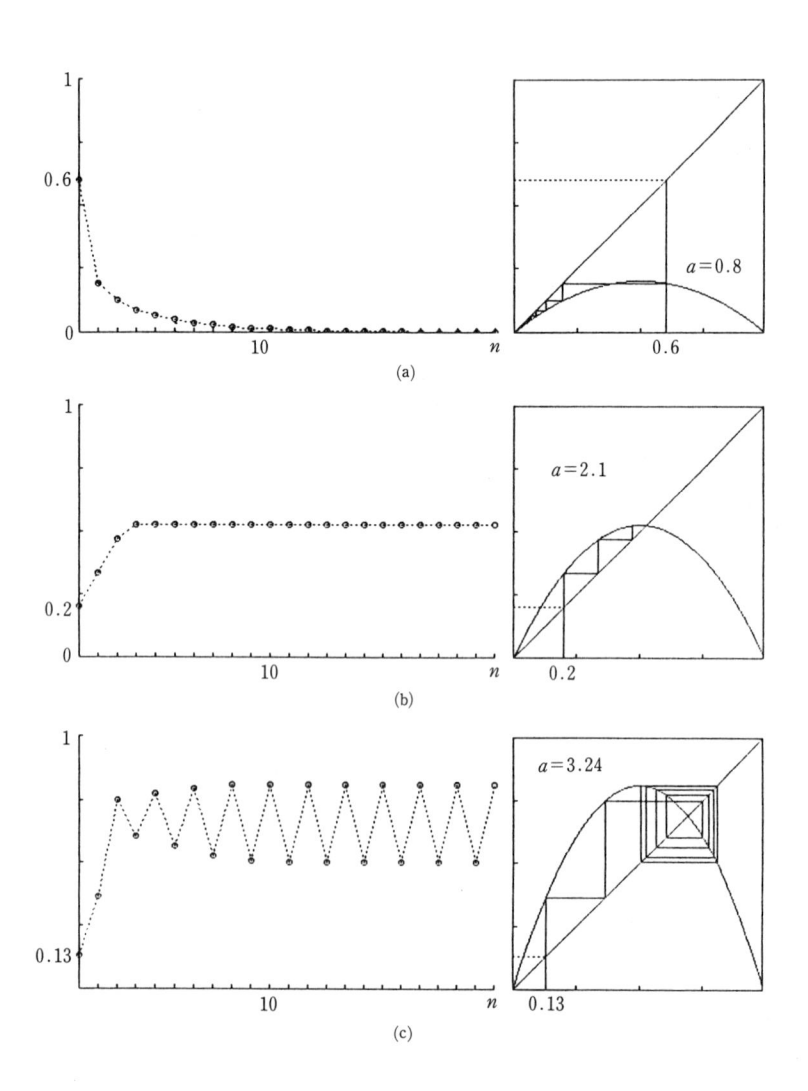

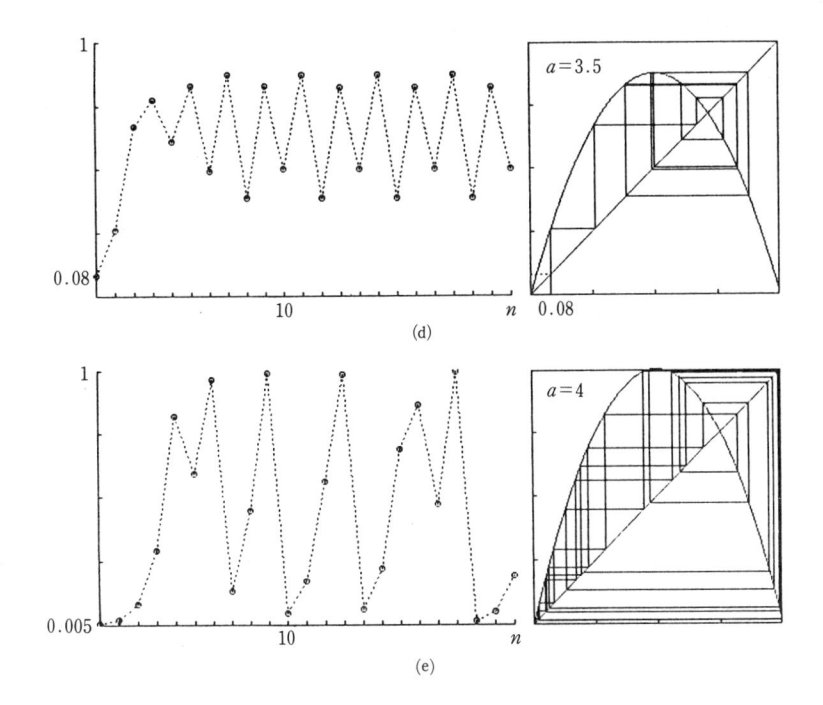

図1.2.2 ロジスティック写像のリターンマップ

ジャングルの中を探検するほどわくわくする内容を秘めているのである.

ここで少しパソコンを使って,いくつかリターンマップを調べてみよう.(1-2-2)式において定数 a の値を設定し,初期値 x_0 の値を決めると,以下軌道 $x_1, x_2, \cdots$ が次々に定まる.図 (1-2-2)(a)〜(e)で,パラメーター a は順に $a=0.8, 2.1, 3.24, 3.5, 4.0$ としている.図を描くパソコンのプログラムは LIST_01 である.

図1.2.2を見ると,まず(a)や(b)の場合の解は,しだいにある一定値に近づき,ついにはその同じ値を繰り返すようになっている.軌道が最終的に落ち着く点を**安定不動点**,または**吸引不動点**という.(c)の場合の解は交互に,すなわち振動しながらある2つの値にしだいに近づき,ついにはこの2つの値を交互に繰り返す.したがってこの場合,(1-2-2)式は**安定2周期点(吸引2周期点)**を持つ.(d)の場合の解は振動しながらある4つの値にしだいに近

づき，やはりついにはこの4つの値を繰り返すので，**安定4周期点（吸引4周期点）**を持つ．(e)の場合はもう周期的とは言えない，まるで法則には従っていないかのように振舞い，**カオス**になっている．

実は，この非線形離散方程式が生み出す解は，方程式の構造の単純さからはとても想像できない，豊かで奥深い内容を秘めている．初期値x_0によって決定される解の終局的振舞いは，パラメーターaを0から4まで変えていくときあらゆる周期の軌道や非周期軌道が現われる．初めは唯一の安定不動点$x=0$が現われるが，aの値が1を越えると$x=0$は**不安定不動点（反発不動点**ともいう：$x_0=0$なら以後$x_1=x_2=\cdots=0$となるが，$x_0\neq0$ならどんなにx_0が0に近くても解は不動点からしだいに遠ざかる）になるとともにゼロでない正の安定不動点が新しく現われる．さらにaが3を越えると安定な解は2周期点と入れ替わる．こうしてaの値が増加して行くとき次々と4周期点，8周期点，…，そしてあらゆる偶数，奇数の周期点が現われる．またaの値によってはどの様な周期点にも漸近しないランダムな軌道（カオス軌道）が現われるようになる．しかもこのような傾向は(1-2-2)式だけに限らず，一定の条件を満たす山形の非線形離散方程式（単峰写像ともい

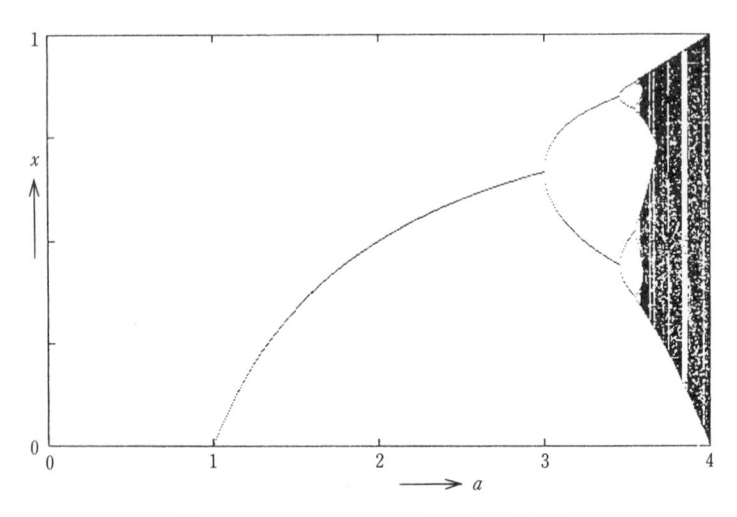

図 1.2.3　ロジスティック写像の分岐図

う）において共通しているのである．

　方程式（1-2-2）の解が安定な不動点を持つ場合からそれが不安定となり新しく安定な2周期点が現われる場合などのように，解の性質があるパラメーター値を境に突然変化することを'**分岐**'と呼んでいる．この分岐の様相は**分岐ダイアグラム**（分岐図）という壁絵の中に凝縮されている．図1.2.3はパラメーター a（横軸）を0から4まで4/500刻みで変えながら，初期値を $x_0=0.5$ として2000回の繰り返し計算を行なった後，引き続き600回の繰り返し計算をしつつその x_n の値を次々と x 軸（縦軸）上にプロットした分岐図である．繰り返し計算を2000回もすれば，軌道はほとんどその落ち着き先に達していると考えられるので（これは実際にコンピューター計算をしてみれば実感できる．分岐ダイアグラムはLIST_02によって描かれる），こうして描いた分岐ダイアグラムは，パラメーター a に対して（1-2-2）式が安定な周期解を持てばそれを示し，それがなければ解がさまよい続ける域を示していると言える．次章でじっくりと分岐ダイアグラムという壁絵の謎解きを試み，ロジスティック写像の秘密に迫ってみたい．

1.3　連続系とポアンカレー写像

　序章の最後に微分方程式で記述される連続系について，気象学者であるエドワード・ローレンツ（E. N. Lorenz）が1963年にある気象学のジャーナルに発表した研究[2]について述べたい．この研究は今ではカオス研究の古典の一つにあげられていて大変有名であるが，この論文の発表後10年間は人々によって取り上げられることもなく埋もれたままであった．しかし1973年のある日，メリーランド大学の地球物理学者であるアランファラー教授が"おもしろい論文がある"と言って同じ大学の数学教室のヨーク教授に論文を紹介したことが発端となって知られるようになり，"周期3はカオスを導く"というリー・ヨークの有名な定理の発見（1974年）への契機ともなった．

　流体に対する基礎的な方程式にナビエー・ストークス方程式というのがある．この式は非線形の偏微分方程式で書かれていて直接解くことはできないが，ローレンツは温度勾配下に置かれた流体について，どうしても削ること

のできないエッセンスだけを取り出して次のような3変数の微分方程式

$$\frac{dx}{dt} = -\sigma x + \sigma y$$

$$\frac{dy}{dt} = -xz + ry - y \qquad (1\text{-}3\text{-}1)$$

$$\frac{dz}{dt} = xy - bz$$

にモデル化した．ここで，x は対流の強さに比例する量，y は対流で上下する二つの流れの温度差に比例する量，そして z は上下方向の二つの流れの温度分布の差がどの程度線形性から離れているかを表す量である．また，σ は流体の拡散係数と熱伝導係数との比を表すパラメーター，rとbは容器の形，流体の性質に関係するパラメーターである．ローレンツはこの方程式をコンピューターで数値的に解き，その解が不規則解をもつ場合があることを以下に述べる**ローレンツプロット**と呼ばれる巧妙な方法によって示した．

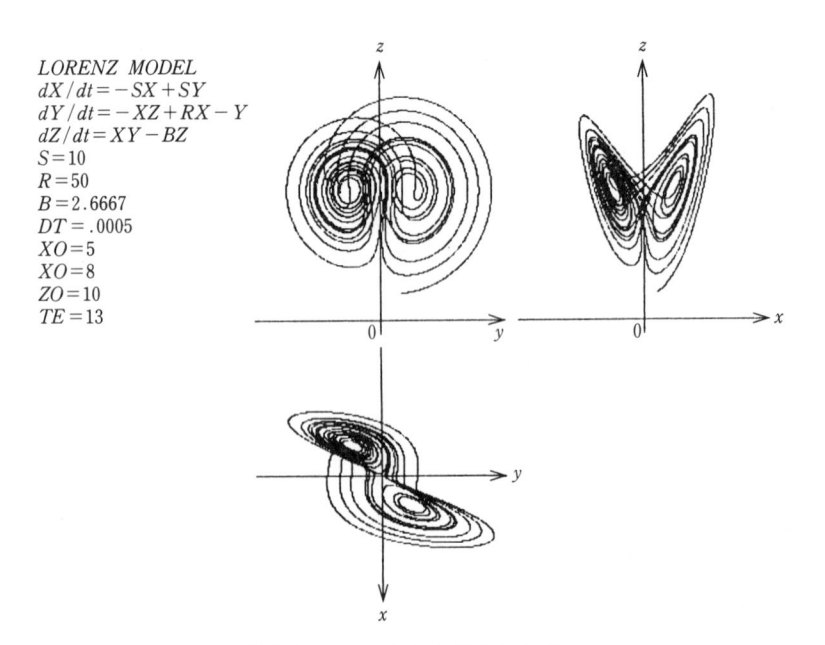

図1.3.1　ローレンツアトラクター

ここで，**ローレンツの方程式**（1-3-1）の軌道を我々もパソコンで解いてみよう．計算は LIST_03 で行う．計算法は最も簡単なオイラー法によっている．（微分方程式の数値計算法としてこの他に，もっと近似の精度を上げて計算する方法——たとえばルンゲ・クッタ法，ハミング法など——がいろいろ開発されている．例えば戸川隼人[3]を参照されたい．）図 1.3.1 は，パラメーターを σ（LIST_03 では S）$=10$，$r=50$，$b=8/3$，初期点を $(x, y, z)=(5,8,10)$，時間の刻み幅 $\Delta t = 0.0005$ として，時間 t を 0〜13 まで追跡した位相空間における軌道で，**ローレンツアトラクター**と呼ばれている．アトラクターとは軌道を引き込むという意味で，最終的に引き込まれて描き続ける軌道である．

　さてこのグラフはなかなかおもしろそうで，ふくろうの目に似た単純でない軌道を示しているが，はたしてこれが 2 度と同じ点を通過しない非周期軌道であるということはこのグラフからだけでは判断しかねる．そこでローレンツは変数 $z(t)$ に着目し，それが極大値をとる時をストロボ的にプロットする方法を考えた．図 1.3.2 は，先ほどと同じパラメーター値と初期値のもとで t を横軸に，$z(t)$ を縦軸にとってグラフを描いたものである．グラフが極大値をとるとき，その値を最初から順に $z_0, z_1, \cdots$ とする．そこで別に，横軸に z_n，縦軸に引き続く z_{n+1} をとり，点 (z_n, z_{n+1}) をこの平面上にプロットしてみると図 1.3.3 のグラフが得られるのである．図は LIST_04 による．この方法はローレンツプロットと呼ばれている．するとこのグラフは，1 章 2 で述べたリターンマップのグラフを表している．すなわち**離散方程式**

$$z_{n+1} = f(z_n)$$

の関数 f を描いているわけである．

　ところで，図 1.3.4 のようなテント形の写像では，区間 $[0,1]$ 内で任意に初期点を選ぶときその後軌道が左半分の L にあるか右半分の R にあるかは，コインを投げて裏と表のでる事象を繰り返すのとまったく同じ位に L と R のランダムな列を与える写像であることが早くから分かっていた．（ベルヌーイシフトという記号列における写像と同じ性質を持つ．このことについては 2 章 5 節で改めて解説する．）ローレンツは，図 1.3.1 だけでははっきりしないので，以上のような解析を行なって方程式（1-3-1）が非周期的な軌道

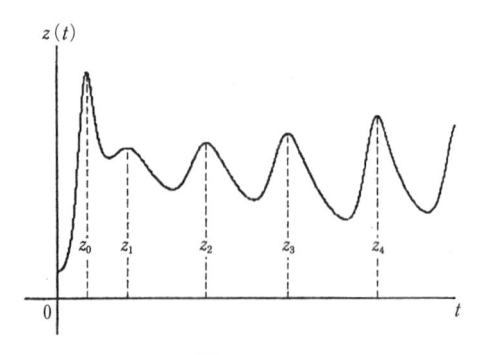

図 1.3.2

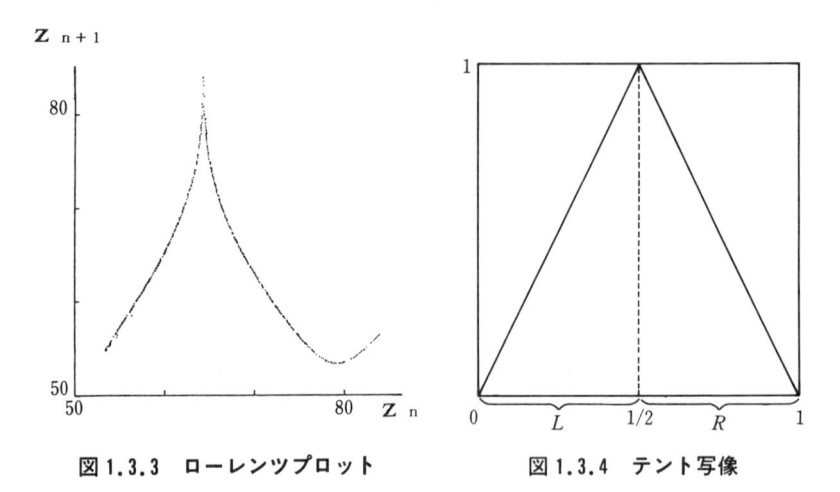

図 1.3.3　ローレンツプロット

図 1.3.4　テント写像

を持つことを示したのである．

　課題として，次の方程式（レスラー（Rössler）方程式）

$$\frac{dx}{dt} = -y - z$$

$$\frac{dy}{dt} = x + ay \quad \quad (1\text{-}3\text{-}2)$$

$$\frac{dz}{dt} = by - cz + xz$$

について，List_03，List_04 を修正することによって，パラメーター値 $a =$

0.36, $b=0.4$, $c=4.5$ および初期値 $(x, y, z)=(1,1,1)$ に対して軌道図とローレンツプロットを求めてみられたい.

　一般に, 微分方程式で記述される連続系の解の性質は, 軌道上である変数が極大値をとるときとか, 軌道がある切断面を繰り返しよぎるときとか, 時間について周期的な外力が働く場合にその周期毎に解がとる値とか, つまり軌道が描かれる位相空間において離散的に繰り返される写像がどのような点の集合になるか, あるいはどのような性質を持っているかを調べることによって明らかにすることができる. このようなアイデアはポアンカレによるもので, **ポアンカレ写像**と呼ばれ, 連続系の解の性質を調べる重要な手法の一つである.

　さて, 微分方程式

$$\frac{dX}{dt}=F(X), \quad X \in R^n \qquad (1\text{-}3\text{-}3)$$

で記述される自律系 (F が時間 t を直接含まない) では, $F(X)$ が非線形であっても, X が3次元以上ではじめてカオス的な解が可能である. ローレンツモデルはその例である. 2次元自律系の場合に起こりうる解としては, 単純な流れとなるものの他に, 単純, あるいは渦状に軌道を吸引する吸引不動点, あるいはその逆の反発不動点を持つ解, また, ある方向へは軌道を引きつけ他のある方向へは逆に軌道が遠ざかる鞍状点を持つ解, さらにまた, 軌道がある閉曲線に巻き付いていく (またはその逆), すなわちリミットサイクルを持つ解などが解として存在し得るものである.

　F が2変数 x, y の他に時間 t を陽に含む自律系でない場合には, $z=t$ として $X=(x, y)$ に z を加えて $X=(x, y, z)$ と考え, $dz/dt=1$ を加えて3変数の自律系と考えることができる. この場合のカオスを生じる例として, ダフィン方程式という非線形強制振動の例を3章6節で述べる.

参考文献

(1) S. ウイギンス『非線形の力学とカオス』丹羽敏雄監訳シュプリンガーフェアラーク東京
(2) E. N. Lorenz : Deterministic nonperiodic flow, J. Atmos. Sci., 20, 130-141.

(3) 戸川隼人『微分方程式の数値計算』オーム社

2 ロジスティック写像物語

2.1 はじめに

　分岐ダイアグラムの謎解きを始める前に，ロジスティック写像に係わる前おきを少ししておこう．
　人口の成長について，イギリスの経済学者マルサス（18世紀）はNを人口として，方程式

$$\frac{dN}{dt} = \kappa N \tag{2-1-1}$$

を提案している．(2-1-1) 式はすぐ積分できて，N_0 を初期値として

$$N(t) = N_0 \exp(\kappa t)$$

となって，人口が指数関数的に増加する初期の人口の増加をよく説明する．しかし，実際には人口はやがて飽和に達し，(2-1-1) 式はこのことを説明できない．
　そこで，1838年ヴェルハルストは飽和を考慮した**ロジスティック方程式**と呼ばれる次の方程式

$$\frac{dN}{dt} = \kappa N - \gamma N^2 \tag{2-1-2}$$

を提案した（詳しくは参考文献(1)または(2)を参照されたい）．(2-1-2) 式は，右辺第1項だけだとマルサスの式で，Nはどんどん増加する一方であるが，非線形項として第2項があるためNが増大していくと増加率は抑えられ，$N=\kappa/\gamma$ で増加率は0になり飽和状態に達する．方程式 (2-1-2) は変数分離により簡単に積分できて，その解は初期値をN_0として

$$N(t) = \frac{\kappa N_0 \exp(\kappa t)}{\kappa + N_0 \gamma \{\exp(\kappa t) - 1\}} \tag{2-1-3}$$

となる．(2-1-3) 式は $t \to \infty$ で，$N(t) \to \kappa/\gamma$ となり，図2.1.1のようなS

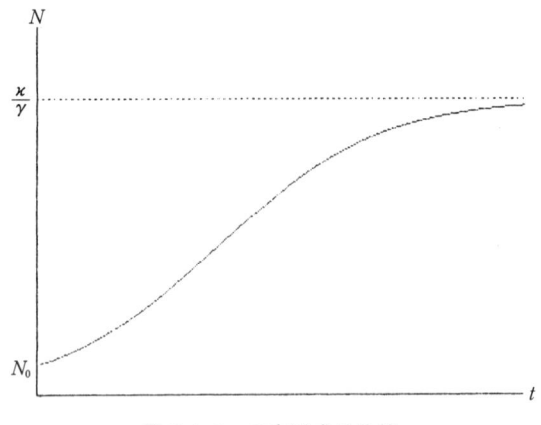

図 2.1.1　S字形成長曲線

字形の**成長曲線**になる．ここで蛇足ではあるが，一般に1次元微分方程式

$$\frac{dx}{dt}=f(x) \qquad (2\text{-}1\text{-}4)$$

の解 $x(t\,;x_0)$ は極値を持たない単調な解になる（註1）．

註1．
(2-1-4) 式の解曲線は必ず単調増加か，単調減少である．何故なら，もしそうでなければ図2.1.2のように $x(t_1)=x(t_2)$ となる t_1, t_2 があって，
$$f(x(t_1))=dx(t_1)\,dt>0$$

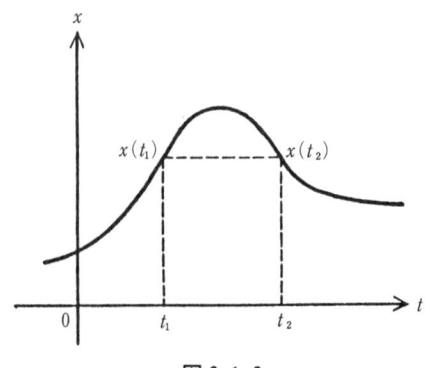

図 2.1.2

$$f(x(t_2))=dx(t_2)/dt<0$$
である.一方,
$$x(t_1)=x(t_2)$$
であるから $f(x(t_1))=f(x(t_2))$ である.これは矛盾である.

ところで,昆虫のようにシーズン毎に一斉に卵を生んで世代が交代するような場合には,個体数の成長を微分方程式で記述することは適切ではなく,離散方程式で記述する方が現実的である.そこで (2-1-2) 式に代わる,個体数変動を記述する離散方程式がいろいろ提案され解析されるようになった.とりわけ離散ロジスティク方程式

$$x_{n+1}=ax_n(1-x_n) \tag{2-1-5}$$

は次世代個体数を与える機構の本質を明快に,また最もシンプルに表現しており,1970年代頃よりロバートメイらによって詳しく考察されるようになった.メイは,この離散方程式が大変豊かな内容を持っていることを数値計算とリターンマップによる解析法によって示したのである[3].

(2-1-5) 式は (2-1-2) 式のオイラー法による差分化によっても得られる.時刻 t を離散(不連続)量として扱い,Δt をその時間間隔として (2-1-2) 式を次のように書き換える.

$$\begin{aligned}\Delta N &= N(t+\Delta t)-N(t) \\ &= \kappa\cdot\Delta t\cdot N(t)-\gamma\cdot\Delta t\cdot N(t)^2 \\ \therefore\quad N(t+\Delta t) &= (1+\kappa\cdot\Delta t)N(t) \\ &\quad -\gamma\Delta t\cdot N(t)^2\end{aligned}$$

ここで $N(0)=N_0$, $N(\Delta t\cdot n)=N_n$ とし,係数を a, b にまとめると,

$$N_{n+1}=aN_n-bN_n^2 \tag{2-1-6}$$

となる.そこでさらに

$$x_n=(b/a)N_n \tag{2-1-7}$$

と変数変換すると (2-1-5) 式が得られる.(2-1-7) 式による変数変換によってパラメーターを1個減らすことができ,変数の変域を $[0,1]$ に規格化できる.

単調な解しか持たない微分方程式 (2-1-2) をオイラー差分して得られる

離散方程式 (2-1-5) がカオスに至る豊かな解を持つことになるということは大変驚くべきことであるが，このようなことは他の差分法でも起こり，また $dx/dt = F(x)$ において $F(x)$ が一定の条件を満たせば一般的に言えることが山口昌哉氏らによって証明されている．このことは，微分方程式の解を数値計算で求める場合には注意しなければならないことを意味している．

(2-1-5) 式は初期値 x_0 を決めたとき，以後 $x_1, x_2, x_3, \cdots$ を定める漸化式であるが，

$$f(x) = ax(1-x) \tag{2-1-8}$$

を，実数の集合 R から R へ写す写像

$$f : R \to R$$

と考えてみよう．(2-1-8) 式のパラメーター a が $0 \leq a \leq 4$ の範囲では，$0 \leq x \leq 1$ に対して $0 \leq f(x) \leq 1$ なので，I を区間 $[0, 1]$ とすると $f[I] \subset I$ である．$a > 4$ では，$f(x) > 1$ となる区間が区間 I 内にあり，$x < 0$ または $x > 1$

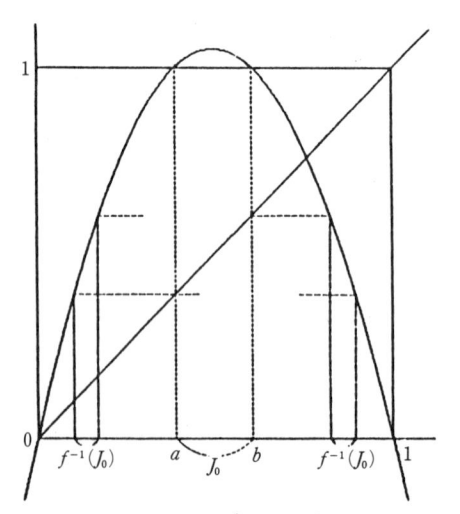

$I = [0, 1]$ から，開区間 $J_0 = (a, b)$ の逆像 $f^{-n}(J_0)$, $(n = 0, 1, 2, \cdots)$ を全て除いた集合が，f によっていつまでも I の中にとどまる点になり，カントール集合になる

図 2.1.3

では $f(x) < 0$ となるので，I 上のほとんど全ての点に対してその点を初期値とする軌道はいずれ I の外へとび出し，負の無限大へと向かうことになる（図 2.1.3）．この場合，軌道がいつまでも I の中に留まるという初期値の集合は I の中のある**カントール集合**（註 2）になることがわかっている．したがって，(2-1-5) 式を生物の個体数の変動を記述する方程式と考える場合は，パラメーター a の範囲は $0 \leq a \leq 4$ で考えることになる．

註 2．

カントール集合とは(1)閉集合である，(2)**全不連結**である（集合は有限な長さの閉区間を持たない．すべてつながらない点の集合)，(3)区間 I の**完全部分集合**である（集合のあらゆる点が集積点），の3つを満たす点の集合のこと．**カントールの3進集合**（4章3.3を参照）はその典型である．

ところで，このロジスティック写像に現われる分岐パターンは実はこの写像だけに起こる特殊なものではなく，後述するある条件を満たす**単峰写像**と呼ばれるものに共通のものであることが明らかにされている．したがって，ロジスティック写像の分岐を調べることは，1次元非線形写像のシンプルな基本形の特徴を明らかにするという意義を持っている．

単峰写像とは，I を区間 $[0, 1]$ として，f を I から I へ写す連続で微分可能な写像とすると，条件

　(1)　$f(0) = f(1) = 0,$
　(2)　I 上で唯一の**臨界点** c　$(f'(c) = 0)$ を持つ

を満たすものをいう．例えば，ロジスティック写像の他に
$$f(x) = a \cdot \sin(\pi x)$$
$$f(x) = ax(1-x)^2$$
などもその一例である．

さらに，ある条件というのは，f は C^3 級（3階微分可能で微係数は連続）で，**シュワルツの導関数**が負，すなわち

$$Sf(x) = \frac{f'''(x)}{f'(x)} - \frac{3}{2}\left(\frac{f''(x)}{f'(x)}\right)^2 < 0 \qquad ((2\text{-}1\text{-}8))$$

となっていることである．

この条件は，f の n 個の合成関数
$$f^n(x) = \underbrace{f(f(\cdots f(x)\cdots))}_{n \text{個の} f}$$
の変曲点が，単調な区間（増加であるか，減少である区間）において高々1個であることを意味している（証明は次節の註2）．このことはまた，安定な周期解はあれば高々1組であることを保証する．ロジスティック写像をはじめ $f(x) = a \cdot \sin(\pi x)$ や $f(x) = ax(1-x)^2$ 等もこの条件を満たしている．

参考文献

(1) 寺本英，山口昌哉『数理を通してみた生命』岩波書店
(2) 山口昌哉『カオスとフラクタル』講談社ブルーバックス
(3) R. M. May : Simple mathematical models with very complicated dynamics, Nature, 261 (1976)

2.2 周期倍化分岐

2.2.1 分岐ダイアグラムの概観

初めに，分岐ダイアグラム（分岐図）について大まかに概観しておこう．分岐図，図2.2.1において，$a_1, a_2, a_4, \cdots$ を，それぞれ不動点，2周期点，4周期点，…が新しく分岐して現れるパラメーター a の値を示すことにしよう．a_1 はこの図には見えないが，$a_1 = 1$ である．また，$e_1, e_2, e_4, \cdots$ を，それぞれ $a_1, a_2, a_4, \cdots$ から始まった分岐が終焉するパラメーター a の値を示すことにする．

どういうことかというと，分岐図全体を眺めてみると，まず全体の分岐は a_1 より0でない不動点が立ち上がるところから始まり $e_1 (= 4)$ で終焉するが，a_2 から e_2 までの上下にある2つの類似した図柄（これを2周期点のそれぞれから派生したバンドと言う）は a_1 から e_1 までの分岐図全体の図柄に非常によく類似していて分岐図全体のミニチュアになっていることが分かる．同様に，a_4 から e_4 についてはミニチュアが4個ある．こうして，a_n から e_n

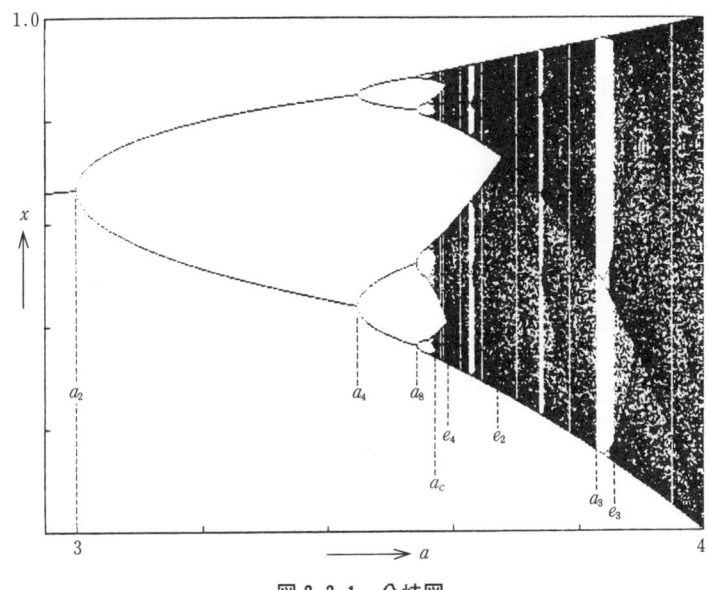

図 2.2.1 分岐図

(ただし, $n=2^m$, $m=1,2,3,\cdots$) の間には n 個のミニチュアがあって, 区間 $[a_n, e_n]$ の幅はどんどん縮まっていき, a_n, e_n は $m\to\infty$ でどちらも同じある集積点 a_c に集積していることが推察される.

このように, 分岐ダイアグラムは部分が全体のミニチュアであるという限りない階層構造を持っている. 分岐がなぜこのような構造を持つかは次節で考察する.

パラメーター a が a_c までは分岐図からわかるように周期が2倍, 2倍と増えていく**周期倍化分岐**が繰り返されている. このことについてはこの節で考察する.

しかし, a が a_c を超えると分岐の様子はまったくちがったものになる. まず, パラメーター領域 $[a_c, e_1]$ はカオス領域になっている. また, 各区間 $[e_{2n}, e_n]$ には, 区間 $[e_2, e_1]$ における分岐のパターンのミニチュアが n 個はめ込まれている. たとえば, 区間 $[e_4, e_2]$ には2個ある. さらに, この領域においても安定な周期解がカオス状態を破って窓を開けるように無限

個現れる．このパラメーター領域の詳しい様子については3節と4節で述べる．

分岐が終焉する $a=4$ における軌道の振舞いは**ピュアーカオス**と呼ばれていて，あらゆる可能な周期解が存在するがそれらは吸引的ではなく，ほとんど全ての初期点に対して軌道は区間 $[0,1]$ を隈なく経巡る非周期軌道，すなわちカオスになる．ピュアーカオスの姿については5節で掘り下げた考察をする．

2.2.2 不動点とその安定性

ロジスティック写像 $f(x)=ax(1-x)$ には不動点，すなわち写像 f によって動かない点がある．この点は $ax(1-x)=x$ とおいて2個求まり，
$$x=0, \quad 1-\frac{1}{a}$$
である．ここで $1-1/a$ を p とおこう．

いま，写像 f は区間 $[0,1]$ 上で考えているので，不動点 p は $a\geqq1$ でこの区間内に現れてくる．

まず，序章2節の分岐図（図1.2.3）から次のように推察される：

- $0<a\leqq1$：不動点 $x=0$ は安定（吸引）不動点で区間 $[0,1]$ 上のすべての初期点からの軌道はこの不動点へ漸近する
- $1<a\leqq3$：不動点 $x=0$ は不安定となり，新しく不動点 p が安定不動点として現れ，区間 $[0,1]$ 上のすべての初期点からの軌道はこの不動点へ吸引される．

このことについては，序章2でも述べたように
$$y=ax(1-x) \cdots\cdots\cdots\cdots\cdots\cdots ①$$
$$y=x \quad \cdots\cdots\cdots\cdots\cdots\cdots ②$$
のグラフをもとにリターンマップで理解することができる．まず $0<a\leqq1$ では，曲線①が直線②（対角線と呼ぶ）より下にあるので（図2.2.2(a)），初期点 x_0 から出発した軌道は不動点 $x=0$ に落ち込んでいく．$a>1$ では，$x=0$ の近傍は曲線①が対角線より上になるので（図2.2.2(b),(c)），不動点 $x=0$ の近傍から出発した軌道はこの不動点からは離れていく．

(a) $0<a<1$

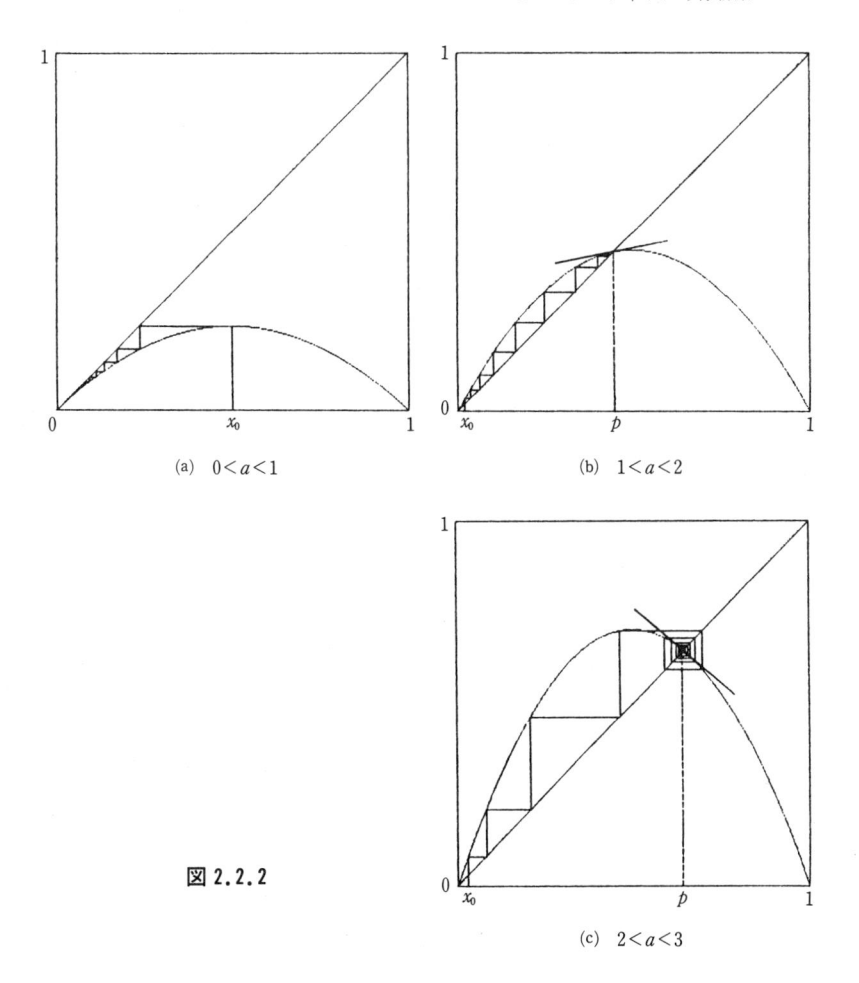

(b) $1<a<2$

(c) $2<a<3$

図 2.2.2

　一方新しく現れた不動点 p は，$1<a\leqq3$ では全ての初期点 $x_0\in(0,1)$ に対して軌道を吸引する安定不動点になっている．このことは前節の線形漸化式のところで触れたように，不動点における接線の傾きを考えることによってはっきりする．不動点 p において図 2.2.2(b), (c)のように曲線①に引いた接線の傾きを λ とすると，

　　　$0\leqq\lambda<1$：初期点 x_0 から出発した軌道は不動点 p の近傍では
　　　　　この不動点に単調に漸近する．

$-1 \leq \lambda < 0$：初期点 x_0 から出発した軌道は不動点 p の近傍では
　　　　　振動しながらこの不動点に漸近する．

となることが分かるであろう．いずれにしても λ が $|\lambda|<1$ を満たしている間は不動点 p は安定である．λ は $y=ax(1-x)$ の $x=p$ における微係数であるから，$y'=a-2ax$, $x=1-1/a$ より，$\lambda=2-a$. したがって不動点 p が安定になる a の範囲は

$$-1 < 2-a < 1$$
$$\therefore \quad 1 < a < 3$$

となる．

　このように，不動点の安定性はグラフの不動点における接線の傾きによって判断される．そこでこのことをもう少し数学的にきちんと定理として述べ，証明をしておこう．

　定理　$f(x)$ は微分可能で，微係数 $f'(x)$ は連続とする．p を f の不動点とし，$|f'(p)|<1$ とする．このとき，p の近傍 V が存在して，$x \in V$ ならば

$$\lim_{n \to \infty} f^n(x) = p$$

　証明　$f(x)$ は微分可能で $f'(x)$ は連続であるから，十分小さい正の数 δ をとると，点 p をはさむ微少な区間を $V=[p-\delta, p+\delta]$ として，すべての $x \in V$ に対して

$$|f'(x)| < A < 1$$

となる1より小さいある数 A を取ることができる．したがって，平均値の定理によりある数 $c \in V$ がとれて

$$\frac{|f(x)-p|}{|x-p|} = \frac{|f(x)-f(p)|}{|x-p|} = |f'(c)| < A < 1$$
$$\therefore \quad |f(x)-p| < A|x-p| < |x-p|$$

よって $f(x)$ は x よりも p に近づいている．さらに $f(x) \in V$ より

$$|f^2(x)-p| = |f(f(x))-p|$$
$$< A|f(x)-p| < A^2|x-p|$$

これを繰り返し用いて

$$|f^n(x)-p| < A^n|x-p|$$

を得るので，$\lim_{n\to\infty}A^n=0$ より $\lim_{n\to\infty}f^n(x)=p$ が言える．　　　　　（証明終り）

ここで，この定理は不動点の近傍においてのみ成り立つ判断で，大域的には何も言えないことを注意しておく．しかし，ロジスティック写像の場合は不動点がこの意味で安定であれば，区間 $(0,1)$ のすべての点に対して軌道を引きつける大域的な吸引不動点になっている．

2.2.3　周期倍化分岐はなぜ起きる

図2.2.1を見ると，パラメーター a が $a_2(=3)$ をこえると，それまで安定不動点の存在を示していた1本の曲線が2本に枝分かれする．これは，それまで安定であった不動点 p がここから不安定（反発不動点）となり存在すれども分岐図には現れなくなるとともに，p の両側に p から分かれて新しく安定な2周期点が生成されていることを示している．

この分岐の仕方は，図2.2.3のように反発不動点を破線で表してみると，ちょうど熊手の型に似ているので**熊手型分岐**（pitchfork bifurcation）ともいう．

周期倍化分岐もグラフを描くことによって理解することができる．図2.2.4は，$a=3.2$ における $y=f(x)=ax(1-x)$ と $y=f^2(x)=f(f(x))$ のグラ

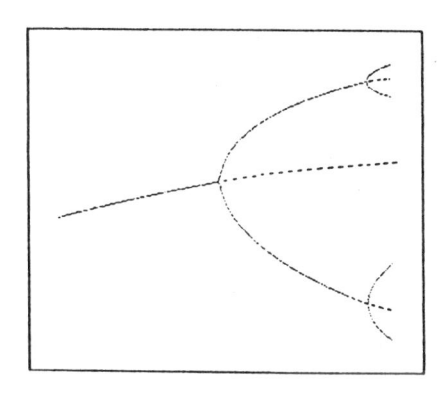

熊手型分岐，破線は分岐図に現われない不安定不動点，または不安定周期点を示す．

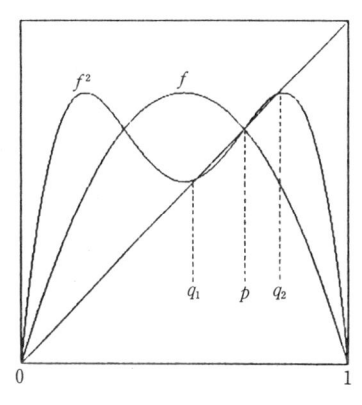

図2.2.3

q_1, q_2 は f^2 の新たな不動点で，f の2周期点

図2.2.4

フである．対角線と $y=f^2(x)$ との 4 個の交点 $x=0, p, q_1, q_2$ はいずれも f^2 の不動点であるが，そのうち点 $0, p$ は f の不動点でもあるので，f の 2 周期点となるのは点 q_1, q_2 である．q_1, q_2 は f によって互いに写りあう点になっているのは明らかであろう．

　$a=3$ で不動点 p が不安定（反発点）になると同時に，2 周期点の生成という分岐が起きるのは，不動点 p が安定である間は，f^2 のグラフが $x=0$ と $x=p$ 以外に交点を持たず，a が 3 を越え，不動点 p がちょうど不安定になるとき p 点の両側近傍に新たに 2 つの交点，すなわち 2 周期点を生じるからである（図 2.2.5 参照）．このことは次のような事情による．まず，不動点 p が $a>3$ で反発点になるのは $a=3$ で $f'(p)=-1$ となるからであるが，このとき点 p における f^2 の接線の傾き $(f^2)'(p)$ は

$$(f^2)'(p)=f'(f(p))\cdot f'(p)=(f'(p))^2=1$$

となっていて，f^2 のグラフは対角線にちょうど接している．さらに，f^2 の 2 回微分は，

$$(f^2)''(x)=f''(f(x))\cdot (f'(x))^2+f'(f(x))\cdot f''(x)$$

より，$x=p$ では

$$(f^2)''(p)=f''(p)\{(f'(p))^2+f'(p)\}=0$$

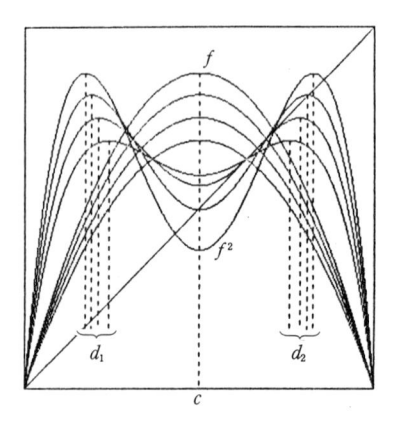

a の増加とともに $f(c), f^2(d_1), f^2(d_2)$ は上昇し $f^2(c)$ は下降する．

図 2.2.5

となる．すなわち $x=p$ は $f^2(x)$ のちょうど変曲点になっていることがわかる．さらにまた，f がそのシュワルツ導関数が負という次の条件

$$Sf(x) = \frac{f'''(x)}{f'(x)} - \frac{3}{2}\left(\frac{f''(x)}{f'(x)}\right)^2 < 0$$

を満たせば，f^n のシュワルツの導関数も負となることが示され（註1に証明），f^n の相隣る臨界点（極値をとる点）の間で f^n の変曲点は高々1個であることが示される（註2に証明）．ロジスティック写像 $f(x)=ax(1-x)$ の場合，シュワルツ導関数 $Sf(x)$ は

$$Sf(x) = -6/(1-2x)^2$$

となって，臨界点 $x=1/2$ を除く $x \in [0,1]$ において負である．

註1．
$Sf<0$, $Sg<0$ なら $S(f \circ g)<0$ となることを示す．これが言えれば $Sf^n<0$ は明らか．微分の連鎖公式を使うと

$$(f \circ g)''(x) = f''(g(x)) \cdot (g'(x))^2 + f'(g(x)) \cdot g''(x)$$
$$(f \circ g)'''(x) = f'''(g(x)) \cdot (g'(x))^3 + 3f''(g(x)) \cdot g''(x) \cdot g'(x)$$
$$+ f'(g(x)) \cdot g'''(x)$$

これより

$$S(f \circ g)(x) = Sf(g(x)) \cdot (g'(x))^2 + Sg(x)$$

したがって

$$S(f \circ g)(x) < 0$$

註2．
$Sf(x)<0$ であれば，$f'(x)$ は正の極小または負の極大を持つことができないことが示される．したがって f の単調な区間において変曲点は高々1個である．

（証明）まず前半．$h(x)=f'(x)$ が極小となる点を d とする．すると $f''(d)=h'(d)=0$，$h''(d)>0$ である．一方 $Sf(d)<0$ より $h''(d)/h(d)<0$，したがって $h''(d)$ と $h(d)$ とは反対符号を持つ．よって $h''(d)>0$ より $f'(d)=h(d)<0$ でなければならない．極大の場合も同様．

後半．もし f の単調な区間において f が2個以上の変曲点を持てば，f' は同じ符号で極大と極小を持つ．このことは前半より否定される．（証明終り）

以上の事情を考えると図2.2.5においてまず $a=a_2$ のとき，f^2 のグラフは点 p を挟む相隣る臨界点 c, d_2 の間で点 p 以外に変曲点を持たないので，

この間で点 p 以外には対角線とは交わらない。$a<a_2$ では，f^2 の変曲点は p の右側か左側のどちらかの側に1個あるが，変曲点の無い側では p から f^2 の臨界点（c, または d_2）までの途中で対角線と交わりを持つことはない。一方，変曲点のある p のもう片側に2個の2周期点があることは f が単峰のため許されない。（q_1, q_2 は p を挟んでいなければいけない。）したがって，$a<a_2$ では f の2周期点は無い。a が a_2 を越えると $(f^2)'(p)>1$ となり，対角線と曲線 f^2 が p の両側に交点を持たねばならなくなる。それは f^2 の不動点であり，f の2周期点である。これ以外の2周期点はシュワルツ導関数が負という条件のために存在できない。（相隣る臨界点の間には変曲点が高々1個なので，f^2 のグラフは p と両臨界点との間で対角線と高々1点でしか交わらない。）a が十分 a_2 に近いとき，$(f^2)'(p)$ は a に対する連続性により十分1に近く，かつ同じ理由で変曲点も十分 p に近いので，2周期点は十分 p に近いものとなっている。また分岐したばかりの2周期点 q_1, q_2 が安定であるのは，f^2 の q_1, q_2 における接線の傾きが1より小さいことから明らかである。こうして，a の増加とともに f^2 の極大点 $f^2(d_1), f^2(d_2)$ は上昇し，f^2 の極小点 $f^2(c)$ は下降していくので，f の2周期点 q_1, q_2 は p から遠ざかっていくであろう。

以上の考察はシュワルツ導関数が負という条件を満たす単峰写像すべてに当てはまることで，ロジスティック写像だけに限られないことを注意しておく。

さてここで，2周期点が安定でいられる a の範囲を求めてみよう。まず，$f^2(x)=x$ から f の2周期点 q_1, q_2 を求めると，

$$q_1, q_2 = \frac{(a+1) \pm \sqrt{(a+1)(a-3)}}{2a}$$

となる。ここで方程式を解くのに $x=0, x=1-1/a$ が4次方程式の根であることを使っている。これより

$$(f^2)'(q_1) = ((f^2)'(q_2) =) f'(q_1) \cdot f'(q_2)$$
$$= 1-(a+1)(a-3)$$

ここで2周期点の安定条件 $(f^2)'(q_i)<1$ $(i=1,2)$ より

$$a>3$$

また，安定条件 $(f^2)'(q_i)>-1$ より
$$a<1+\sqrt{6}$$
が得られる．結局
$$3<a<1+\sqrt{6}$$
が安定2周期点が存在する範囲で，
$$a_4=1+\sqrt{6}$$
になる．

2.2.4 周期倍化分岐とファイゲンバウムの普遍定数

さて分岐図を見ると，$a=a_4$ で2周期点が消え（消滅ではなく不安定化），新たに4周期点が生じている．このことは今度は f^4 のグラフを描いてみると理解できる．f の k 回合成関数 f^k を描くプログラムは LIST_05 である．図 2.2.6 は f^2 と f^4 を描いている．図において区間 $I_{2,1}, I_{2,2}$ をそれぞれ一辺とする正方形で囲まれた部分を考えると，それぞれの区間における写像 f^2 は，それぞれちょうど $[0,1]$ 上でのもとの写像 f に類似な，$Sf(x)<0$ をみたす単峰写像になっている．そして，f^2 と f^4 の関係は，ちょうど f が2周期点を生じているときのもとの f と f^2 の関係に類似している．つまり，先ほど f^2 に対しておこなった議論がそのまま $I_{2,1}, I_{2,2}$ における f^4 に対して

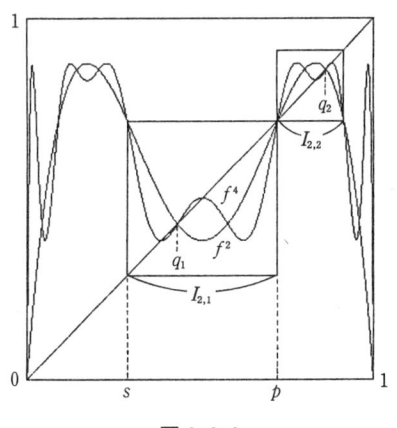

図 2.2.6

成り立つ．例えば，区間 $I_{2,1}=[s,p]$ を $I=[0,1]$ へ写す変換 r：
$$y=r(x)=(p-x)/(p-s)$$
に対して
$$g_2(y)=r\circ f^2\circ r^{-1}(y)=(p-f^2(r^{-1}(y)))/(p-s)$$
を考えると g_2 は，$[0,1]$ 上でちょうど2周期点を生じている f と同等（位相共役）な $Sf(x)<0$ をみたす単峰写像になっている．

さて，図2.2.6において f^2 の q_1, q_2 における接線の傾きは a が増加するとき，$a=a_2$ における初めの値1から次第に減小し，a が a_4 で -1 となり，q_1, q_2 は f^2 の反発不動点になる．このとき f^4 は，q_1, q_2 のそれぞれの両側に対角線と新たな交点を計4個生じ，それらは f^4 の安定不動点であり，$I_{2,1}$，$I_{2,2}$ においてそれぞれ f^2 の安定2周期点，すなわち f の安定4周期点になっている．

こうして，次はやがて $a=a_8$ になるところで f^4 の4個の不動点が不安定化し，f^8 が $y=x$ と新たな交わりを持ち安定8周期点が生じていく．このようにして周期倍化分岐が次々と起こることが理解されるであろう．

このような解析法を '**繰り込み法**' と呼んでいる．スケール変換によってもとの力学系と同じ形の力学系が得られ，さらにその中に元のものと同型なものが繰り込まれているからである．この操作を無限に続けていくと，スケール変換に対して不変な定数や性質が現れてくる．

この点で，ファイゲンバウムによってなされた重要な発見について述べておこう．それはまず，パラメーターの分岐点 $a_1, a_2, a_4, \cdots$ に対して $d_m=a_{2^m}-a_{2^{m-1}}$ として，比
$$\delta_m=\frac{d_m}{d_{m+1}}$$
が $m\to\infty$ において個々の写像 f によらない普遍定数
$$\delta=4.6692\cdots$$
に収束するというものである．この δ を**ファイゲンバウムの普遍定数**という．

また，上の議論で用いた正方形について，逐次つくられる小さな正方形の辺と元の正方形の辺との比 α_m は収束し（これは例えば，$n=2^m$ 周期点が現

れていてしかもその周期点におけるf^nの接線の傾きがちょうど0になっている,すなわち臨界点cがちょうどn周期点になっているようなときの臨界点cを含む正方形の一辺をI_mとして,$I_m/I_{m+1}=\alpha_m$のこと),
$$\lim_{m\to\infty}\alpha_m=2.5029\cdots$$
となっている.そしてまた,上に述べたスケール変換によって次々得られる関数$g_m(x)$は,終局的にある関数方程式を満たす普遍的な関数$g(x)$に収束することになるのである.詳しくは原論文[1],[2],または解説記事[3]を参照されたい.

さて,ある初期点x_0から出発した軌道がいったん区間$I_{2,1}$または$I_{2,2}$に入り込むと,それから先,f^2の軌道はそれぞれの区間内に閉じこめられてしまうので,fの軌道は$I_{2,1}, I_{2,2}$を交互に訪れることになる.この状況は,f^2の$I_{2,1}$での底,及び$I_{2,2}$での頂がそれぞれの正方形を突き抜けるまで続く.こうして,f^2の区間$I_{2,1}$及び$I_{2,2}$でのそれぞれの分岐は,fの分岐がa_1からe_1まで生起するパターンと同様のパターンが$a_2<a<e_2$で生じることになる.このことは,$a_n<a<e_n$においてf^nに対しても同様である.ロジスティック写像のe_2の求め方は註3にある.また,e_n-a_nと$e_{2n}-a_{2n}$との比についてであるが,これも$n\to\infty$でファイゲンバウム定数δに収束する.

ところで,aが増加していくとき,f^2の$I_{2,1}$での底と$I_{2,2}$での頂が$a=e_2$において果して同時に正方形を突き抜けるのか,という疑問を持つ人もあろう.もちろんそうなる.証明は簡単なので読者で確かめてみられたい.

こうして,f^2の軌道は$a>e_2$で初めて$I_{2,1}, I_{2,2}$を飛び出し他の区間をも行き交うことになり,fに奇数周期の存在が許されることになる(次節).

註3.

e_2を求める.図2.2.7のように,$f^2(1/2)$が正方形の底辺にちょうど接するときのaの値を求める.この条件は
$$p-f^2(1/2)=2(p-1/2),$$
$$p=1-1/a$$
である.これより,
$$a^4-4a^3+16=0$$
これをニュートン法で数値的に解けば

図 2.2.7

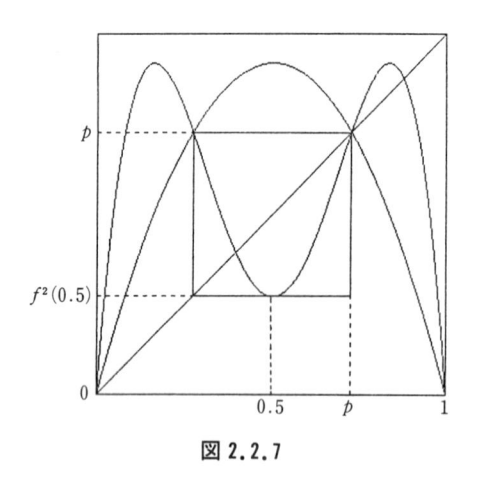

$a=3.67857$ を得る.

参考文献

(1) M. J. Feigenbaum : Quantitativ Universality for a Class of Nonlinear Transformations, J. Stat. Phys., 19 (1978) No. 1, 25-32.
(2) M. J. Feigenbaum : The universal metric properties of nonlinear transformations, J. Stat. Phys., 21 (1979) No. 6, 669-706.
(3) 宇敷重広：ファイゲンバウム分岐, 数理科学2月号 (1982), 11-18.

2.3 次々繰り出す接線分岐

2.3.1 次々繰り出す接線分岐

接線分岐とは

パラメーター a が e_2 を越えると，初めて奇数周期解が出現することになる．また，新しい偶数周期も出現する．しかもそれは，熊手型分岐と違って**接線分岐** (tangent bifurcation) という分岐の仕方で現れる．

まずこの接線分岐について説明しよう．図2.3.1を見られたい．この図は

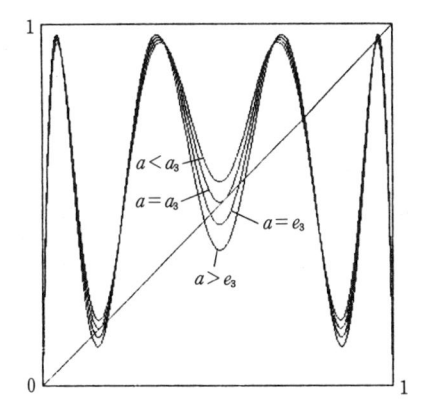

$a=a_3$ の前後における f^3.

図 2.3.1　3 周期点の接線分岐

f の周期 3 の出現する様子を描いている．図は f^3 のグラフを，パラメーター a について 3 周期点が現れる $a=a_3(=1+\sqrt{8}=3.8284\cdots)$ より少し小さい値から，3 周期点から始まる分岐が終焉する $a=e_3(=3.8566\cdots)$ を越えるまでが描かれている．グラフはちょうど $a=a_3$ で対角線に 3 カ所で同時に接し，f^3 の 3 個の不動点，すなわち f の初め重複した（重根という意味で）2 組の 3 周期点が生み出される．初め重複した 2 組の 3 周期点は，a の増加により f^3 が対角線を突き抜けていくとき，一方は安定，他方は不安定な 3 周期点のペアーに分離する．どちらが安定かは，周期点における f^3 の接線の傾きの大きさが 1 より小さいかどうかで判定できる．不安定周期点の方は分岐ダイアグラムには現れない．安定周期点の方は，このそれぞれの周期点を始まりとする周期倍化分岐を経て最後に f^3 が例の正方形を突き抜けるまで（このとき $a=e_3$），f の a_1〜e_1 までの分岐と同じ分岐パターンをやはり再現する．

図 2.3.2 は分岐図の a_3 から e_3 までの部分を拡大したものである．a_3 から e_3 までは，カオス状態を破って，安定 3 周期軌道のそれぞれの周期点から始まる，全体図のミニチュア版である 3 本のバンドが現れているのがわかる．バンドが現れているパラメーターの区間は分岐図が隙すきなので，これ

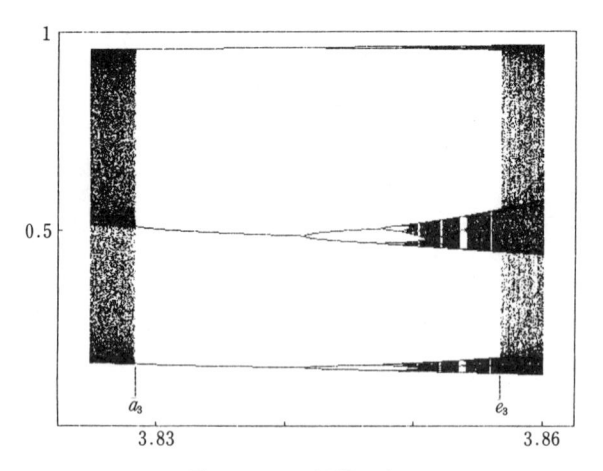

図 2.3.2 3 周期の窓

を 3 周期の '**窓**'（註）と呼ぶことにする．

　註． パラメーターの '窓' と言う用語は May (1976) によるものである．May の場合これはそれぞれの周期点が安定に存在するパラメーターの区間のことを指すが，本書では接線分岐によって現れるバンドの存在する区間全体を指すことにする．

　e_3 において，3 つのそれぞれのバンドの一方の端は，a_3 で生じた見えない不安定 3 周期点にちょうどタッチする．(すなわち，例えば $x=c$ を出発した $g=f^3$ の軌道が閉じこめられている区間 $J=[g(c), g^2(c)]$ の端点 $g^2(c)$ が，$a=e_3$ においてはこの見えない不安定 3 周期点に一致する (図 2.3.5 において $f^n=g$ とせよ)．この瞬間より，軌道は再び一本の区間全体に混合し，区間全体を覆うカオスに戻ることになる．この場合の分岐は '**ジャンプ**'，あるいは '**爆発**' などと呼ばれている．
　窓の内部の各バンドにおいても分岐の階層性によって子窓やカオスが存在するが，カオス軌道は 3 つのバンドを周期的に経めぐるので '**周期的カオス**' あるいは '**ノイジーな周期性**' などと呼ばれている．

次々繰り出す接線分岐

パラメーター a が e_2 を越えるところに話を戻そう．まず，$a=e_2$ では f^n のグラフはどのようなことになっているのであろうか．図2.3.3を見ていただきたい．$f^n(c)$ についてみると，$n=1,2$ では $f^n(c) \neq p$ であるが，$n \geq 3$ では全ての n に対して $f^n(c)=p$ となっている．また，f^n は $x=c$ において極値をとることが $f'(c)=0$ と微分の連鎖公式より示される．すなわち，

$$(f^n)'(c) = f'(x_{n-1})f'(x_{n-2})\cdots f'(c) = 0$$

ただし，$x_k = f^k(c)$，$k=1, 2, \cdots, n-1$

また，$f^n(c)$ は n が偶数の場合は極大，奇数の場合は極小となっている（ただし $n \geq 3$）．すなわち，f^n の n が奇数の各関数は $x=c$ においてその頂点を下に向かって勢ぞろいさせて下へ放れるのを待ちかまえており，n が偶数の f^n の各関数は逆に上へ向かって離れるのを待ちかまえているのである．

さてここでパラメーター a が a_2 より増加したとしよう．このとき $x=c$ の近傍において f^n は n が奇数の場合奇数 n の大きい順に一斉に下放れ，a の増加とともに n の大きい順に次々と対角線に接して接線分岐を起こすことになる．また n が偶数の場合，f^n はやはり n の大きい順に一旦上方へ向かうが，$f(c)$ でUターンし下方へ向かい，途中単調でない動きになるがいず

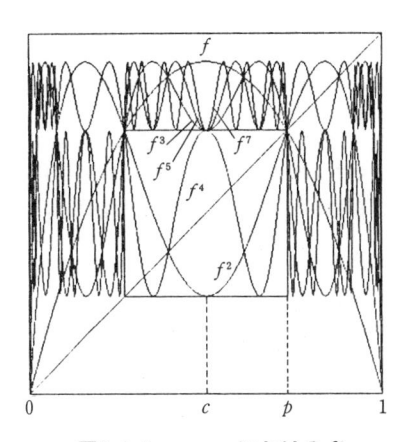

図2.3.3 $a=e_2$ における f^n

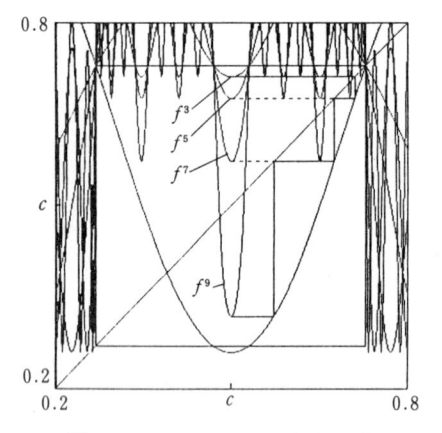

図 2.3.4 $a=e_2+\delta$ における f^n

れ対角線と交差し，やはり接線分岐を起こす．この状況は，図 2.3.4 のグラフによって理解できる．まず n が奇数の場合について見てみよう．a が e_2 をわずかに越え，$a=e_2+\delta$ とする．すると，$f^3(c)$ は正方形の上辺をわずかに下に突き抜け，$f^3(c)=p-\varepsilon$ となっている．δ が十分小さい正数であれば ε も十分小さい正数である．すると，

$$f^5(c)=f^2\circ f^3(c),$$
$$f^7(c)=f^2\circ f^2\circ f^3(c),$$
$$\cdots\cdots$$

であるから，δ がどんなに小さくても，いいかえれば ε がどんなに小さくても，十分大きいある奇数 n に対して図のように，

$$f^3(c)\to(横へ)\to対角線\to(下へ)\to f^2(=f^5(c))$$
$$\to(横へ)\to対角線\to(下へ)\to f^2(=f^7(c))$$
$$\to(横へ)\to対角線\to\cdots\to f^2(=f^n(c))$$

となって，$f^n(c)$ が

$$f^2(c)\leqq f^n(c)<c$$

となるようにできる．このことは，f^n が既に接線分岐を起こし，新しい n 周期点を生じていることを意味する．このことはまた，初めての奇数 n 周期解は a が e_2 を越えたとたんに n の大きい順に次々現れていることを意味

する．こうして，どんなに小さい δ に対してもある奇数 n が定まって，a の微少な区間 $[e_2, e_2+\delta]$ の間に n 以上のすべての奇数周期の窓がぎっしりと詰まっていることが分かる．また，奇数周期で一番最後に現れる窓は 3 周期解で，この窓が一番広くしかも一回きりである．

以上の考察から，奇数 n 周期の安定な窓が初めて現れる順序は
$$奇数の\infty \cdots \to 7 \to 5 \to 3$$
となっていることが分かる．

ところで $[e_4, e_2]$ では，分岐図は $[e_2, e_1]$ の分岐図のミニチュアが上下に 2 つあるかたちなので，軌道は上下を周期的に繰り返す．したがって，このパラメーター領域においては
$$2\times 奇数の\infty \cdots \to 2\cdot 7 \to 2\cdot 5 \to 2\cdot 3$$
という順序で初めての接線分岐による周期解が現れることが分かるであろう．こうして，$[e_{2n}, e_n]$ $(n=2^m)$ では
$$2^m \times 奇数の\infty \cdots \to 2^m\cdot 7 \to 2^m\cdot 5 \to 2^m\cdot 3$$
の順に初めての周期軌道が現れている．

周期解のこのような順序での現れ方はロジスティック写像だけに特別なものではなく，連続な 1 次元写像に一般的に成り立つことで，次に述べる**シャルコフスキーの定理**として知られている．

2.3.2 シャルコフスキーの定理

すべての自然数を次の順序に並べたものを**シャルコフスキー列**と呼ぶ．

$3 > 5 > 7 > \cdots$（奇数の無限大）
$> 2\cdot 3 > 2\cdot 5 > 2\cdot 7 > \cdots$（$2\times$奇数の無限大）
$> 2^2\cdot 3 > 2^2\cdot 5 > 2^2\cdot 5 > \cdots$（$2^2\times$奇数の無限大）
$>$（以下，$2^m\times$奇数 のべき m を 1 ずつ増やして繰り返す）
$> \cdots$（$2^\infty \times$奇数の無限大）
$> 2^\infty \cdots > 2^3 > 2^2 > 2 > 1$

全ての自然数は偶数と奇数からなり，偶数は $2^m \times$（奇数）と表せることから，シャルコフスキー列は全ての自然数を網羅している．

定理 (シャルコフスキーの定理)

$f: R \to R$ は連続とする。f が n 周期点を持てば、シャルコフスキー列において $n > k$ である（n より右にある）すべての自然数 k に対して f は k 周期点を持つ。（定理の証明は 4 章 1 節、不動点定理とその応用にある。）

この定理は、大筋においてロジスティック写像の分岐を予言しているとも言える。すなわち、この定理によると周期解はシャルコフスキーの順序においてその右端から先に存在していなければいけないことになるが、ロジスティック写像において最初に現れる周期解の周期 n の順序はまさにこの通りになっていることをすでに見た。ロジスティック写像においては、いったん現れた不動点や周期点（それは最初安定な吸引点として現れる）は、a の引き続く増加によってそれが不安定化しても決して消滅はせず最後まで存続している。

シャルコフスキーの定理は写像 f によらない一般性のあるものなので、f の分岐がパラメーターの増加とともに後戻りせず単調に進む場合はロジスティック写像の場合と同様なものになることがこの定理から予測される。ただしこの定理は周期点の安定性に関しては何も述べてはいない。因に、先の尖ったテント形の写像における分岐では安定な周期解は現れない。また、現れる周期点のタイプやその数などについては、この定理からは明らかではない。このことについては次節、および 4 章 2 節入門記号力学で触れる。

さて話を少し元に戻そう。パラメーター a が e_2 を越えたところから、n が偶数の場合もまた新しい周期解が同様にして現れることが分かる。また、$f^n(c)$ がちょうど c を下へ抜けるとき、$f^{n+2}(c)$ は $f^2(c)$ にタッチして反転し上へ向かうことになる。そして a を増加させると、$f^n(c)$ は $f^2(c)$ へ向かうとともに、$f^{n+2}(c)$ は上へ向かい再び対角線をよぎり下からの 2 回目の接線分岐を起こす（ただし $n \geq 5$）。こうして n が大きいほど回数多く上下に行き交い、そのたびに対角線をよぎり接線分岐を繰り返し、何度も n 周期解が現れることになる。しかし、その周期点の軌道の経めぐり方は同じ n 周期であってもそれぞれ異なっている。n が偶数の場合も同様である。

2.3.3 臨界点 c の特異的な性質

さて,読者は次のような疑問を持たれたかも知れない. $f^n(c)$ が対角線をよぎる前に,既に別のところで接線分岐が起っているということはないのだろうか?' しかしこの疑問は次の命題によって解消される.

命題 1. f は C^1 級の単峰写像とする. f が m 周期点 $\{p_i : i=1, 2, \cdots, m\}$ を持ち,その周期点の一つ p_j が f^m の**超安定不動点** (super stable fixed point) であるとき (すなわち $(f^m)'(p_j)=0$),他の m 周期点 p_i のすべてについてもそれらは f^m の超安定不動点である.また $x=c$ は f のこの周期点の一つになっている.

証明 微分の連鎖公式を使う. $(f^m)'(p_j) = \prod_{i=1}^{m} f'(p_i) = 0$ より,$f'(p_i)$ の少なくとも一つは 0 でなければならない.ところが f の単峰性より,$f'(x)=0$ となるのは $x=c$ のときのみである.よって,ある p_i が $p_i=c$ となっていなければならない.また連鎖公式より,すべての p_i について $(f^m)'(p_i)=0$, すなわち超安定である.(証明終わり)

f^m が接線分岐を起こして f の安定な m 周期点を生じた後それが不安定化するまでに必ず超安定な状態を一度経過するので,この命題より $f^m(c)$ が対角線をよぎることなしに別のところで接線分岐を起こすということはあり得ないことがわかる.このことは熊手形分岐についてもいえることである.

またさらに,異なる周期の安定な周期軌道が共存することはないのかという疑問が生じる.ところがこれもシュワルツの導関数 $Sf<0$ の条件が満たされる単峰写像の場合は,安定な周期解は存在しても高々一組であることが次の命題 2 より明らかになる.

命題 2. もし f が安定な周期解を持てば,初期点 $x=c$ より出発した軌道は必ずその安定な周期点に漸近する(ただし,f が超安定周期点を持つ場合は,c がすでにその超安定周期点になる)

この命題は次のように考えれば明らかである.まず,f の 0 でない方の不動点 p が安定であれば,2 節で明らかにしたように $x=0, 1$ を除くすべての初期点 $x \in (0, 1)$ に対して軌道は不動点 p に漸近することを見た.したがっ

て，もちろん $x=c$ を出発した軌道も同じ不動点に漸近する．ところで, f が安定な n 周期点を持てばそれは f^n の安定な不動点である．このとき $x=c$ を含む区間 $I_{n,1}$ ($=I_n$ とする) による例の正方形を考えると，そこでは f^n は単峰で，その中に $y=f^n(x)$ と対角線 $y=x$ との交点があり（正方形の頂点にない方），それはこの正方形の区間内で唯一の $f^n(x)$ の安定不動点になっている．したがって，初期点 $x=c$ から出発した $f^n(x)$ の軌道はこの不動点に漸近することがわかる．

こうして命題 2 より, f が安定周期点を持てば臨界点 c を出発した軌道はかならずこの安定周期点に漸近するので，異なる 2 つの安定周期解が共存できないことは明白である．

命題 2 の対偶を考えると次のことが言える. $x=c$ から出発した軌道が f による繰り返し写像を行なううち f のある反発周期点に飛び込んでしまうということが起これば, f は安定周期点を持たない．したがってこの場合，ほとんどの初期点に対して軌道はカオスになる．

たとえばこのようなケースとして, $f^n(x)$ の頂点が I_n を一辺とする正方

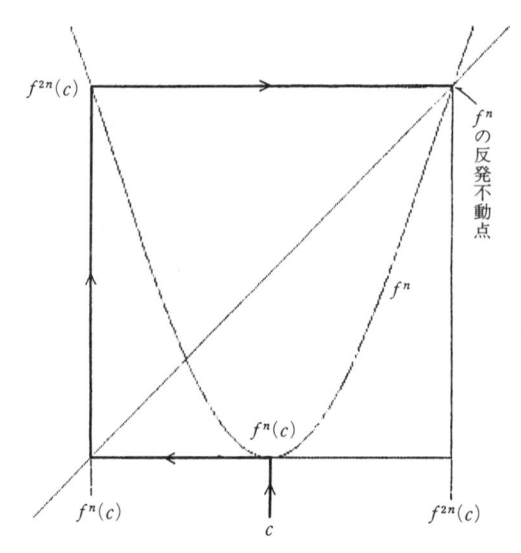

図 2.3.5 $a=e_n$ における f^n

形の辺にちょうど接する場合を考えると（このとき，パラメーター a は $a=e_n$），$f^n(f^n(c))=f^{2n}(c)$ は，ちょうど f の反発不動点 $x=0$ に相当するこの正方形の頂点の一つに位置する f^n の反発不動点に飛び込む（図2.3.5）．したがってこのような場合はほとんどの初期点に対して軌道はカオスになる．

2.4 周期解の小島'窓'とカオスの海

2.4.1 安定な周期解の窓の数

では，接線分岐によって生じる n 周期の窓の数はいったいどれだけあるのだろうか．周期軌道の現れ方とその数はメトロポリス[1]（1971年）らが組合せ理論を用いて詳しく計算している．

n が3以上の素数の場合は，以下の簡単な考察によりその窓の数 $N_p(n)$ は

$$N_p(n) = (2^{n-1}-1)/n \qquad (2\text{-}4\text{-}1)$$

であることがわかる．(2-4-1) 式が n が素数の場合自然数を与えることは，フェルマーの定理からも保証される．図2.4.1は，$a=4$ における f^4 を描いたものである．f^4 と対角線との交点，すなわち f^4 の不動点は $[0,1]$ 上に

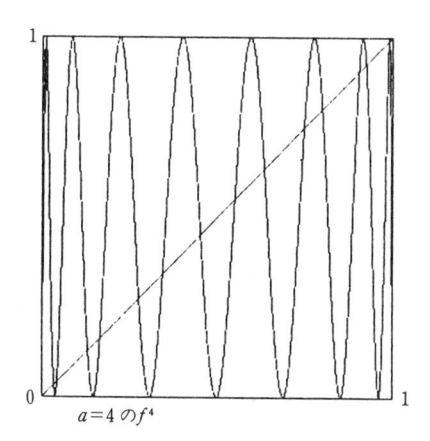

図 2.4.1　$a=4$ の f^4

16個ある．すなわち 2^4 個である．一般に，f^n と対角線との交点の数は 2^n 個になることが以下の考察によってわかる．$a=4$ の場合，任意の n に対して f^n のグラフは，その山は正方形の上辺 $y=1$ に，谷は下辺 $y=0$ に接しており，山の数は 2^{n-1} 個，谷の数は $2^{n-1}-1$ 個ある．これは，$f^n=f^{n-1}f$ より，f が $[0,1]$ 上の f^{n-1} のグラフを区間 $[0,c]$ と区間 $[c,1]$ 上に圧縮して乗せることによって f^n のグラフをつくる，と考えると理解できる．すなわち，f を施すごとに山の数は2倍に増え，また谷の数は山の数より1だけ少なくなっている．したがって，f^n のグラフと対角線とは区間 $[0,1]$ 上で 2^n 個の交点，すなわち f^n の不動点を持つ．ところで，n が3以上の素数であれば，n は奇数であるから，n 周期点はすべて接線分岐によって生じていなければならない．素数 n は $n=k\cdot m$ と因数に分解できないことから，f^n の不動点は，f の不動点 $0, p$ を含む以外に，n 周期点以外の周期点を含まない．(もし n が因数 k を持ち $n=m\cdot k$ なら，f の k 周期点を p_k とすると，$f^k(p_k)=p_k$ より $f^n(p_k)=(f^k)^m(p_k)=p_k$ なので，p_k は f^n の不動点でもある．) さて，接線分岐で n 周期点が生じる場合，一度に $2n$ 個（1組の安定周期点 n 個と1組の不安定周期点 n 個）の f^n の不動点が生じる．したがって素数 n 周期の窓の数 $N_p(n)$ は，f^n の 2^n 個の不動点から f の2個の不動点を除いた残り 2^n-2 を $2n$ で除して得られ，

$$N_p(n)=(2^n-2)/2n=(2^{n-1}-1)/n$$

になる．

さて，(2-4-1) 式より，n 周期の窓は n が大きくなると急速に増え，何度も繰り返して現れることがわかる．窓は，$f^n(c)$ がパラメーター a の増加とともに下は $f^2(c)$，上は $f(c)$ までのあるターニングポイントとの間を行きつ戻りつするとき，対角線をよぎる度に現れる．

n が素数でない場合は，2^n 個の f^n の不動点には n の約数の周期点も含まれているので，接線分岐による n 周期の窓の数は (2-4-1) 式よりも少なくなっている．しかし偶数周期の場合は熊手型分岐も生じており，この場合は1組しか生成されないので，結局全ての周期 n について周期解が現れる回数は (2-4-1) 式の程度になる．

周期解の現れ方の詳しい解析は記号力学と組合せ理論を用いてなされてい

表 2.4.1

n	2	3	4	5	6	7	8	9	10	11	12	13	14	15
$N(n)$	1	1	2	3	5	9	16	28	51	93	170	315	585	1091
$N_p(n)$	0.5	1	1.75	3	5.17	9	15.9	28.3	51.1	93	170.6	315	585.1	1092.2

る．記号力学による立ち入った分析は4章2節で述べる．ここではこれ以上の深入りはせず，最後にメトロポリスの論文より安定な n 周期解が現れる回数 $N(n)$ を示す表を引用して $N_p(n)$ と併せて載せておく（表2.4.1）．表中の数は周期倍化分岐も含めたすべてをカウントしている．表を見ると，n が素数でない場合の $N_p(n)$ も，ほとんど $N(n)$ と一致していることが分かる．

2.4.2 窓の位置・幅とカオスの海

ここで少しパソコンの助けを借りて，各奇数周期の最初に現れる窓を探ってみよう．パラメーター a が $e_2 \sim e_1$ までの分岐図をパソコンに描かせると図2.4.2が得られる．このくらいの拡大図になると，周期3，5，がはっきりと見える．周期が増えるほど窓の幅は狭くなっている．7周期の窓はやっと確認できるほどである．また周期3より右の方にも周期5，4の窓がかなり狭いが見える．これ以上の高い周期は図をもっと拡大しないと見えない．

各周期 n について，パラメーター a を動かしながら関数 f^n のグラフが対角線に接するときの a の値を探り，その値をもとにその近傍のパラメーターの値に対して分岐図を描き，窓の範囲を与えるパラメーターの値 a_n, e_n を分岐図から求めたものが表2.4.2である．

では，図2.4.2に見える周期の低い窓と窓の間はどうなっているのであろう．そこにはもっと周期の高い窓が無限に入り込んでいるはずであるが，この区間をそうとう拡大して分岐図を描いてみてもまるで大洋で小島を捜す程の希薄さでしか窓を発見できない．このパラメーターの区間においては，軌道が区間 $[f^2(c), f(c)]$ 全体を隈なく覆い尽くす，すなわちカオス軌道が支配するパラメーターの集合でほぼ満たされていて，カオスの海とでも言えるパラメーターの領域になっていると考えられる．（しかし，にもかかわら

表 2.4.2　初めて現われる奇数 n 周期の窓の幅

n	a_n	e_n	$e_n - a_n$	$\dfrac{e_n - a_n}{e_{n+2} - a_{n+2}}$
3	3.8284	3.8568	$2.84 * 10^{-2}$	4.34
5	3.73817	3.74471	$6.54 * 10^{-3}$	5.69
7	3.70164	3.70279	$1.15 * 10^{-3}$	6.61
9	3.687197	3.687371	$1.74 * 10^{-4}$	7.28
11	3.6817160	3.6817399	$2.39 * 10^{-5}$	7.64
13	3.67970246	3.67970559	$3.13 * 10^{-6}$	7.81
15	3.678976297	3.6789767698	$4.01 * 10^{-7}$	7.88
17	3.6787167771	3.6787168280	$5.09 * 10^{-8}$	

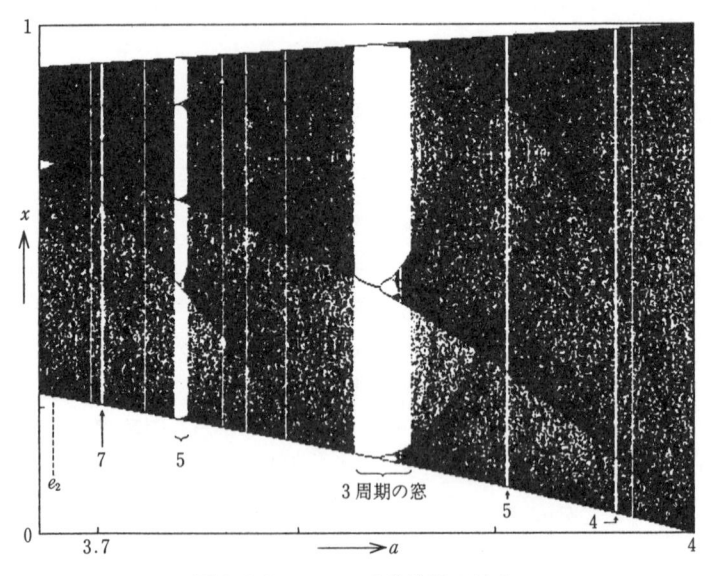

図 2.4.2　$e_2 \sim e_1$ の分岐図の拡大

ず，カオスの海には針のように細く尖った，高い周期の窓を与える島がびっしりと無数に突き出ていると考えられ，船を浮かべる隙間などはないのである．）このことは，次のように窓の幅の総和を計算してみることによってはっきりする．まず，周期 n の窓の数は n が大きくなると先に示したようにほぼ $2^{n-1}/n$ の大きさで急速に増えていく．また，n が奇数で初めての窓の

幅 ($e_n - a_n$) は, n が大きくなると, 表 2.4.2 に示されるように等比的に縮小すると考えられ, 比を $1/\alpha^2$ とすると, 表 2.4.2 から $\alpha > \sqrt{7.8} \fallingdotseq 2.79$ と観察される. したがって, ある m 周期について, 窓の幅が最大となるもの (最初に現れる窓が最大であると考えられる) のその幅を L として, m より大きいある周期 n の窓の幅の和は, 大きく見積もても

$$L \cdot \left(\frac{1}{\alpha}\right)^{n-m} \cdot \frac{2^{n-1}}{n} = L \cdot \frac{2^{m-1}}{m} \cdot \frac{m}{n} \cdot \left(\frac{1}{1.39}\right)^{n-m} \tag{2-4-2}$$

の程度と考えられる. (偶数周期については, 奇数周期よりさらに小さく押さえられると考えられる.) したがっていま $m=13$ として, 13 周期の最初に現れる最も広い区間の幅 L は表より 3.13×10^{-6}, 窓の数 ($2^{m-1}/m$) は表 2.4.1 より 315 なので, 13 周期の窓の幅の和は 1.0×10^{-3} で押さえられ, (2-4-2) 式の $n \geq 13$ についてその総和は

$$1.0 \times 10^{-3} \times \frac{1}{1-0.72} = 3.6 \times 10^{-3}$$

で押さえられるであろう. ただしここで, $\delta < 1$ として

$$\sum_{n=m}^{\infty} \frac{m}{n} \cdot \delta^{n-m} < \sum_{n=0}^{\infty} \delta^n = \frac{1}{1-\delta}$$

という評価を用いている. この値は, e_2 から e_1 までの幅 $e_1 - e_2 = 0.321$ の約 1% 程度である. 3 周期から 12 周期までの区間をしらみつぶしに調べ, 窓の中にもカオスが支配する部分があることを考慮すると, カオスが支配するパラメーターの集合は区間 $[e_2, e_1]$ のおよそ 90% 程度になる. 区間 $[e_{2n}, e_n]$ についてもほぼ同じと考えられるので, このことは区間 $[a_c, e_1]$ に対してもいえる.

2.4.3 窓のフィナーレ

さて, 3 周期の窓は, 図 2.4.2 に見えるように最も広い窓で, かつ (2-4-1) 式からも明らかなように 1 回きりで終わる. 一般に, n 周期で最後に現れる窓は, 図 2.4.3 のようなタイプの n 周期軌道で, 3 周期の窓が終焉した後 n が 4 から小さい順に接線分岐によって現れる.

図において, 各点 x_i は f の n 周期点を, 矢印は写像 f によって写る先を示す.

ただし，このタイプの n 周期と $n+1$ 周期の窓の間には $n+1$ より大きい，まだ最後ではない高い周期の窓が無数に割り込んでいる．例えば，4 周期の最後の窓が $a=3.960\cdots$ から始まる前に，最後でない 5 周期の窓が $a=3.905\cdots$ から入り込んでいる．

ではなぜこのようなタイプの周期解の窓が最後に現れるのであろうか．それは f^n のグラフを描いて考察してみると分かる．図 2.4.4 は f^4 が最後の接線分岐をするときのグラフである．このグラフをモデルに一般の n 周期の最後の接線分岐を考えてみよう．

まず最後の接線分岐が起きる場合，f^n のグラフの一番右にある頂点が対角線と交わる．これは次のように考えると理解できる．ある n 周期点が分岐して現れ，それが不安定になるまでに，かならず超安定状態を経過する．このとき，$f^n(c)=c$ であるから，臨界点 c はちょうど f の周期点になっている．したがって，$f(c)$ は f の n 周期点でありかつ f の最大値であるので，f の一番右の n 周期点であって，かつ f^n の頂点の一つである．したが

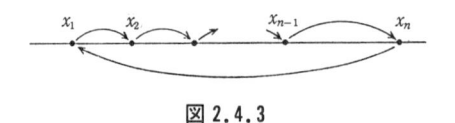

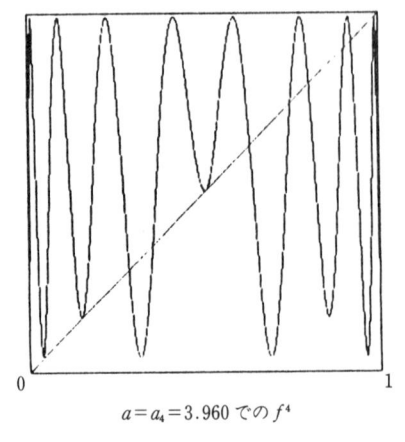

図 2.4.3

$a=a_4=3.960$ での f^4

図 2.4.4

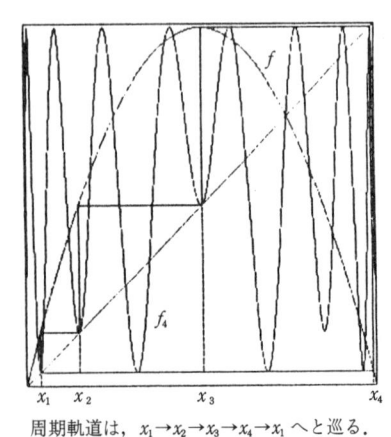

周期軌道は，$x_1 \to x_2 \to x_3 \to x_4 \to x_1$ へと巡る．

図 2.4.5

って，これが最後の接線分岐となっている場合は，f^nの一番右の頂点が対角線と交差していなければならない．もしそうでなければ，aの増加でさらにまたこれより右にあるf^nの頂点が対角線に接して，接線分岐を起こさなければならない．

またこのとき，中央より右側では対角線と接する谷はない．なぜなら，$f^n(x)$は$x=c$で左右対称であり，もし右側においてこの分岐で対角線と接する谷があれば，左側で接していない谷が残っていることになり，これが最後の分岐であることに反することになる．

また，f^nの各山はすべて$f(c)$にその頭をそろえており，この分岐で対角線に接する山は一番右以外にはない．したがって，最後の分岐で対角線と接するのは，中央部谷，一番右の山，および中央より左側の谷の一部であることが分かる．するとfが単峰であることから，fの周期解はリターンマップ図2.4.5のように，上に述べたタイプであることが明らかである．

さてこの一番右の山の位置は，nが大きいほど右へシフトしている．したがって，あるf^nのグラフのこの山が対角線とちょうど接するとき，nより大きい整数mのf^mの一番右の山はまだ対角線と接していない．なぜなら，山の高さはみな同じ$f(c)$であるから．この事情がこのタイプの分岐をnの小さい順に実現させることになるのである．

こうして，nが大きくなるにしたがって，f^nの一番右の山は限りなく区間$[0,1]$の右端に接近する．すなわち，限りなく$f(c)$が1に近いところで対角線と接する．そしてこのときaは限りなく$4(=e_1)$に近づく．こうして$a=4$となったとき，すべての安定な周期解の窓を実現する分岐は尽きていて，fは安定な周期軌道を持たない．（すべてのnについて，$f^n(c)=0$となっていて，f^nのグラフの中央部の谷は，周期点が安定であればこの谷を囲むはずの正方形の下辺を突破している．）言いかえると，区間$[0,1]$上のほとんどすべての初期点に対して，軌道は全区間にわたる非周期軌道を隈なくさまようことになる（この場合をピュアーカオスなどと呼んでいる）．この場合のカオスについては次節で述べる．

2.4.4 リー・ヨークの定理とカオス

さてここで，カオス領域において非周期軌道が存在することを数学的に明らかにした定理，'周期3はカオスを導く'というタイトルで有名な**リーとヨークの定理**について述べよう．

定理（リー・ヨークの定理）

J を区間とし，$F: J \to J$ は連続とする．点 $a, b = f(a)$，$c = f(b)$，$d = f(c)$ は区間 J に含まれ，

$$d \leq a < b < c \quad (\text{または } d \geq a > b > c)$$

とする．このとき，

1. すべての自然数 k に対して，f は区間 J の中に k 周期点を持つ．

2. f の周期点を含まない，次の(1), (2)を満たす非加算集合 $S \subset J$ がある（集合 S を**スクランブル集合**とよぶ）．

　(1) S に属するすべての点 p, q $(p \neq q)$ に対して
$$\limsup_{n \to \infty} |f^n(p) - f^n(q)| > 0$$
$$\liminf_{n \to \infty} |f^n(p) - f^n(q)| = 0$$
　（この意味は，集合 S に含まれる2点 p, q がそれぞれ写像を繰り返すうち，たがいにいくらでも近づき，かつまたある有限な距離だけ離れる，ということ．）

　(2) S に属するすべての点 p と，f の任意の周期点 q に対して，
$$\limsup_{n \to \infty} |f^n(p) - f^n(q)| > 0$$
　（すなわち，S に含まれる点から出発した軌道はどの周期点にも漸近しない）

定理のうち，1.は既に触れたシャルコフスキーの定理に含まれる．f が2.の集合 S を持つとき，リー・ヨークはその軌道を"**カオス**"と呼んだのである．

リー・ヨークによる定理の証明の紹介は省略するが（3章5節3，マロットの定理を参照），あらゆる周期の周期軌道と非周期軌道が存在することについては以下の考察によって理解できる．条件より，図2.4.6のように $I_0 = [a, b]$，$I_1 = [b, c]$ とすれば

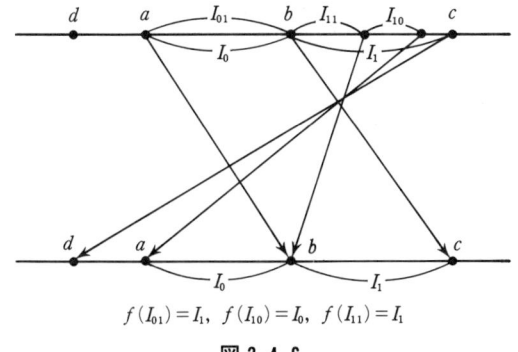

$$f(I_{01}) = I_1, \quad f(I_{10}) = I_0, \quad f(I_{11}) = I_1$$

図 2.4.6

$$f[I_0] \supset I_1$$
$$f[I_1] \supset I_0 \cup I_1$$

となっている.したがって,I_1 の中には f によってちょうど I_0 に写る(I_0 の上に写る)区間があり,それを I_{10} とする.同様に,f によってちょうど I_1 に写る区間があり,それを I_{11} とする.I_0 は f によってちょうど I_1 に写る(厳密には $f[I_0] \supset I_1$ であるが,こう考えても一般性は失わない)ので,I_{00} はなく I_{01} だけで,それは I_0 に同じである.さらに,I_{11} は f によってちょうど I_1 に写る区間であり,しかもこの I_1 の中には f によって I_0 と I_1 に写る区間があったので,この I_{11} の中には f の 2 回繰り返し写像 f^2 によってちょうど I_0 に写る区間と I_1 に写る区間がある.前者を I_{110},後者を I_{111} と表そう.$f[I_{110}] = I_{10}$,$f[I_{10}] = I_0$ なので,I_{110} 内の点は f によって $I_1 \to I_1 \to I_0$ と経めぐる.同様に I_{10} の中には I_{101} が存在する.(しかし,I_{100} は存在しない.)I_{01} の中には I_{010} と I_{011} が存在することはもうおわかりであろう.こういう具合に考えると,0 と 1 を適当にならべた(ただし,0 の次は必ず 1 にする)記号列を

$$s_0 s_1 s_2 \cdots s_n$$

とすると,区間 $I_{s_0 s_1 s_2 \cdots s_n}$ が存在して

$$I_{s_0} \supset I_{s_0 s_1} \supset I_{s_0 s_1 s_2} \supset \cdots \supset I_{s_0 s_1 s_2 \cdots s_n}$$

および

$$f^k[I_{s_0 s_1 s_2 \cdots s_n}] = I_{s_k s_{k+1} \cdots s_n} \quad (\text{自然数 } k \leq n)$$

となり，この区間内の点は f の繰り返しによって

$$I_0 \to I_1 \to I_2 \to \cdots \to I_n$$

と経めぐる．

　そこで，記号列の長さ n をどんどん大きくしていくと区間 $I_{s_0s_1s_2\cdots s_n}$ の長さはどんどん小さくなって，$n \to \infty$ である一点になる．（このことは次節で述べるカントールの縮小列の定理によって保証される．）つまり，任意の 0 と 1 の記号の無限列（ただし，0 の次には 1 という制限がある）に対して，一点が定まって，その点は記号列で定められた順に I_0 と I_1 を経めぐることになる．したがって，記号列が周期的であればその点は周期軌道をとる点であり，任意の周期の記号列が考えられる．また記号列に上に述べた制限があっても非周期的記号列は無限（しかも非加算個）に考えられ，それに対応する点は非周期軌道をとる点である．

　ところで，周期 3 はカオスであるための必要条件かといえば，実はそうではなく，任意の奇数周期解が存在すればすでにカオスを引き連れていることが示される．このことは 4 章 1 節のシャルコフスキーの定理の証明の後の註で示されるであろう．したがってパラメーター a が e_2 を越えた途端からすでにカオス軌道が存在していることになる．さらに，この定理を f^n に適用すれば，f^n は，パラメーター a が e_{2n} から e_n の範囲に 3 周期を持つので，集合 S を持ち，結局 f は $a > a_c$ でカオス軌道を持っていることになる．

　$a > a_c$ で安定な周期軌道が存在する場合は，カオス軌道やその他の周期軌道は存在してもアトラクターではなく，区間 $[0,1]$ から例の正方形を作る区間（n 周期の安定な周期軌道が存在する場合は n 個の区間があった）を除いた区間の集合内に分布している．また，カオス軌道の集合 S は非加算無限個ではあるがそのルベーグ測度は零であることが指摘されている．（非加算無限個であってもその測度が零になる例としてカントールの 3 進集合がある．）

2.4.5 リアプノフ指数と分布関数

　ところでカオスを特徴づける重要な量として，十分近接した 2 点から出発した 2 つの軌道が先へ行くにしたがって**カイ離**していく度合を示す量である

リアプノフ指数

$$\lambda(f) = \lim_{N\to\infty}\frac{1}{N}\log\left|\frac{df^N(x_0)}{dx_0}\right| = \lim_{N\to\infty}\frac{1}{N}\sum_{i=0}^{N-1}\log|f'(x_i)| \quad (2\text{-}4\text{-}3)$$

がある．f が安定な周期軌道を持てば，軌道は周期点へ収束していくのでカイ離は起こらずリアプノフ指数は負になり，そうでない場合は**臨界的**（各バンドにおいて a が a_c（周期倍化分岐の集積点）になるとき）となる場合を除いてカイ離が進みリアプノフ指数は正になる．リアプノフ指数が正ということは，互いに十分近い2点から出発した軌道は指数関数的にその距離を広げていくことを意味する．このことを**初期値への鋭敏な依存性**という．カオスの一つの重要な性質である．ロジスティック写像の $\lambda(f)$ のパラメーター a に対するグラフは図 2.4.7 になる（これを描くプログラムは LIST_06）．2次元以上にもリアプノフ指数は考えられ，m 次元であれば m 個の指数 $\lambda_1, \lambda_2, \cdots, \lambda_m$ を持つ．初期位相体積を V_0 とすると位相体積 V は

$$V = V_0 e^{(\lambda_1 + \lambda_2 + \cdots + \lambda_m)n} \quad (2\text{-}4\text{-}4)$$

のように発展する．系がカオスである場合は，3章で述べる不安定多様体方向に軌道は伸びて行くので，少なくとも1個のリアプノフ指数は正になっている．

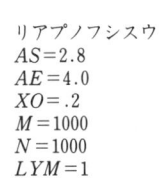

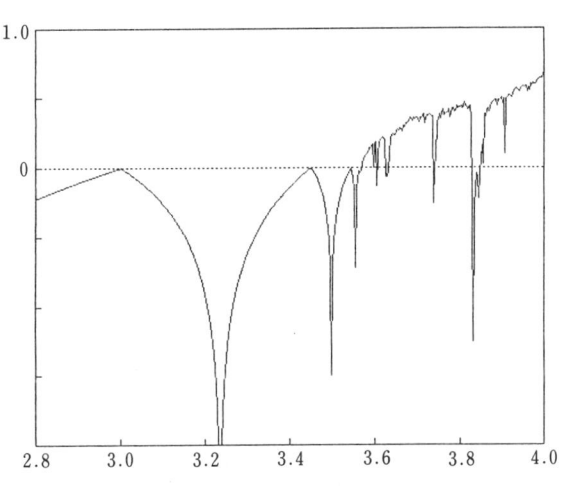

図 2.4.7 ロジスティック写像のリアプノフ指数

f がカオスを生じる場合，一口にカオスと言ってもパラメーターによってそれぞれ異なった軌道の分布を示す．例えば $e_2 \sim e_1$ では窓の内部を除いて軌道はある一本の区間を隈なく経めぐる**混合的カオス**であるが，軌道が区間 dx を訪れる確率を $\mu(x)dx$，ただし

$$\int_0^1 \mu(x)\,dx = 1 \tag{2-4-5}$$

として，パソコンで実際に軌道を走らせて $\mu(x)$ を調べてみるとそれは単純な分布ではなく，図 2.4.8(a)（a の値は e_3 を少し越えたところ，$a=3.857$）や図 2.4.8(b)（$a=3.972$）のようにいろいろ異なったものが得られる（これを描くプログラムはLIST_07）．$\mu(x)$ は分布関数あるいは不変測度と呼ばれる．特に $a=4$ の場合，$\mu(x)$ はある対称的な解析関数になることが示される（次節）．

リアプノフ指数 λ は分布関数 $\mu(x)$ を使うと

$$\lambda = \int_0^1 \mu(x) \log|f'(x)|\,dx \tag{2-4-6}$$

と表せる．

分布関数 $\mu(x)$ は**デルタ関数** $\delta(x)$ を用いると初期点を x_0 として

(a) $a=3.857$
カオス軌道は3つの区間に集中

(b) $a=3.972$

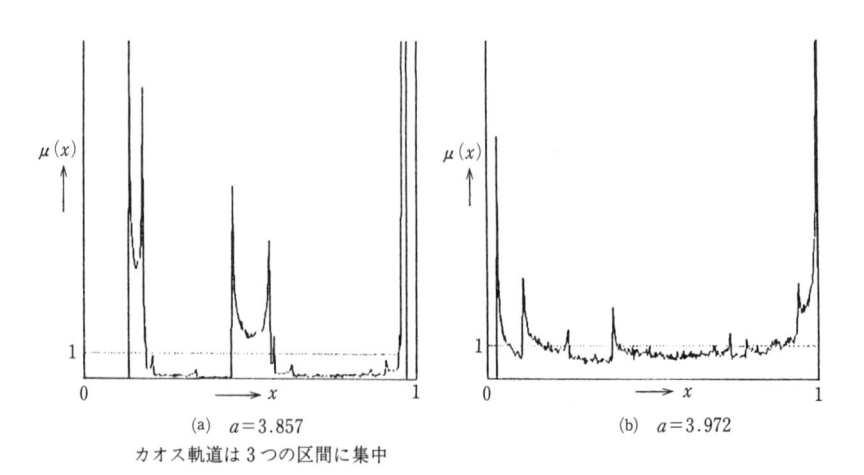

図 2.4.8　分布関数

$$\mu(x) = \lim_{N\to\infty} \frac{1}{N} \sum_{n=0}^{N-1} \delta(x - f^n(x_0)) \qquad (2\text{-}4\text{-}7)$$

とも表せる.

点 x は一回の反復後点 $f(x)$ に写るから, $\mu(x)$ は一回の反復後

$$\int_0^1 \mu(y)\delta(x-f(y))\,dy$$

となる. ところが $\mu(x)$ は f によって不変であるから

$$\mu(x) = \int_0^1 \mu(y)\delta(x-f(y))\,dy \qquad (2\text{-}4\text{-}8)$$

がいえる. この式は**フロベニウス・ペロンの積分方程式**と呼ばれている. $f(x)=4x(1-x)$ の場合は (2-4-8) 式を用いて $\mu(x)$ を解くことができる (次節に示される解が得られる).

さて,コンピューターで軌道計算をして得られた結果はコンピューターが絶えず近似計算をする結果, リアプノフ指数が正であれば初期値に対する鋭敏な依存性のため真の軌道とは明らかに異なったものになっている. しかしながら, カオスがアトラクターである場合は, 軌道計算が示すアトラクターの集合の分布は異なる初期値に対して再現性があり理論的計算とも良い一致を示す (次節).

区間 $[e_{2n}, e_n]$, あるいは n 周期の窓において, 軌道が n 個の分割された区間上を周期的に経めぐるが, 各区間内では非周期的となる**周期的カオス**の場合には, 混合的ではないが $\lambda(f)$ は正になる. また $\mu(x)$ も各区間上でのみ 0 でない分布を与えるものになる.

カオスを診断する重要な量としてはこの他に, **パワースペクトル**と**エントロピー**がある. 以下かいつまんで要点のみ述べる. パワースペクトルとは, 実験や数値計算で得られた離散的時系列 (軌道のサンプル $\{x_j ; j=1, 2, \cdots n\}$) をフーリエ変換して得られる次の成分

$$a_k = \sum_{j=1}^n x_j \exp\left(-i\frac{2\pi jk}{n}\right) \quad (k=1, 2, \cdots, n,\ i^2 = -1) \qquad (2\text{-}4\text{-}9)$$

に対して,量 $|a_k|^2$ を振動数 $f=k/T$ (T はサンプリングをした時間で ΔT を離散時間として $T=n\Delta T$) に対してグラフにしたものである. 軌道が周

期的であればその周期に対して鋭いピークを示し,カオスであれば幅の広がった連続スペクトルが得られる.

エントロピー S は,軌道が閉じ込められる領域を N 個に分割して, i 番目の領域に軌道が落ちる確率を p_i とすると,

$$S = -\sum_{i=1}^{N} p_i \log p_i \qquad (2\text{-}4\text{-}10)$$

で定義される.この定義は統計力学や情報理論における定義と同じものである.軌道が安定な不動点のみであれば $S=0$ であるが,軌道が落ちる領域が増えると S は増加していく.

参考文献

(1) Metropolis, M. L. Stein, and P. R. Stein ; On Finite Limit Sets for Transformations on the Unit Interval, J. Comb. Th., 15 (1973), No. 1, 25-44.

2.5 ピュアーカオス

ロジスティック写像物語もいよいよ分岐の終着駅 $a=4$, **ピュアーカオス**のお話である.前節で,写像 $f(x)=ax(1-x)$ はパラメーター a が 4 になるとあらゆる周期,しかもあらゆるタイプの周期軌道を持つとともに,それらはすべて反発周期軌道になっているということを述べた. $a=4$ においてはほとんどすべての初期点に対して, f による軌道はどの周期軌道へも漸近しない非周期軌道(カオス)になり,その軌道は全区間 I 上をくまなく経めぐる様相を呈する.この節では章の最後として,このようなカオスを生み出すメカニズム,カオスであることの条件,カオス集合の分布等について述べる.

2.5.1 カオスを生み出すメカニズム

まずカオスを生み出すメカニズムの直感的な描像を描くことから始めよう.写像 $f(x)=4x(1-x)$ による,区間 $I=[0,1]$ の逆像 $f^{-1}(I)$ は,図 2.5.1 に示されるように I の中に 2 つある. $f^{-1}(I)$ のうち, 1 つは区間 $I_0=[0, 1/2]$ であり,もう 1 つは区間 $I_1=[1/2, 1]$ である.ここで, I を I_0 に写す

図 2.5.1

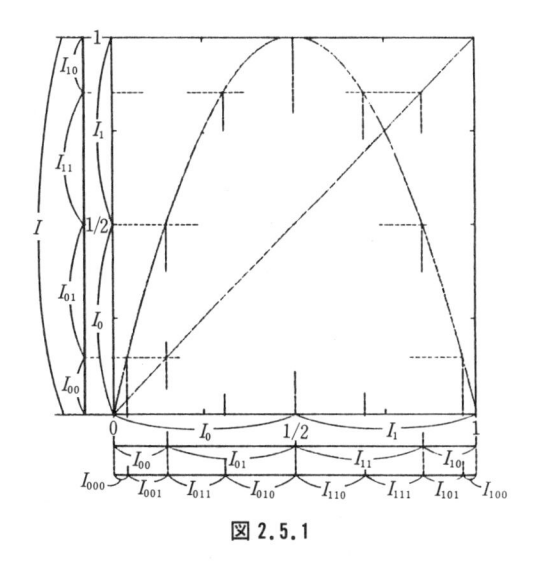

逆写像を ψ_0, I_1 に写す逆写像を ψ_1 とすれば, $x \in I$ に対して

$$\psi_0(x) = (1 - \sqrt{1-x})/2$$
$$(\psi_0(I) = I_0)$$
$$\psi_1(x) = (1 + \sqrt{1-x})/2 \qquad (2\text{-}5\text{-}1)$$
$$(\psi_1(I) = I_1)$$

である.

 f はまた, 図 2.5.1 から分かるように区間 I を全体として 2 倍に伸ばし, ちょうどパイをこねるように I 上へ折り畳むようにして重ねるので, **パイこね変換**とも呼ばれている. じつはこのパイこね変換がカオスを生み出すメカニズムなのである. パイこね変換では初期点をランダムに選ぶとき, それによって決まる軌道は, ちょうど銅貨投げの繰り返しによって得られる表と裏のランダムな無限に続くシリーズと同等であると言えるのである. すなわち, このれっきとした決定論的力学によって得られる解は, まったくランダムな軌道を与えるストキャスティック (確率論的) な力学によって得られるものと同じになるのである. すなわち決定論的力学であるにもかかわらず, 未来はまったく予測不可能ということである. このような主張は今までの数学や

物理の常識からするとちょっと承認しがたいもののようであるが，しかし事実そうなっているのである．このことをこれから見ていこう．

任意の点 $x_0 \in I$ を出発した軌道

$$x_0, x_1, x_2, \cdots$$

の各点 x_i は区間 I_0 にあるか I_1 にあるかのどちらかになる．点 $1/2$ は I_0 と I_1 の両方に属しているのでこの場合はちょっと困る．しかしさいわいに $f(1/2)=1$ であり，以後すべての $k \geq 1$ に対して $f^k(1)=0$（不動点）である．したがって，f の繰り返しによって点 $1/2$ に向かう点はいずれ不動点 0 に落ち込むという素性の明らかな点なので，この曖昧さはそう問題にならないと考えてよい．

さて，ここで初期点 $x=x_0$ の f による**旅程**

$$s = s_0 s_1 s_2 \cdots$$

なるものを考える．これは，軌道の各点 x_i $(i=0, 1, 2, \cdots)$ が

$$x_i \in I_0 \quad \text{なら} \quad s_i = 0$$
$$x_i \in I_1 \quad \text{なら} \quad s_i = 1$$

と定めて順に並べたものである．すなわち旅程は記号 0 と 1 の**片側無限列**によって表される．したがって，初期点 $x_0 \in I$ を選べばその後の軌道はきっちり定まるから，軌道が途中で点 $1/2$ を経由する場合を除いて旅程を表す記号列は一意に定まる．軌道が途中で $1/2$ を経由する場合は点 $1/2$ が I_0 にも I_1 にも属すので，

$$x_0, x_1, \cdots, x_n, 1/2, 1, 0, 0, \cdots$$

に対応する旅程を表す記号列は

$$s_0 s_1 s_2 \cdots s_n\, 0\ 1\ 0\ 0\ \cdots$$
$$s_0 s_1 s_2 \cdots s_n\, 1\ 1\ 0\ 0\ \cdots \tag{2-5-2}$$

の2つがある．

ところでこのような記号列は，コイン投げで表がでれば 0，裏がでれば 1 としたとき，ちょうどコイン投げの無限回試行の1つの結果に対応している．ところで実は驚くべきことにこの逆のこと，0と1の任意の片側無限列を与えたとき，旅程がちょうどこの無限列に等しくなるような初期点が唯一点存在する，ということが言えるのである．このことは，同じ記号の無限列を与

える初期点は2つとなく，任意に初期点を選んだときそれが取る旅程は，コイン投げの無限回試行の任意の結果を得ることに等しいことを意味する．

さてここで，区間 I_0 と I_1 の f による逆写像を

$$\psi_0(I_0) = I_{00}$$
$$\psi_0(I_1) = I_{01}$$
$$\psi_1(I_0) = I_{10}$$
$$\psi_1(I_1) = I_{11}$$

と表そう（図2.5.1）．例えば，I_{10} は I_0 の I_1 の中の前像であるから，I_{10} 内の点は I_1 内にあって，f によって I_0 内に写る．このようにして，区間 $I_{s_1 s_2 \cdots s_n}$ の2つの前像は

$$\begin{aligned}\psi_0(I_{s_1 s_2 \cdots s_n}) &= I_{0 s_1 s_2 \cdots s_n}\\ \psi_1(I_{s_1 s_2 \cdots s_n}) &= I_{1 s_1 s_2 \cdots s_n}\end{aligned} \qquad (2\text{-}5\text{-}3)$$

である．したがって

$$f(I_{s_0 s_1 \cdots s_n}) = I_{s_1 s_2 \cdots s_n}$$

である．一般に

$$f^k(I_{s_0 s_1 \cdots s_n}) = I_{s_k s_{k+1} \cdots s_n}, \quad (1 \leq k \leq n) \qquad (2\text{-}5\text{-}4)$$

である．ところで，区間 $I_{s_0 s_1 \cdots s_n}$ は区間 I_{s_0} 内にあり，$I_{s_k s_{k+1} \cdots s_n}$ は区間 I_{s_k} 内にあるので，(2-5-4)式から，
<u>区間 $I_{s_0 s_1 \cdots s_n}$ 内の点の n 回目までの旅程は $s_0 s_1 \cdots s_n$ となることが分かる</u>．

またさらに，$f^{n+1}(I_{s_0 s_1 \cdots s_n}) = I (= I_0 \cup I_1)$ であるから，$I_{s_0 s_1 \cdots s_n}$ の中には f^{n+1} で I_0 になる部分と I_1 になる部分があり，前者は $I_{s_0 s_1 \cdots s_n 0}$，後者は $I_{s_0 s_1 \cdots s_n 1}$ である．すなわち

$$I_{s_0 s_1 \cdots s_n} = I_{s_0 s_1 \cdots s_n 0} \cup I_{s_0 s_1 \cdots s_n 1} \qquad (2\text{-}5\text{-}5)$$

である．したがって

$$I_{s_0 s_1 \cdots s_n} \supset I_{s_0 s_1 \cdots s_n s_{n+1}}$$

すなわち

$$I_{s_0} \supset I_{s_0 s_1} \supset \cdots \supset I_{s_0 s_1 \cdots s_n} \qquad (2\text{-}5\text{-}6)$$

である．

また，区間 $I_{s_0 s_1 \cdots s_n}$ の長さ $\mathrm{diam} I_{s_0 s_1 \cdots s_n}$ は $n \to \infty$ で

$$\mathrm{diam} I_{s_0 s_1 \cdots s_n} \to 0 \qquad (2\text{-}5\text{-}7)$$

となる（これは重要な主張で，ちゃんとした証明は後程する）．

これで先ほどの主張を証明する準備が整った．ここで証明の最後の切札にカントール（Cantor）の縮小閉集合列に対する次の定理を用いる．

（この定理には'**完備性**','**コーシー列**'といった集合論や微積分学の言葉が出てくるので，まだ学んでおられない読者は気にせずその結果についてのみ把握していただければよい）

カントールの定理

X を完備な距離空間とし，$\{I_n\}$ を X の空でない閉集合（開集合ではダメ）の減少列，すなわち $I_0 \supset I_1 \supset \cdots \supset I_n \supset \cdots$ とし，かつ $n \to \infty$ で $\mathrm{diam} I_n \to 0$ とする．このとき，$J = \bigcap_{n=0}^{\infty} I_n$ はただ1点からなる．

この定理の証明は概略次のとおりである．各 I_n から1点 x_n を取ると，点列 $\{x_n\}$ がコーシー列となり，X の完備性より $x_n \to x$ となる x が存在して $x \in J$ である．x が1点であるのは $\mathrm{diam} I_n \to 0$ から明らかである．

そこで，このカントールの定理を使うと，$I_{s_0 s_1 \cdots s_n}$ は閉集合で式 (2-5-6)，(2-5-7) より定理の条件を満たすので，記号0と記号1の任意の無限列

$$s_0 s_1 \cdots s_n \cdots$$

に対して

$$I_{s_0 s_1 \cdots s_n \cdots} = \bigcap_{n=0}^{\infty} I_{s_0 s_1 \cdots s_n}$$

は1点になり，その点は旅程 $s_0 s_1 s_2 \cdots$ をとる初期点になっているはずである．したがって，任意の片側無限列 $s_0 s_1 s_2 \cdots$ に対してこれに対応する旅程をとる点 $x \in I$ がただ1点存在することが示された．

そこでこの片側無限列の集合を

$$\Sigma = \{s = s_0 s_1 \cdots s_n \cdots \mid s_n \in \{0, 1\}\} \tag{2-5-8}$$

として，Σ から I への写像を

$$H : \Sigma \to I \tag{2-5-9}$$

とする．任意の初期点 $x \in I$ に対して（その軌道が途中で点 1/2 を経由するもの以外）その旅程は一意に定まるから，集合 Σ の各要素 s と，I の点 x とは s が (2-5-2) 式の場合を除けば写像 H によって1対1に対応している．

したがって例えば，sが周期nのある繰り返し列に対してはこれに対応するn周期点がただ1つ存在する．そしてその点を初期点とする軌道は，sで示される旅程にしたがってI上を順に経めぐる．例えば，

$$s = 0\ 0\ 1\ 0\ 0\ 1\cdots$$

に対しては，これに対応する3周期点が1点定まって，その点を初期点とする軌道は

$$I_0 \to I_0 \to I_1 \to I_0 \to I_0 \to I_1 \to \cdots$$

と経めぐる．

ところで，記号列の要素sは周期的であるものよりも非周期的であるものの方が圧倒的に多いはずである．sを区間$[0,1]$の2進展開に対応させて考えると，有理数はsが途中から循環（周期的になる）になり，無理数は非周期的になるが，無理数が圧倒的に多いことを考えるとこのことが理解される．こうして，パイこね変換の力学が銅貨投げの確率過程と同等の解を与えるものであることが理解されたと思う．

2.5.2 カオスの条件

さてここで，あらためてカオスの定義について述べよう．これはエルゴード理論による測度論的方法から位相的方法まで数多くあるが，ここでは位相的方法による一つの標準的な定義について見ていくことにする．定義というより，カオスの持っている性質と言ってもよいかと思う．

定義 Iを集合とする．次の3条件が成り立つとき，$f: I \to I$はIの上でカオス的であると言う．

(1) **fは初期条件に鋭敏に依存する．**：任意の$x \in I$とxの任意の近傍Vに対して，$|f^n(x) - f^n(y)| > \delta$となるような$y \in V$と自然数$n > 0$と$\delta > 0$がある．

(2) **fは位相的に推移的である．**：任意の開集合の対$U, V \subset I$に対して，$f^k(U) \cap V \neq \phi$であるようなkが存在する．

(3) **周期点はIにおいて稠密である．**

少しくだいて説明しよう．まず，集合Iは$a=4$のロジスティック写像の場合は区間$[0,1]$になるが，aが4を越えていればカントールの3進集合

のような，まったく非連結の集合になる．

(1)は初期条件への鋭敏な依存性といって，どんなに初め互いに近い点であっても，写像を繰り返すうち，その距離はどんどん指数関数的に拡大され，I 上である距離 δ ほどは離れてしまう．そのような点 y が I 上の任意の点 x のどんなに近くにも存在する（すべての点ではないことに注意）．いまの場合 $\delta=1/2$ とできることが後に示される．

(2)は，I の任意に小さい近傍の中に，写像を繰り返すうち，I の他の任意の近傍を訪れるような点が存在することを主張する．

(3)は，I の任意の点に対して，その点のどんなに微小な近傍の中にも f の周期点が存在していることを主張する．

ではピュアーカオスの場合についてこの3条件を満たすかどうかを調べてみよう．

初期値への鋭敏な依存性

任意の $x \in I$ と，x の任意の近傍 V に対して，
$$|f^{n+1}(y) - f^{n+1}(x)| > \delta$$
となるような自然数 n, $y \in V$, $\delta > 0$ が存在することを示す．n を十分大きくすれば V に含まれる区間 $I_{s_0 s_1 \cdots s_n} \subset V$ を取ることができる．この区間に対して $f^{n+1}(I_{s_0 s_1 \cdots s_n}) = I$ である．したがって $f^{n+1}(V)$ は区間 I 全体を覆う．したがって，V の中に f^{n+1} によって x と $1/2$ 以上離れる点，すなわち
$$|f^{n+1}(y) - f^{n+1}(x)| > 1/2$$
となる点 y が存在し，条件の δ は $1/2$ とできる．これで初期条件への鋭敏な依存性が示された．

この鋭敏な初期値依存性は，非周期性とともに，にカオスの主要な特徴の一つである．初期値のほんの微小な違いも時間とともに指数関数的に拡大され，しばらくするうちにまったく違った振舞いとなる．したがって，計算機による反復計算に対して，丸め込みによる誤差を十分小さく抑えたつもりでも繰り返し計算によってその誤差は拡大され，真の解とはまったく違ったものになっていると考えるべきである．

位相的推移性

I 上の任意の2つの微小開区間 U, V に対して，$f^k(x) \in V$ となる自然数

k と $x \in U$ が存在することを示す．まず任意の開区間 U に対して，n が十分大きければ $I_{s_0s_1\cdots s_n} \subset U$ となる区間 $I_{s_0s_1\cdots s_n}$ が取れる．一方 $f^{n+1}(I_{s_0s_1\cdots s_n}) = I \supset V$ であるから，f^{n+1} の連続性により，$I_{s_0s_1\cdots s_n}$ の中に f^{n+1} によって V の中へ写る開区間 L が存在する（$f^{n+1}(L) \subset V$, $L \subset I_{s_0s_1\cdots s_n}$）．したがって，$k=n+1$ とし，U の中の点として L の点 x を取れば $f^k(x) \in V$ となる．これで証明できた．

ところで，さらにもうひとつ任意の開区間 W を取ると，いま証明したことから，$f^{n+1}(L)$ の中にさらにある m に対して f^m によって W の中へ写る開区間が存在する．こうしてこれを続けて考えると，任意の開区間 U の中に，I 上の任意に分割された区間を落ちこぼすことなく経めぐる点が存在することが分かる．

周期点の稠密性

ここでこの証明に先立って，集合 Σ の点に対し以下のように距離を導入し，写像 $H: \Sigma \to I$ が連続であるようにしよう．そしてこの連続性を稠密性の証明に用いてみることにする．（後で述べるが，この証明に必ず必要なことではない．）

Σ の2つの要素 $s = s_0 s_1 s_2 \cdots$ と $t = t_0 t_1 t_2 \cdots$ に対して，その間の距離を

$$d[s,t] = \sum_{i=0}^{\infty} \frac{|s_i - t_i|}{2^{i+1}} \tag{2-5-10}$$

で定義する．ただし，s_i, t_i がとる記号 0, 1 を数 0, 1 に読み替える．

$$\sum_{i=0}^{\infty} \frac{1}{2^{i+1}} = 1$$

より任意の s, t に対して

$$0 \leq d[s,t] \leq 1$$

である．これより，Σ の点 s と t が十分近いとき，対応する I の点 x, y も十分近い点である，すなわち Σ の点から I の点へ対応させる写像 H は連続であることが示される．まず (2-5-10) 式より，任意に小さい δ に対して $d[s,t] < \delta$ であるためには，s, t は，ある n があって，すべての $i \leq n$ に対して $s_i = t_i$ でなければならない．（たとえば，$\delta = 1/2^{n+1}$ としたとき，すべての $i \leq n$ に対して $s_i = t_i$ でなければならない．）したがって，s, t に対応する初

期点 x, y はどちらも $I_{s_0s_1\cdots s_n}$ に含まれており, $\delta\to 0$ に対して $n\to\infty$ となり, $\mathrm{diam} I_{s_0s_1\cdots s_n}\to 0$ となることから $|x-y|\to 0$ である. これで H の連続性が示された.

では周期点の I での稠密性の証明に移ろう. 周期点の集合 $Y\subset I$ が I において稠密であるとは, Y の閉包が I であること, すなわち I の任意の点に収束する Y の点列があることが言えればよい. x を I の任意の点として, 点 x の任意の近傍を V とする. V がどんなに微小な近傍であっても, その中にある周期点 y を見いだすことができることを示す. 点 x に対応する Σ の元を s としよう (軌道が点 $1/2$ をとる場合は 2 個あるがその場合はそのどちらかをとることにする). 十分小さい数 δ に対して $d[s, t]<\delta$ となる $s=s_0s_1\cdots s_n\cdots$ と $t=t_0t_1\cdots t_n\cdots$ で, n を十分大きく取れば, $i\leq n$ に対しては $t_i=s_i$ で, t_{n+1} 以降が $s_0s_1\cdots s_n$ の繰り返しとなるものを取ることができる. すると, この t に対応する点 y は $n+1$ 周期点で, 写像 H の連続性より y は x に十分近い点である. 言い替えれば, 任意の点 $x\in I$ と任意に小さい正数 ε に対して, $|x-y|<\varepsilon$ となる周期点 y がいくらでも存在する. これで周期点の稠密性が言えた.

ところで先に述べたように, この証明には写像 H の連続性を必ず使わなければならないわけではない. 任意に小さい ε に対して, 十分大きい n をとれば, すべての $i\leq n$ について $s_i=t_i$ なら x, y とも区間 $I_{s_0s_1\cdots s_n}$ 内にあって, $|x-y|<\mathrm{diam} I_{s_0s_1\cdots s_n}<\varepsilon$ とできることから言える.

2.5.3 カオス集合の分布

では最後にカオス集合の分布について調べることにしよう. 我々はこの課題を確率論的考察と数値実験の両面から調べてみたいと思う. 特に数値実験について言えば, カオス条件(1)初期点への鋭敏な依存性からみると, 絶えず近似計算 (丸め込み) をするコンピューターが示す結果がどれだけ信用できるのかという疑問を保留しておかねばならない. しかし, にもかかわらずこれから見る 1 つの理論的結果と, コンピューター計算による結果とは非常によい一致を示すことを見るであろう.

さて I 上の点 x を任意に 1 つ選んでみよう. この点 x に対してその旅程

を示す記号列 $s_0s_1\cdots s_n\cdots$ が定まる．x はでたらめに選ぶのであるから，記号列の各 s_i の並び方もでたらめであると考えられる．すると，記号列のある i 番目から $i+n$ 番目までの $n+1$ 個の記号の並んだ有限記号列 $s_is_{i+1}\cdots s_{i+n}$ を考えると，各記号 s_j は 0 または 1 の 2 通りなので，この有限記号列は全部で 2^{n+1} 通りの並び方がある．そこで i をシフトさせていくとき，s_i の並び方のでたらめさから，この 2^{n+1} 通りのそれぞれの有限記号列はほとんど同じ確率で現れると考えて良いであろう．（もちろん，そうならないような非周期軌道も存在する．例えば，0 1 0 0 1 0 0 0 1 … なる非周期記号列など．しかしこのようなものは特殊で，任意に 1 点を選んだとき，ほとんどの点は上の仮定を満足すると考えられる．）一方，

$$x_i = f^i(x_0) \in I_{s_is_{i+1}\cdots s_{i+n}}$$

である．すなわち軌道の i 番目の点 x_i は区間 $I_{s_is_{i+1}\cdots s_{i+n}}$ 内にある．したがって，確率論的に言って，ほとんどの任意の初期点 x に対して，その軌道は 2^{n+1} 個の各区間を同じウエイトで訪れることが期待される．そうであるとすれば，各区間 $I_{s_0s_1\cdots s_n}$ を軌道が訪れる確率は等しく $1/2^{n+1}$ なので，I 上で区間 dx に軌道の点が訪れる確率を $\mu(x)dx$ と表すと，

$$\mu(x)\,\mathrm{diam}\,I_{s_0s_1\cdots s_n} = 1/2^{n+1}$$

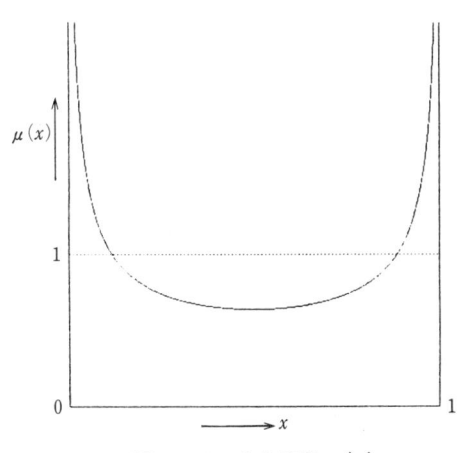

図 2.5.2　分布関数 $\mu(x)$

したがって
$$\mu(x) = \lim_{n \to \infty} 1/(2^{n+1} \text{diam} I_{s_0 s_1 \cdots s_n}) \tag{2-5-11}$$
$$\text{但し, } x \in \bigcap_{n=0}^{\infty} I_{s_0 s_1 \cdots s_n}$$
によって与えられることになる．

図 2.5.2 は $\mu(x)$ のグラフであるが，これは，各区間 $I_{s_0 s_1 \cdots s_n}$ は $y = f^{n+1}(x)$ のグラフが単調となる区間であることを使って，$n=6$ として各区間の長さを求め，近似的に描いたものである．

ところで実は，$\mu(x)$ は
$$\mu(x) = \frac{1}{\pi \sqrt{x(1-x)}} \tag{2-5-12}$$
となることが以下に示される．

ロジスティック写像
$$f(x) = 4x(1-x)$$
は，同型変換
$$y = h(x) = (2/\pi) \arcsin(\sqrt{x}) \tag{2-5-13}$$
によって**テント形写像**（図 2.5.3）
$$g(y) = \begin{cases} 2y & (0 \leq y \leq 1/2) \\ 2(1-y) & (1/2 \leq y \leq 1) \end{cases} \tag{2-5-14}$$
と位相共役である．（すなわち $f(x) = h^{-1} \circ g \circ h(x)$ である．$g(y) = h \circ f \circ$

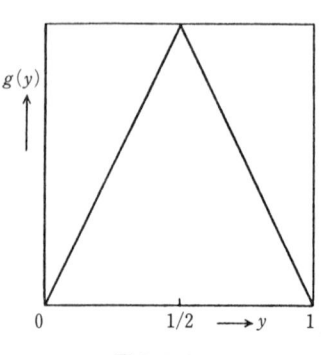

図 2.5.3

$h^{-1}(y)$ を計算すれば (2-5-14) 式が求まる．読者への練習問題としておこう．) f において $I_{s_0 s_1 \cdots s_n}$ を考えたと同じように，$g(y)$ に対して $J_{s_0 s_1 \cdots s_n}$ を考えると，g が区分的に線型であるので，区間 $J=[0,1]$ を 2^{n+1} 個の区間に均等に分割した区間になる．すなわちすべての区間の長さ $\mathrm{diam} J_{s_0 s_1 \cdots s_n}$ は $1/2^{n+1}$ である．このことは，g のカオス集合の分布関数 $\mu_g(y)$ は y によらず，恒等的に $\mu_g(y) \equiv 1$ であることを意味する．また，f の軌道の各点 $x_i \in I(=[0,1])$ と g の軌道の各点 $y_i \in J(=[0,1])$ は (2-5-13) 式で対応しているから，dx 上のカオス軌道の分布確率 $\mu(x)dx$ は，dx に対応する J 上の dy におけるカオス軌道の分布確率 $\mu_g(y)dy$ に等しく，$\mu(x)dx = \mu_g(y)dy$ である．したがって，

$$\mu(x) = \mu_g(y) \cdot \frac{dy}{dx} = \frac{dy}{dx}$$
$$= \frac{d((2/\pi)\arcsin(\sqrt{x}))}{dx}$$
$$= \frac{1}{\pi \sqrt{x(1-x)}}$$

($y = (2/\pi)\arcsin(\sqrt{x})$) の微分は逆関数 $x = \sin^2(\pi y/2)$ の微分から求

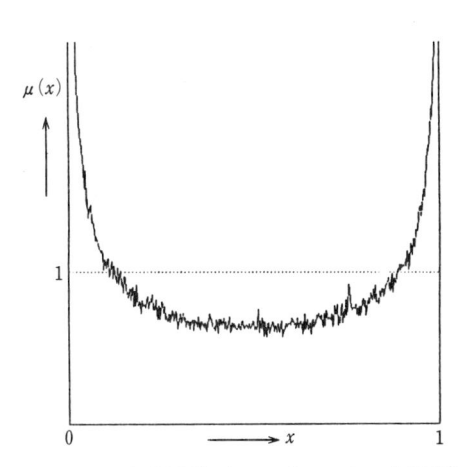

図 2.5.4 分布関数（コンピューター実測値）

まる.)

さて，(2-5-11) 式と (2-5-12) 式から

$$\inf_{n\to\infty} \lim 2^n \,\mathrm{diam} I_{s_0 s_1 \cdots s_{n+1}} = 0 \quad (I=[0,1]\text{ の両端})$$
$$\sup_{n\to\infty} \lim 2^n \,\mathrm{diam} I_{s_0 s_1 \cdots s_{n-1}} = \pi/2 \quad (I\text{ の中央}) \quad (2\text{-}5\text{-}15)$$

が言える．すなわち，$\mathrm{diam} I_{s_0 s_1 \cdots s_n}$ は遅くとも 1/2 のべき乗で縮んで行くことが分かる．これで懸案の (2-5-7) 式が示せた．

ところで，図 2.5.4 は初期点を $x=0.1$ とし，i を $1\sim200000\,(=N)$ として各点 $f^i(x)$ が I を $\Delta I=1/400$ に区切った各区間を訪れる頻度（(各 ΔI を訪れた回数)/($\Delta I \times N$)）を求めたものである．図 2.5.4 は軌道の点を多く取るほどグラフのゆらぎは小さくなり図 2.5.2 に近づいていくようである．また，グラフの傾向は初期点の取り方にもほとんどよらないようである．計算機の丸め込み近似にもかかわらず 2 つの結果がほぼ一致するということは，カオス集合が区間 I 上で頻度分布 $\mu(x)$ を持った支配的な吸引集合（アトラクター）であると考えられる．

以上でロジスティック写像の話を終わる．ところで，この節での解説の土台になった'**旅程**'という考え方は，**記号力学**（symbolic dynamics）として発展し，単峰写像の解の解析にとって大きな武器になった．4 章 2 節でこの入口のあたりを解説する．

3 2次元離散写像の世界

3.1 はじめに

はじめに，2次元離散写像を考察する意義を述べると，
① 多次元離散力学系のひな型である．
② 3次元連続力学系（微分方程式で記述される系）の解の性質は，ポアンカレー写像などによる離散写像によって観察できる．
③ 実際のシステムの近似モデルとして，離散力学系として考えた方がよい場合がある．
④ カオスを含めて多様な解を持つ．

などが挙げられる．

①については，1次元写像には無い，**サドル点**や**ナイマーク・サッカー**(Naimark-Sacker) **分岐**（いわゆる写像の**ホップ分岐**）などが現れ，3次元以上における周期点の種類や分岐の仕方は，1次元や2次元における概念の組合せや延長で捉えられる．

②については，はしがきや序章でも述べたように，t を時間，$X=(x,y,z)\in R^3$ を系の状態を表す位相空間上の点とし，X が従う方程式

$$\frac{dX}{dt}=F(X) \tag{3-1-1}$$

$$F(X)=(f(X),g(X),h(X))$$

の解（軌道）

$$X(t)=(x(t),y(t),z(t))$$

が，例えばある領域に捕捉されていて振動的（周期的）となり，繰り返しある切断面 S をよぎるとする．S 上のある点 X から出発した (3-1-1) 式による軌道が再び S 上に達したときその点を X' とすると（図3.1.1：S は2次

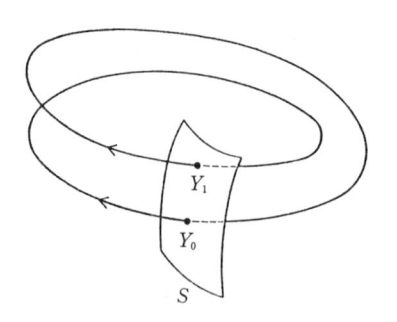

図 3.1.1　ポアンカレー写像

元なので，S上にあらためてとった座標で点をYとする），軌道の途中経路は省略して，S上の点YからS上の点Y'へ写す，すなわち$Y'=G(Y)$となる離散写像

$$G : S \to S \tag{3-1-2}$$

が定まる．こうして，GによるS上のアトラクターや写像Gの性質を調べることによって（3-1-1）式の解の性質を明らかにできる．このような方法を**ポアンカレー写像**という．

このような例として，正弦的な外力を受ける非線形振動（ばねや電気回路）のモデルである**ダフィン（Duffing）方程式**

$$\ddot{x} = -k\dot{x} - x^3 + B\cos t \tag{3-1-3}$$

（ドットは時間微分を表す）

について本章の最後で取り上げる．ダフィン方程式のカオスアトラクターは上田睆亮氏によって1961年に発見され，**ジャパニーズアトラクター**とも呼ばれている．

③については，例えば前章の初めに述べたように，シーズン毎に世代が交代する生物の個体数の変動の記述については微分方程式はふさわしくなく，離散方程式で扱う例になる．例えば餌食と捕食者のモデルを考える場合，定常的な環境のもとで死亡と誕生が常時行なわれている場合は，xを餌食，yを捕食者の個体数とした**ボルテラ（Volterra）方程式**

$$\frac{dx}{dt} = (a-cy)x$$
$$\frac{dy}{dt} = -(b-dx)y \qquad (3\text{-}1\text{-}4)$$

は正しく現実を表現しているが，シーズン毎に一定の繁殖期を持つとか，出会いがあるシーズン毎に行なわれるような場合は離散方程式の方が適していると考えられる．餌食-捕食者の離散モデルの例について3章4節で述べる．

註．(3-1-4) 式の解は，積分が求まって

$$x^{-b}e^{dx} \cdot y^{-a}e^{cy} = C \quad (定数)$$

となり平衡点 $(b/d, a/c)$ をとりまく閉曲線になる．

最後に④について．前章の初めに述べたように，微分方程式で記述される自律系では，2次元の場合カオスのような複雑な軌道は現れない．これは，2変数の相平面上では方程式によって定まった流れのベクトルが一意的に定まっていて，軌道が交差することが許されないという制限による．しかし，差分方程式で記述される離散力学系では，軌道は飛びとびなので2次元はもとより1次元においてすらカオスを含むきわめて多彩な解が現れる．

2次元の非線形離散写像においても1次元単峰写像と同様の分岐，**周期倍化分岐**や，接線分岐に相当するいわゆる**サドル・ノード分岐**が存在する．しかしこの他に，閉曲線アトラクター（**リミットサイクル**と呼ばれる）を生じる**ナイマーク・サッカー分岐**も存在する．またカオスアトラクターもモデルによって様々な特徴ある構造を示す．またアトラクターは唯一つとは限らず，複数個のアトラクターが存在する場合が一般的であり，その場合それぞれの吸引領域はモザイク様のものからフラクタル的なものまで，様々な棲み分け方がある．3章3，4，5節でその例が示される．

3.2 線形写像の力学

3.2.1 線形写像と固有方程式

一般の非線形写像における不動点や周期点の安定性は，その点の近傍にお

いて線形近似を考えることによって議論できる．そこでまず**線形写像**の力学について考察しよう．

2変数 x, y が次のような1次変換を受ける場合を**アフィン変換**（アフィン写像）という．

$$\begin{pmatrix} x' \\ y' \end{pmatrix} = \begin{pmatrix} a_{11} & a_{12} \\ a_{21} & a_{22} \end{pmatrix} \begin{pmatrix} x \\ y \end{pmatrix} + \begin{pmatrix} b_1 \\ b_2 \end{pmatrix} \qquad (3\text{-}2\text{-}1)$$

(3-2-1) 式は簡単に

$$X' = AX + B \qquad (3\text{-}2\text{-}2)$$

とも表す．ただし，

$$X = \begin{pmatrix} x \\ y \end{pmatrix}, \ A = \begin{pmatrix} a_{11} & a_{12} \\ a_{21} & a_{22} \end{pmatrix}, \ B = \begin{pmatrix} b_1 \\ b_2 \end{pmatrix}$$

である．

さて，アフィン写像による離散力学を考えてみることにしよう．(3-2-1) 式は，

$$\begin{vmatrix} a_{11}-1 & a_{12} \\ a_{21} & a_{22}-1 \end{vmatrix} \neq 0 \qquad (3\text{-}2\text{-}3)$$

であれば $x' = x = x^*$, $y' = y = y^*$ となる点 (x^*, y^*) が求まる．この点は，写像 (3-2-1) によって不変な点なので写像 (3-2-1) の不動点という．そこで，もとの座標系を原点がこの不動点に移るように平行移動し，改めてその座標系で点を (x, y) と表すことにすれば，写像 (3-2-1) は

$$\begin{pmatrix} x' \\ y' \end{pmatrix} = \begin{pmatrix} a_{11} & a_{12} \\ a_{21} & a_{22} \end{pmatrix} \begin{pmatrix} x \\ y \end{pmatrix} \qquad (3\text{-}2\text{-}4)$$

あるいは

$$X' = AX \qquad (3\text{-}2\text{-}5)$$

となる．したがって，(3-2-1) 式による繰り返し写像の力学は，条件 (3-2-3) のもとでは線形写像 (3-2-4) 式で考えればよいことになる．そこで点 (x_0, y_0) を初期点とする写像 (3-2-5) による離散方程式は

$$X_{n+1} = AX_n \quad (n = 0, 1, 2, \cdots) \qquad (3\text{-}2\text{-}6)$$

ただし $X_n = (x_n, y_n)$

と書ける.

さて，次の式

$$AX = \lambda X \qquad (3\text{-}2\text{-}7)$$

を行列Aの**固有方程式**という．これは，あるベクトルXに変換Aを施したベクトルAXがもとのベクトルXのλ倍になるような，ベクトルXと倍数λを求めることで，(3-2-7)式の解λ（すぐ後に求めるように2根ある）=λ_+，λ_-を**固有値**，λ_+，λ_-のそれぞれに対応するXの解u_+，u_-を**固有ベクトル**という．(3-2-7)式に任意の定数を掛けても等号が成り立つことから固有ベクトルは不定数倍を許す．

(3-2-6)式による軌道の振舞いは，(3-2-7)式の解を調べることによって定性的に明らかになる．

(3-2-7)式は単位行列Iを使えば

$$(A - \lambda I)X = 0$$

と書ける．したがって，$X \neq (0, 0)$の解が存在するためには

$$\det(A - \lambda I) = 0$$

でなければいけない．したがって，λは

$$\begin{vmatrix} a_{11} - \lambda & a_{12} \\ a_{21} & a_{22} - \lambda \end{vmatrix} = 0$$

$$\therefore \quad \lambda^2 - (a_{11} + a_{22})\lambda + (a_{11}a_{22} - a_{21}a_{12}) = 0 \qquad (3\text{-}2\text{-}8)$$

を満たさなければならない．(3-2-8)式を**特性方程式**という．これを解くと固有値$\lambda_\pm$が求まって

$$\lambda_\pm = (a_{11} + a_{22})/2 \pm \sqrt{D}/2 \quad \text{（複号同順）}$$
$$\text{ただし} \quad D = (a_{11} - a_{22})^2 + 4a_{21}a_{12} \qquad (3\text{-}2\text{-}9)$$

したがって$D > 0$の場合は固有値は実数，$D < 0$の場合は複素数になる．$\lambda_\pm$が実根になる場合と複素数根になる場合とに分けて考察を進めよう．

$\lambda_\pm$ が実根の場合

任意のベクトルXは固有ベクトルu_+，u_-を用いて

$$X = c_+ u_+ + c_- u_-$$

と表せる．すると，

$$AX = c_+ Au_+ + c_- Au_-$$
$$= \lambda_+ c_+ u_+ + \lambda_- c_- u_-$$

なので，ベクトルXは，変換Aによってu_+方向へはλ_+倍，u_-方向へはλ_-倍されることになる．したがって，ベクトルXに変換Aを繰り返しn回施したベクトル$A^n X$は

$$A^n X = \lambda_+^n c_+ u_+ + \lambda_-^n c_- u_-$$

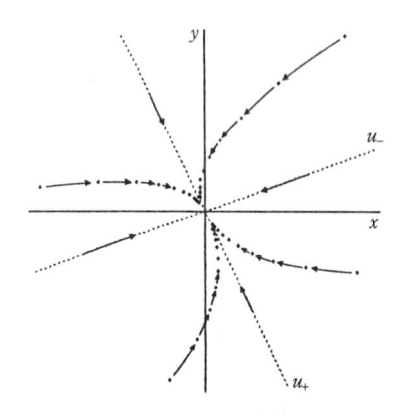

である．以上から，$|\lambda_i| < 1$（iは$+$または$-$）であればその固有ベクトル

(a) 安定結節点（$\lambda_+ = 0.8$, $\lambda_- = 0.6$）

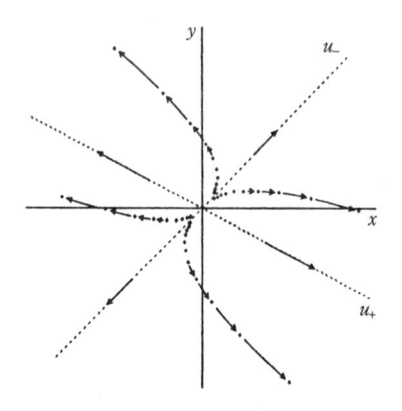

(b) 不安定結節点（$\lambda_+ = 1.6$, $\lambda_- = 1.2$）

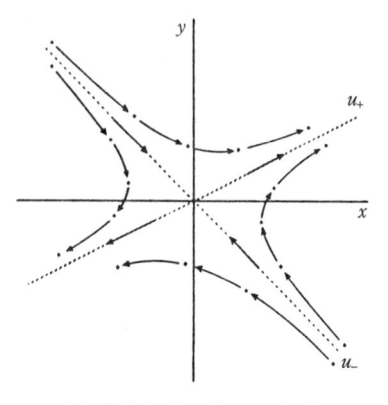

(c) 鞍状点（$\lambda_+ = 2$, $\lambda_- = 0.5$）

図 3.2.1

方向へは縮小し，$|\lambda_i|>1$ であればその固有ベクトルの方向へは拡大することになる．そこで (3-2-6) 式の不動点は次のように分類される．

① $|\lambda_i|$ がすべて 1 より小の場合，全ての点は不動点 $(0,0)$ へ近づくので，不動点 $(0,0)$ を**安定結節点** (stable node)，または**沈点**という．このとき，λ_i が正ならその方向は単調に縮小し，λ_i が負ならその方向へは振動しながら縮小する．(図 3.2.1(a))

② $|\lambda_i|$ がすべて 1 より大の場合，不動点 $(0,0)$ を**不安定結節点** (unstable node)，または**涌点**という．このとき，λ_i が正ならその方向へは単調に拡大し，負なら振動しながら拡大する．(図 3.2.1(b))

③ $|\lambda_i|$ の一方が 1 より小で一方が 1 より大の場合，不動点 $(0,0)$ を**鞍状点** (saddle point) という．$|\lambda_i|<1$ の方向へは単調（λ_i は正）または振動（λ_i は負）しながら縮小し，$|\lambda_i|>1$ の方向へは単調または振動しながら拡大する．(図 3.2.1(c)，後の例 1 の場合)

例 1．$A=\begin{pmatrix} 1.5 & 1 \\ 0.5 & 1 \end{pmatrix}$ の場合

特性方程式は

$$\lambda^2-2.5\lambda+1=0$$

これより

$$\lambda_+=2, \quad \lambda_-=0.5$$

(3-2-5) 式より $u_+=\begin{pmatrix} 1 \\ 1.5 \end{pmatrix}, \quad u_-=\begin{pmatrix} 1 \\ -1 \end{pmatrix}$

写像 A による点の移り方は図 3.2.1(c) のようになる．

さて，固有ベクトルを含む直線上の点の集合は，変換 A によってやはりその直線上へ写るので，A によって不変な集合である．$|\lambda_i|<1$ に対するものは不動点 $p=(0,0)$ の**安定不変直線**と言い $W_s(p)$，$|\lambda_i|>1$ に対するものは同じく**不安定不変直線**と言い $W_u(p)$ と表す．

ところで，写像

$$X_{n+1}=F(X_n) \quad (n=0,1,2,\cdots) \tag{3-2-10}$$

が (3-2-1) 式のような 1 次写像でなく非線形の場合にも F の不動点 p の安

定あるいは不安定不変集合が存在する．しかし直線ではなく曲線になり，それぞれ**安定多様体**，**不安定多様体**などと言う．点 p の安定多様体 $W_s(p)$ と不安定多様体 $W_u(p)$ が p 点以外で交差する場合，その交点を**ホモクリニック点**と呼ぶ．また，F の異なる不動点 p, p' の安定多様体 $W_s(p)$ と不安定多様体 $W_u(p')$ が交差する場合，その交点を**ヘテロクリニック点**という．線形写像の場合は $W_s(p)$ と $W_u(p)$ は交わらないのでこのような点は生じないが，F が非線形の場合は生じる場合がある．写像 F がホモクリニック点やヘテロクリニック点を持てば F はカオス集合を持つことが示される（本章6節）．

$\lambda_{\pm}$ が複素数根の場合

根を

$$\lambda_{\pm} = \alpha \pm \beta i \quad (\alpha, \beta \text{ は実数}) \tag{3-2-11}$$

とする．この場合固有ベクトルも複素ベクトルになり，λ_+ に対する固有ベクトルが，u, v を実ベクトルとして $u+vi$ であれば，λ_- に対する固有ベクトルは $u-vi$ になる．

さて，A の固有値が複素数になる場合，AX は

　　　　（原点の回りの回転）＋（動径拡大または縮小）

となることが以下に示される．

初めに少し必要な準備として，**線形共役な行列**について復習をしておこう．A, B を正方行列として

$$B = D^{-1}AD$$

となる正則行列 D があれば，A と B は線形共役であるという．

$$D^{-1}D = DD^{-1} = I \quad (\text{単位行列})$$

である．次の定理が成り立つ．

定理1． 行列 A と B が線形共役で，$B = D^{-1}AD$ とする．このとき A の特性方程式 $\det(A-\lambda I)=0$ の根と B の特性方程式の根は等しい．また，A の固有ベクトルを X とすると B の固有ベクトルは $D^{-1}X$ である．

証明 A の特性方程式の固有値を λ，固有ベクトルを X とすると，

$$AX = \lambda X \quad \therefore \quad ADD^{-1}X = \lambda X$$

$$\therefore \quad BD^{-1}X = D^{-1}ADD^{-1}X = \lambda D^{-1}X \qquad \text{（証明終わり）}$$

定理1によれば，今，写像Bについてはその軌道の振舞いが良くわかっているとすると，行列AがBに線形共役であれば，写像Aの軌道の性質はBの軌道に引き写して考えれば良いことになる．

註． 全ての$2-2$行列は，線形共役変換によって
$$\begin{pmatrix} \lambda & 0 \\ 0 & \lambda \end{pmatrix}, \begin{pmatrix} \lambda & 1 \\ 0 & \lambda \end{pmatrix}, \begin{pmatrix} \alpha & -\beta \\ \beta & \alpha \end{pmatrix}$$
のいずれかの型になる．これらを**標準形**という．

そこでα, βを実数として，変換
$$B = \begin{pmatrix} \alpha & -\beta \\ \beta & \alpha \end{pmatrix} \tag{3-2-12}$$
を考えると，特性方程式の根は
$$(\lambda - \alpha)^2 + \beta^2 = 0$$
$$\therefore \lambda_{\pm} = \alpha \pm \beta i$$
である．変換 (3-2-12) は複素数根を持つ線形変換の標準形である．

ところで，変換 (3-2-12) は，ベクトルXを原点の回りに角$\theta = \tan^{-1}(\beta/\alpha)$回転し，その長さを$\gamma = \sqrt{\alpha^2 + \beta^2}$倍する変換である．実際
$$\alpha = \gamma \cos\theta, \quad \beta = \gamma \sin\theta$$
として$X = (x, y)$に変換Bを施すと
$$\begin{pmatrix} \alpha & -\beta \\ \beta & \alpha \end{pmatrix} \begin{pmatrix} x \\ y \end{pmatrix} = \gamma \begin{pmatrix} x\cos\theta - y\sin\theta \\ x\sin\theta + y\cos\theta \end{pmatrix}$$
となる．上式の右辺は，ベクトルXを原点の回りに角θ回転し，長さをγ倍したものを表している．

このように，特性方程式が複素共役根を持つ一般の変換Aによる繰り返し写像の軌道の振舞いは，線形共役なBによる軌道の振舞いに投影されるので，整理すると次のようにいえる．

① $|\lambda_{\pm}|(=\gamma) < 1$の場合，不動点（原点）のまわりに回転しながら不動点へ近づく．この場合不動点を**安定渦状点** (stable focus) という．（図 3.2.2 (a)）

② $|\lambda_{\pm}| > 1$の場合，不動点のまわりに回転しながら遠ざかる．この場合

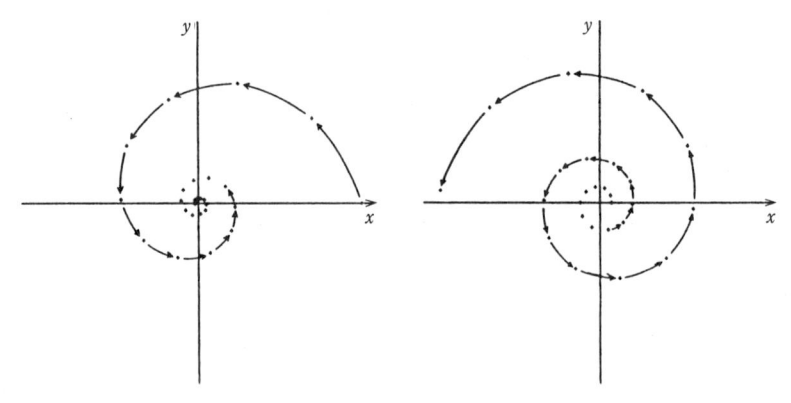

(a) 安定渦状点 ($\alpha=0.7$, $\beta=0.5$)

(b) 不安定渦状点 ($\alpha=0.9$, $\beta=0.65$)

(c) 渦心点 ($\alpha=0.8$, $\beta=-0.6$)

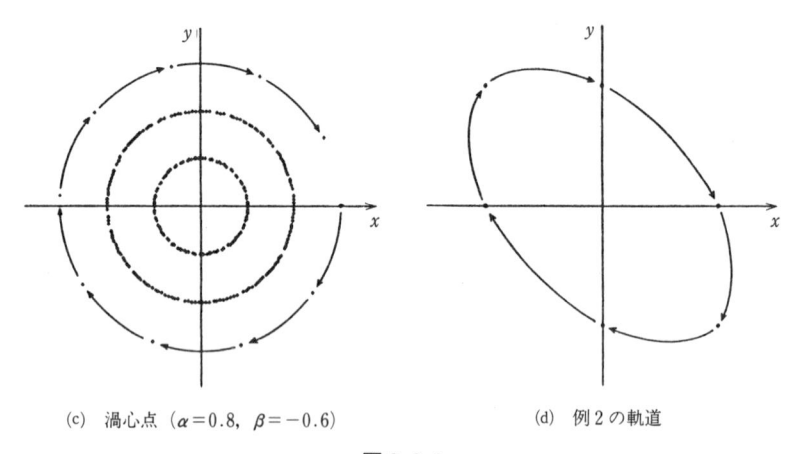

(d) 例2の軌道

図 3.2.2

不動点を**不安定渦状点** (unstable focus) という. (図 3.2.2(b))
③ $|\lambda_{\pm}|=1$ の場合, 回転しながら半径を一定に保つ. この場合不動点を**渦心点**, または**中心** (center) という. (図 3.2.2(c))
（注） A が標準形でなければ, ③の半径一定（円軌道）は言えず, 軌道は楕円軌道になる. また, $\theta=\tan^{-1}(\beta/\alpha)$ と 2π との比が有理数比でない場合, 軌道は楕円上を回転しながら覆いつくすことになる.

例2　$A = \begin{pmatrix} 1 & 1 \\ -1 & 0 \end{pmatrix}$ の場合

固有値は　　$\lambda_\pm = \dfrac{1}{2} \pm \dfrac{\sqrt{3}}{2}i$

固有ベクトルは　　$u_\pm = \begin{pmatrix} 1 \\ -1/2 \end{pmatrix} \pm \begin{pmatrix} 0 \\ \sqrt{3}/2 \end{pmatrix} i$

標準形は　　$B = \begin{pmatrix} 1/2 & -\sqrt{3}/2 \\ \sqrt{3}/2 & 1/2 \end{pmatrix}$

したがって $\gamma = \sqrt{\alpha^2 + \beta^2} = 1$, $\theta = \tan^{-1}(\beta/\alpha) = \pi/3$ となり, 原点は渦心点で, A による軌道は図3.2.2(d)のようになり, 周期6で1回転する.

線形写像(非線形の場合にも)において, 固有値の大きさがすべて1でない場合, **双曲型**という. 固有値の少なくとも1つがその大きさにおいて1になる場合, **双曲性が欠ける**という. 非線形写像において不動点や周期点が分岐する(新しく生成, または不安定化する)場合, 双曲性が欠けるという事態になっている.

3.2.2　非線形写像の不動点の安定性

一般の非線形写像による離散方程式を

$$\begin{aligned} x_{n+1} &= f(x_n, y_n) \\ y_{n+1} &= g(x_n, y_n) \end{aligned} \qquad (n = 0, 1, 2, \cdots) \qquad (3\text{-}2\text{-}13)$$

あるいは, $X = (x, y)$, $F(X) = (f(x, y), g(x, y))$ として

$$X_{n+1} = F(X_n) \qquad (3\text{-}2\text{-}14)$$

と書く. (3-2-14)式が

$$X = F(X)$$

を満たす点 $X = p$ を持つとき, 点 p を(3-2-14)式の不動点という. さらに, 点 p の近傍 $U(p)$ があって, すべての初期点 $X_0 \in U(p)$ に対して

$$n \to \infty \text{ のとき } X_n \to p$$

となる場合, 不動点 p は**局所的に安定**であると言い, 通常は, p 点を**安定不動点**, あるいは**吸引不動点**という.

不動点 p の近傍で**線形近似**を考えることによって, 不動点の安定性の判

断を与える次の定理が導かれる．

定理2． 写像 $F: R^2 \to R^2$ は C^1 級で，不動点 p を持つとする．F の点 p における**ヤコビ行列**

$$DF(p) = \begin{pmatrix} \dfrac{\partial f(p)}{\partial x} & \dfrac{\partial f(p)}{\partial y} \\ \dfrac{\partial g(p)}{\partial x} & \dfrac{\partial g(p)}{\partial y} \end{pmatrix} \qquad (3\text{-}2\text{-}15)$$

の特性方程式の根を λ_+, λ_- とすると，2根の大きさ $|\lambda_+|$, $|\lambda_-|$ がすべて1より小であれば不動点 p は局所的に安定である．

証明 $F(X)$ は，点 p の近傍では

$$F(X) = p + DF(p)(X-p) + O(2) \qquad (3\text{-}2\text{-}16)$$

と展開できる．$O(2)$ は $(X-p)$ について2次以上の項である．ここで原点を点 p に移し，行列 $DF(p)$ を標準形に変換する座標変換を施した (3-2-16) 式を改めて

$$F(X) = AX + O(2) \qquad (3\text{-}2\text{-}17)$$

とする．A はその特性方程式の根の大きさが2つとも1より小さい標準形での行列である．すると $|AX| < |X|$ より，

$$\frac{|AX|}{|X|} < 1 - \varepsilon \qquad (3\text{-}2\text{-}18)$$

となる正の数 ε が取れる．そこで，十分小さい δ を取れば，$O(2)$ の成分が X の成分 x, y について2次以上であることから，$|X| < \delta$ に対して

$$|O(2)| < (\varepsilon/2)|X| \qquad (3\text{-}2\text{-}19)$$

とできる．そこで，(3-2-17) 式の三角不等式，および (3-2-18)，(3-2-19) 式を使うと，

$$\frac{|F(X)|}{|X|} < \frac{|AX|}{|X|} + \frac{|O(2)|}{|X|} \qquad (3\text{-}2\text{-}19)$$

となる．したがって $\alpha = 1 - \varepsilon/2$ とおき (3-2-19) 式を繰り返し用いると，

$$|F^n(X)| < \alpha^n |X|$$

が導かれる．$n \to \infty$ のとき $\alpha^n \to 0$ より，$U = \{X \in R^2 \,|\, |X| < \delta\}$ とすれば，すべての初期点 $X_0 \in U$ に対して $X_n = F^n(X_0)$ は $n \to \infty$ のとき $X_n \to (0, 0)$ となる．このことは，もとの $F(X)$ に対して U に相当する近傍 $V(p)$ が

あって，$X_0 \in V(p)$ に対して $n \to \infty$ のとき $X_n \to p$ を意味する．

3.3 非線形写像の例
エノン写像と餌食 – 捕食者方程式

この節では，非線形離散方程式の具体的例として**エノン写像**と**餌食 – 捕食者方程式**を取り上げ，そのダイナミックスと分岐について探ってみよう．

エノン写像[1]は，ローレンツモデル（序章3節）のポアンカレー写像を研究する1つのモデルとして，1976年にM. Hénonによって提案された．エノン写像は2次元平面上における**微分可能な同相写像**（1対1の写像，diffeomorphism）として2次の項を含む最も単純な多項式の例になっている．

また，**餌食 – 捕食者方程式**は生態学における離散系モデルの例として筆者が1980年に報告[2]したものである．この場合は同相写像でない（2対1写像）例になっている．

3.3.1 エノン写像

エノン写像 $H : R^2 \to R^2$ は，$H(x, y) = (f(x, y), g(x, y))$ として
$$f(x, y) = 1 - ax^2 + y$$
$$g(x, y) = bx$$
(3-3-1)

で表される．ここで a, b は実数のパラメーターである．これを離散方程式で書くと，
$$x_{n+1} = 1 - ax_n^2 + y_n$$
$$y_{n+1} = bx_n$$
(3-3-2)

と表され，(3-3-2) 式の逆写像は1対1に定まって
$$x_n = b^{-1} y_{n+1}$$
$$y_n = x_{n+1} - 1 + ab^{-2} y_{n+1}^2$$

となる．

写像 (3-3-1) は，次のように3ステップ，$H = H''' \circ H'' \circ H'$ に分解することによって幾何学的に理解できる（図 3.3.1 参照）．

(a)

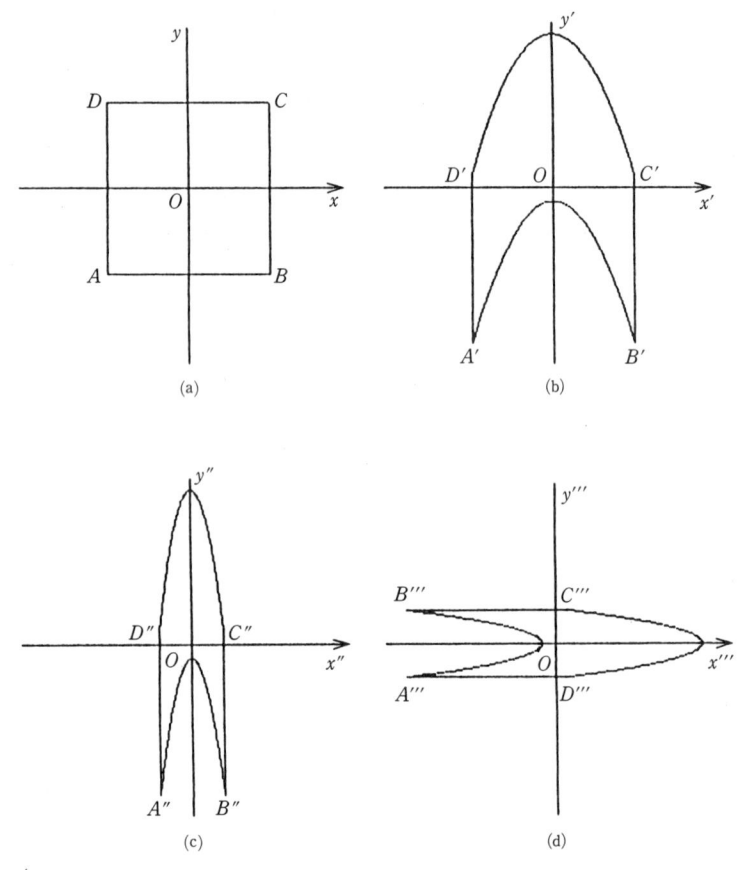

(b)

(c)

(d)

(a)は H' で(b)に，(b)は H'' で(c)に，(c)は H''' で(d)に写される．

図 3.3.1

$$H' : \begin{cases} x'=x \\ y'=1-ax^2+y \end{cases}$$
$$H'' : \begin{cases} x''=bx' \\ y''=y' \end{cases} \quad (3\text{-}3\text{-}3)$$
$$H''' : \begin{cases} x'''=y'' \\ y'''=x'' \end{cases}$$

(3-3-3) 式は，まず H' によって中央部を上方へ突き出すようにしながら左

右を下方へ折り曲げる．次に，H''でx方向にb倍に縮小する．最後にH'''で直線$y=x$に対して対称変換をすると，写像Hが完成する．

また，(3-3-2) 式の**ヤコビ行列式**を$J(x, y)$とすると

$$J(x, y) = \det DH(x, y) = \begin{vmatrix} \dfrac{\partial f(x, y)}{\partial x} & \dfrac{\partial f(x, y)}{\partial y} \\ \dfrac{\partial g(x, y)}{\partial x} & \dfrac{\partial g(x, y)}{\partial y} \end{vmatrix}$$

$$= \begin{vmatrix} -2ax & 1 \\ b & 0 \end{vmatrix} = -b$$

すなわち定数$-b$になる．ヤコビ行列式の幾何学的意味は，平面上の点(x, y)における微小な面積要素$\Delta S = \Delta x \Delta y$に対して，それを$H$で写した面積要素$\Delta S'$の$\Delta S$に対する拡大率を表している．すなわち

$$\Delta S' = J(x, y) \Delta S$$

である（註参照）．したがって，エノン写像において$|b|=1$なら面積を不変にし，$|b|<1$なら面積を縮小する写像になる．また，$b=0$の場合はロジスティック写像に位相共役な単峰写像に帰着する．

註．ヤコビ行列式の幾何学的意味

図 3.3.2(a)の，ΔxとΔyで張られる微小な四辺形$ABCD$が，写像Fによって図3.3.2(b)の四辺形$A'B'C'D'$へ写るとする．それぞれの面積をΔS

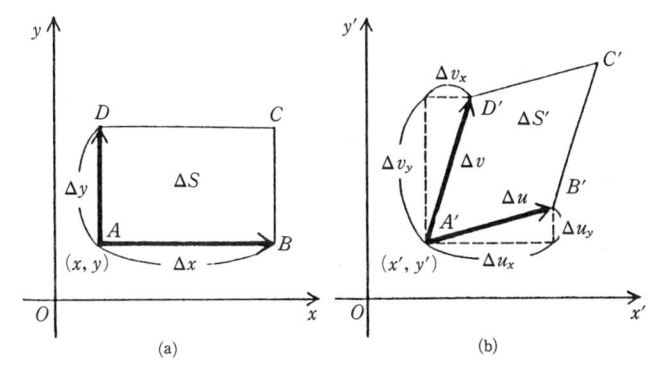

図 3.3.2

及び $\Delta S'$ とする. 点 (x, y) が F によって点 $(x', y') = (f(x, y), g(x, y))$ に写るとすると, 点 $(x+\Delta x, y+\Delta y)$ の写った先 (x'', y'') は, 近似的に

$$x'' = f(x+\Delta x, y+\Delta y) = f(x, y) + \frac{\partial f}{\partial x}\Delta x + \frac{\phi f}{\partial y}\Delta y$$

$$y'' = g(x+\Delta x, y+\Delta y) = g(x, y) + \frac{\partial g}{\partial x}\Delta x + \frac{\partial g}{\partial y}\Delta y$$

である. したがって, $\Delta y=0$ とするとベクトル Δu の x 成分 Δu_x, y 成分 Δu_y は

$$\Delta u_x = f(x+\Delta x, y) - f(x, y) = \frac{\partial f}{\partial x}\Delta x$$

$$\Delta u_y = g(x+\Delta x, y) - g(x, y) = \frac{\partial g}{\partial x}\Delta x$$

同様に, $\Delta x=0$ とするとベクトル Δv の x 成分 Δv_x, y 成分 Δv_y は

$$\Delta v_x = f(x, y+\Delta y) - f(x, y) = \frac{\partial f}{\partial y}\Delta y$$

$$\Delta v_y = g(x, y+\Delta y) - g(x, y) = \frac{\partial g}{\partial y}\Delta y$$

である. したがって, x, y 方向への単位ベクトルをそれぞれ i, j とすると, 四辺形 $A'B'C'D'$ の面積 $\Delta S'$ は Δu と Δv のベクトル積なので

$$\begin{aligned}\Delta S' &= \Delta u \times \Delta v \\ &= (\Delta u_x i + \Delta u_y j) \times (\Delta v_x i + \Delta v_y j) \\ &= \Delta y_x \Delta v_y - \Delta v_x \Delta u_y \\ &= \left(\frac{\partial f}{\partial x} \cdot \frac{\partial g}{\partial y} - \frac{\partial f}{\partial y} \cdot \frac{\partial g}{\partial x}\right)\Delta x \Delta y \\ &= \det DF(x, y) \cdot \Delta S\end{aligned}$$

となる. ゆえにヤコビ行列式 $J(x, y) = \det DF(x, y)$ は写像 F による面積の拡大率になる.

不動点の存在条件と安定条件

(3-3-1) 式の不動点は,

$$x = 1 - ax^2 + y$$

$$y = by$$

とおいて求まり, $\delta = \sqrt{(1-b)^2 + 4a}$ として

$$p_1 : \begin{cases} x_1 = (2a)^{-1}[-(1-b)+\delta] \\ y_1 = bx_1 \end{cases}$$
$$p_2 : \begin{cases} x_2 = (2a)^{-1}[-(1-b)-\delta] \\ y_2 = bx_2 \end{cases} \quad (3\text{-}3\text{-}4)$$

である．ここで δ が実数，すなわち $(1-b)^2+4a>0$ が不動点が存在するための条件になる．したがって，パラメーター a が

$$a > a_1 = -(1-b)^2/4$$

を満たせば不動点 p_1, p_2 は存在する．

次に不動点の安定条件を調べよう．不動点における (3-3-2) 式のヤコビ行列の固有値 λ の大きさが 2 つとも 1 より小ならその不動点は安定である．特性方程式を解けば，

$$\begin{vmatrix} -2ax-\lambda & 1 \\ b & -\lambda \end{vmatrix} = 0$$

$$\therefore \quad \lambda^2 + 2ax\lambda - b = 0$$

$$\therefore \quad \lambda_\pm = -ax \pm \sqrt{a^2x^2+b} \quad \text{(複号同順)} \quad (3\text{-}3\text{-}5)$$

ただし，x は両不動点の x 座標を表す．(3-3-4) 式，(3-3-5) 式より，それぞれの不動点に対する固有値は

$$p_1 : \lambda_\pm = \frac{1-b-\delta \pm \sqrt{\delta^2+2(b-1)\delta+(b+1)^2}}{2}$$
$$p_2 : \lambda_\pm = \frac{1-b-\delta \pm \sqrt{\delta^2-2(b-1)\delta+(b+1)^2}}{2} \quad (3\text{-}3\text{-}6)$$

そこでまず，不動点が生成した直後，すなわちパラメーター a が a_1 に十分近いときの固有値を調べてみよう．$\delta \ll 1$ なので，(3-3-6) 式は

$$p_1 : \begin{cases} \lambda_+ = 1 - \delta/(b+1), \\ \lambda_- = -b - \delta b/(b+1) \end{cases}$$
$$p_2 : \begin{cases} \lambda_+ = 1 + \delta/(b+1), \\ \lambda_- = -b + \delta b/(b+1) \end{cases} \quad (3\text{-}3\text{-}7)$$

と近似される．とくに，$a=a_1$ では $\delta=0$ すなわち $p_1=p_2$ で 2 つの不動点は重複しており，固有値の 1 つは $\lambda_+ = 1$ となっている．一般に，不動点や周期点が新しく生じるときは固有値の 1 つは必ず 1 になる．すなわち，双曲性が欠ける事態になる．$a>a_1$ であれば $\delta>0$ なので，$|b|<1$，$\delta \ll 1$ であれば，

不動点 p_1 は安定結節点，不動点 p_2 はサドル点になっている．すなわち，この場合の分岐はサドル・ノード分岐である．詳しくは次節で解説する．

エノン写像の分岐とアトラクター

パラメーター a を a_1 から増加させていくと δ も増加するので，p_1 の一方の固有値 λ_- はやがて $\lambda_- < -1$ となって，p_1 もサドル点になる．このとき，p_1 の固有値 λ_- に相当する固有ベクトルの方向に，p_1 の両サイドに新しく安定2周期点を生じる．すなわち周期倍化分岐が起きる．（この分岐の幾何学的説明も次節）．この分岐が生じるパラメーター a の値 a_2 は，p_1 の λ_- を $\lambda_- = -1$ とおいて求まり，

$$a_2 = 3(1-b)^2/4$$

である．

さて，さらに a を増加させていくと，やがて4周期点，8周期点と次々周期倍分岐による安定周期点が現れ，1次元単峰写像の場合のように，2^∞ 周期へ向かって，パラメーター a はある値 a_c へと集積する（ただし，b の大きさは1よりも十分小の場合）．

図 3.3.3 は，$b=0.3$ として，点 $(0,0)$ を初期点とした場合の分岐図である．これを描くには LIST_02 を少し書き換えるだけでよい．横軸にパラメーター a をとり，a を0から0.003きざみで1.5まで変化させ，各パラメーター毎に初期点からの2000回の繰り返し計算の後，引き続く600個の点の x 座標を縦座標上にプロットしてある．この場合，$a_c = 1.0580\cdots$ である．$b=0.3$ の場合，$a > a^* = 1.4276\cdots$ で軌道は発散するが，a^* の値は，b の値の増加とともに下がる．$b=1$ では，$a^* = 0.1327\cdots$ である．この場合，a を $a^* = 0.1327$ より少し小さい値で固定して，b を1まで増加させていくと，$b<1$ から $b=1$ になるとき，安定2周期点から跳躍的な分岐が生じ，突然図 3.3.4 に示されるアトラクターを生じるので興味深い．エノン写像のアトラクターを描くプログラムは LIST_08 である．

さて，分岐図を眺めながら，エノン写像の分岐とそのアトラクターについて，いくつか特徴的な性質を述べよう．

(1) 周期倍化分岐では，1次元単峰写像と同様のファイゲンバウム分岐になっている．すなわち，$n = 2^m$ 周期点が生じる分岐点を a_n，δ をファイゲ

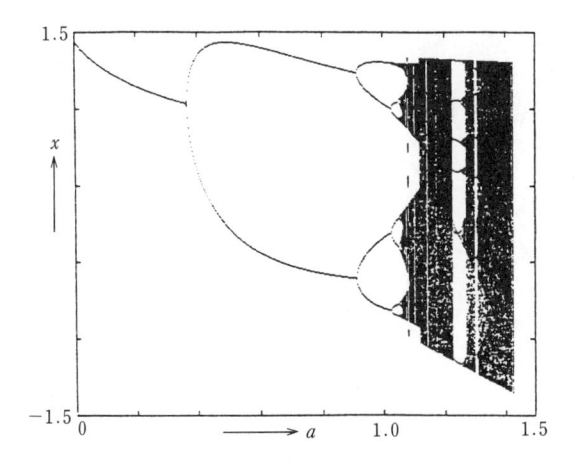

図 3.3.3　エノン写像の分岐図（$b=0.3$）

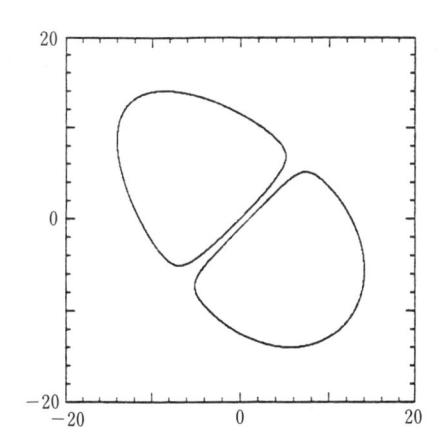

図 3.3.4　$b=1$ におけるアトラクター（$a=0.02$）

ンバウム定数として

$$m\to\infty \text{のとき} \quad \frac{a_n-a_{n/2}}{a_{2n}-a_n} \to \delta(=4.6692\cdots)$$

である．

(2) カオス領域（$a>a_c$）において，サドル・ノード分岐による周期点アトラクターの窓が存在するが，シャルコフスキー列は成立しない．

(a) アトラクターの棲み分け

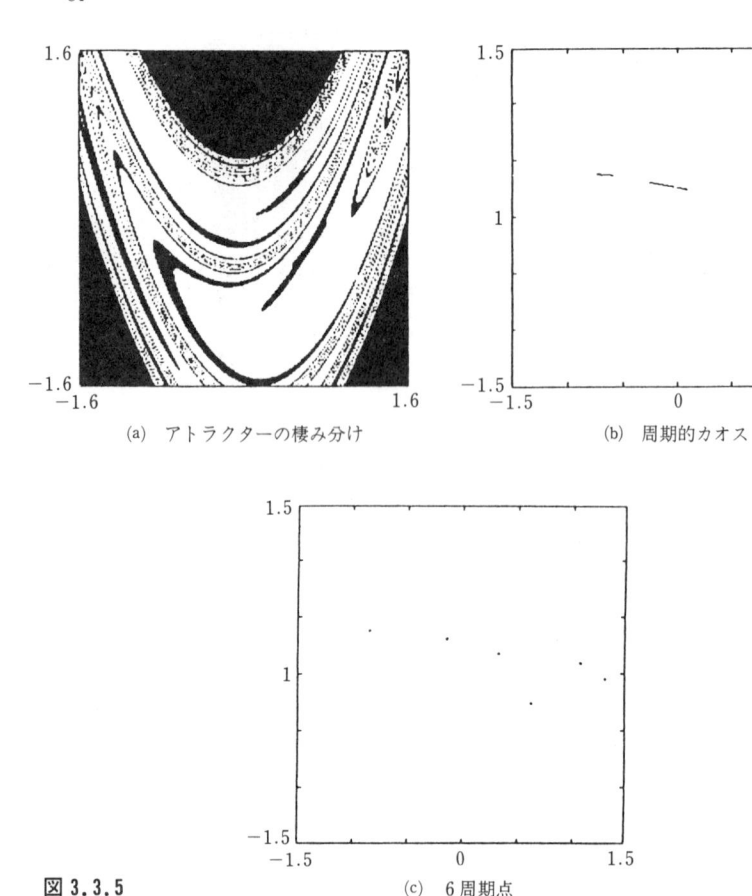

(b) 周期的カオス

(c) 6周期点

図 3.3.5

(3) パラメーター値によっては複数個のアトラクターが存在する．無限個の場合もある．つまり，初期点のとり方によってその軌道が異なったアトラクターへ吸引される，アトラクターの吸引域（basin, **鉢**と呼ばれている）の**棲み分け**が生じる場合がある．したがって，初期点を変えて分岐図を描くと，部分的に違ったものが得られる場合がある．図 3.3.5(a)は $a=1.063$ の場合の棲み分け図で，空白部分は図 3.3.5(b)に，縦縞模様の部分は図 3.3.5(c)に吸引される．周囲の塗りつぶされた部分は発散領域である．

(4) 十分発達したカオス領域においては，カオスアトラクターはカントー

(a) カオスアトラクター
($a=1.4, b=0.3$)

(b) (a)の囲み部分の拡大

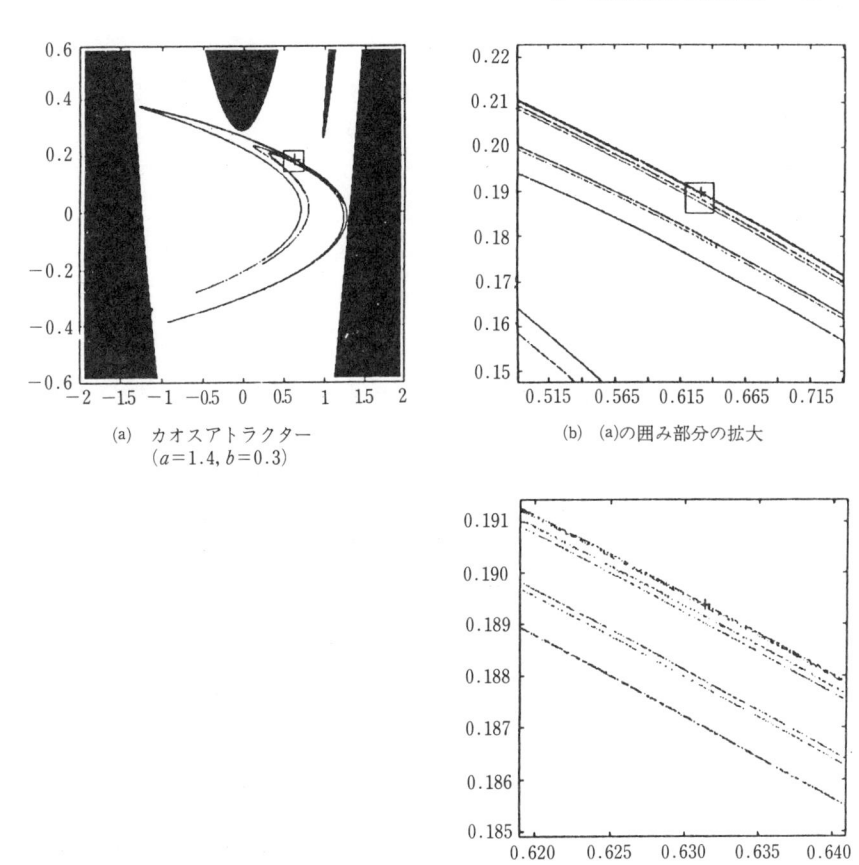

図3.3.6 アトラクターのフラクタル構造　(c) (b)の囲み部分の拡大

ル集合的な微細構造，すなわちスケーリング構造を持っている．$a=1.4$, $b=0.3$のアトラクター（図3.3.6(a)）についてそのスケーリング構造を見てみよう．図の塗りつぶされた部分は$-\infty$へ発散する領域で，塗られていない部分がアトラクターへ吸引される領域である．図の小さな正方形内のアトラクターの上部境界部分には不動点p_1が位置しており（図の囲みの中の＋印），p_1はサドル点になっている．(一方，不安定結節点となった不動点p_2は，左下に発散領域に接するように位置している．図の黒い丸印・が印されているところである．)そこで，図中の小さな正方形に囲まれた部分

を拡大すると図 3.3.6(b)になり，再び図 3.3.6(b)の小さな正方形の部分を拡大すると図 3.3.6(c)になる．このように，元の図を縮小したものと類似な図が元の図の中に埋め込まれており，**フラクタル構造**になっている．これはなぜかというと，まず p_1 の不安定多様体がカオスアトラクターに沿って p_1 から延びており，写像 H によって点 p_1 の近傍の点を λ_- 倍に遠ざける（この場合 λ_- は負なので，p_1 を挟んで振動しながら p_1 から遠ざかる）一方，p_1 の安定多様体は図のアトラクターに沿う曲線（不安定多様体）を横切るように埋め込まれていて，写像 H によって λ_+ の固有ベクトルの方向（安定多様体の方向）に λ_+ 倍に縮小されて小さな正方形の内部へと写される (transversal structure) ので，アトラクターの集合は p_1 の不安定多様体の方向へは拡大されながらも安定多様体の方向に向かっては集積するという構造になっているからである．また，図の点集合の全体が1つの不変集合になっていて，写像 H によってその上に不変に写されている．そしてこの場合，安定多様体と不安定多様体は不動点 p_1 とは異なる点においても交差をしており，そのような交点をホモクリニック点と呼ぶ．ホモクリニック点が存在する場合は無限個の周期軌道と非周期軌道が存在することが示され，この場合のカオスを**ホモクリニックカオス**とも呼んでいる（詳しくは5節）．

3.3.2 餌食-捕食者方程式

本章の初めに述べたボルテラ方程式において，自己制御（飽和効果，次式の $-cx^2$）を考慮した方程式

$$\frac{dx}{dt} = ax - cx^2 - dxy$$
$$\frac{dy}{dt} = -by + exy$$
(3-3-8)

(a, b, c, d, e は，正の値をとるパラメーター)

をオイラー差分法で離散化したモデル

$$x_{n+1} = ax_n(1 - x_n - y_n)$$
$$y_{n+1} = by_n(1 + cx_n)$$
(3-3-9)

について調べる．（離散化については註参照）

(3-3-9) 式は，捕食者 y がいなければロジスティック写像
$$x_{n+1} = ax_n(1-x_n) \qquad (3\text{-}3\text{-}10)$$
に帰着される．

註. (3-3-9) 式は，(3-3-8) 式の第1式，第2式の右辺をそれぞれ $f(x, y)$, $g(x, y)$ として，差分化
$$\Delta x = x(t+\Delta t) - x(t) = f(x(t), y(t))\Delta t$$
$$\Delta y = y(t+\Delta t) - y(t) = g(x(t), y(t))\Delta t$$
を行なった後，$t_n = \Delta t \cdot n$ ($n=0, 1, 2, \cdots$) として，$x(t_n)$ を x_n と書き換え，$1+a\Delta t$ を a, $1-b\Delta t$ を b, $e(1+a\Delta t)/c(1-b\Delta t)$ を c, $c\Delta t \cdot x/(1+a\Delta t)$ を x, $d\Delta t \cdot y/(1+a\Delta t)$ を y に置き換えることによって得られる．変数は線形変換によって規格化され，パラメーターは3個になっている．

(3-3-8) 式は，$c=0$ であれば前号で述べたボルテラ方程式である．$c>0$ であれば，定常点 $(b/e, a/d - ce/bd)$（第一象限にあるとして）のまわりに，左回りに周回しながら定常点に漸近する軌道を描く．

また，$c=0$ の場合の離散モデルは
$$\begin{aligned} x_{n+1} &= ax_n(1-y_n) \\ y_{n+1} &= by_n(1+x_n) \end{aligned} \qquad (3\text{-}3\text{-}11)$$
となる．この場合，不動点は $p_1 = (0, 0)$ と，$p_2 = (1/b-1, 1-1/a)$ があるが，p_2 が安定になることはなく，$a, b < 1$ なら軌道は $(0, 0)$ へ吸引され，a, b の少なくともいずれか一方が1より大なら軌道は発散する．

しかし，モデル (3-3-9) 式はこれから明らかにするように，パラメーターを選ぶことによって安定な不動点，周期点，吸引リミットサイクル，そしてカオスアトラクター等々，モデル (3-3-8) の解からは想像もできない多様な解が現れる．

ここで，カオスへ至る分岐を調べる前に，解が発散しないための条件や，不動点の安定性など予備的考察を行なっておこう．

第一象限への軌道の閉じこめ条件

まず，(3-3-9) 式の解が意味のある解であるためには，x, y がともに正でかつ発散しないことが必要である．そのためには，まず x, y は図 3.3.7

の三角形 OAB の領域 D，すなわち

$$D=\{(x,y)\in R^2 : x>0,\ y>0,\ 1-x-y>0\}$$

内になければならない．さらに，領域 D 内の点が写像 (3-3-9) によって再び D 内に留まることが要請される．この条件は，以下の考察によってパラメーターに対して次の制限があれば満たされる．

(1) $c\leq 1$ の場合，$0\leq b\leq 1$ 及び $0\leq a\leq 4$
(2) $c>1$ の場合，$b\leq b^*$ 及び $0\leq a\leq 4$
ただし $b^*=4c/(1+c)^2$

このことは次の考察で得られる．まず，写像 (3-3-9) を F と表して，F のヤコビ行列式が

$$\det DF(x,y)=0 \qquad (3\text{-}3\text{-}12)$$

を満たす点の集合を L とすると，L は**写像 F によって折返しを受ける点の集合**になる．(ただし，曲線 L の両側で $\det DF(x,y)$ の符号が逆になっていることが前提である．ちなみに，$f'(x)=0$ を満たす点は単峰写像の折返し点，臨界点であった．) (3-3-12) 式から L を求めると，この場合 2 次曲線

$$y=-(2x-1)(cx+1)$$

になる．図 3.3.7 において，曲線 L は F によって曲線 L' に写る．L の D 内の部分，曲線 ST は F によって曲線 $S'T'$ に写り，曲線 ST によって分割さ

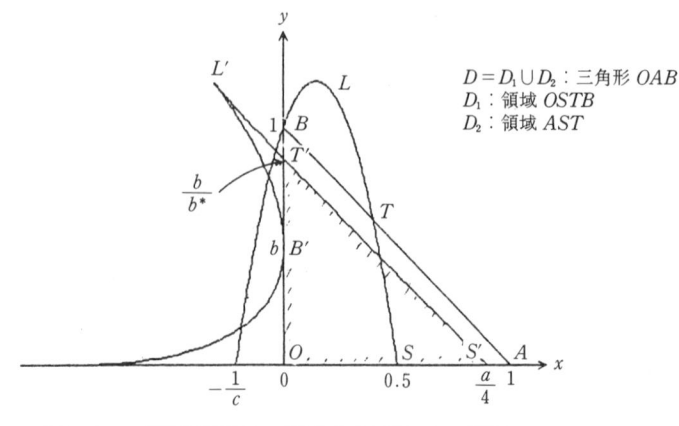

図 3.3.7 領域 OSTB，領域 AST はともに領域 OS'T' へ写る．

れた D の部分 D_1 と D_2 は，F によって曲線 ST で折り畳まれて，どちらも領域 $OS'T'$ に写る．(A は O に，B は $B'=(0,b)$ に写る)．したがって，領域 $OS'T'$ が領域 D よりはみ出していなければ，D 内の点は F によって再び D 内に留まることになる．この条件が上の制限になる．

領域 $OS'T'$ 内の点の逆写像は D_1, D_2 の双方にあるので，写像 F はエノン写像と異なって **2 対 1 写像** になっている．

不動点とその安定条件

(3-3-9)式を $x_{n+1}=x_n$, $y_{n+1}=y_n$ とおいて解けば次の3つの不動点が得られる．

$$p_1 = (0, 0)$$
$$p_2 = (1-1/a, 0) \qquad (3\text{-}3\text{-}13)$$
$$p_3 = (1/bc - 1/c, 1-1/a + 1/c - 1/bc)$$

(3-3-9)式のそれぞれの不動点における特性方程式の根を調べることによって，それぞれの不動点の安定条件は以下のようになる．また，この条件を $c=5$（$b^*=0.555\cdots$）の場合について図示すると図3.3.8になる．

p_1；$a<1$　かつ　$b<1$

p_2；$1<a<3$　かつ
$$(a-c/(1+c))(b-1/(1+c)) < c/(1+c)^2$$

p_3；$b<1$ の下で，次の3つの条件を合わせたパラメーター領域になる．少し込み入っているが記しておく．固有値が実数の場合は，大きい方を λ_+，小さい方を λ_-，複素数の場合は，λ^c とする．

(1) $\lambda_+ < 1$ から
$$c/(1+c)^2 < (a-c/(1+c))(b-1/(1+c))$$
（これは p_3 が第1象限に存在する条件になる）

(2) $\lambda_- > -1$ から
$$3/(1+c) \leq b \quad \text{または}$$
$$b < 3/(1+c) \quad \text{かつ}$$
$$a < b(b+3)/\{(1+1/c)(b-1)(b-3/(1+c))\}$$

(3) $|\lambda^c| < 1$ から
$$(a-c/(1+c))(b-2/(1+c)) < 2c/(1+c)^2$$

図 3.3.8

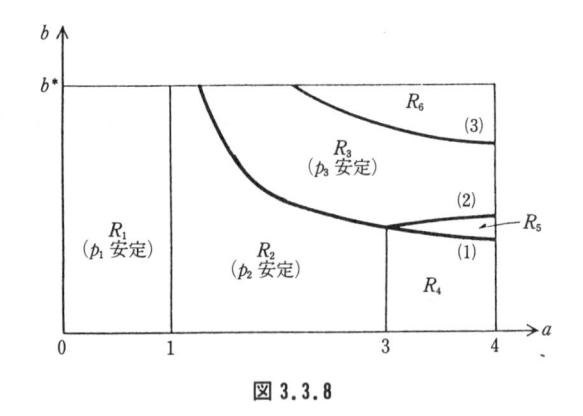

図3.3.8の境界線(1), (2), (3)はそれぞれ, (1) $\lambda_+ = 1$, (2) $\lambda_- = -1$, (3) $|\lambda^c| = 1$ の場合に相当している. 境界(3)は c が小さい程 b 軸上方にあって, $c < \sqrt{2}$ では R_6 はない.

図3.3.8の6つの領域, $R_1 \sim R_6$ における解の様相は大略次の通りである.

- $R_1 \sim R_3$: それぞれ不動点 $p_1 \sim p_3$ が安定な領域
- R_4 ：捕食者 y の生きる力は弱く，いずれ死滅してしまって餌食 x のみとなりロジスティック方程式 (3-3-10) に従うことになる.
- R_5 ：捕食者 y が死滅する場合と，2種とも共存して2周期，4周期，8周期，…と周期倍化分岐を起こす場合とがある. 後者の場合は R_5 の右上方で起こる.
- R_6 ：ナイマーク・サッカー分岐により，卵形をした閉曲線が吸引集合として現れる. R_6 の奥深く入るにつれて，安定周期軌道を生じるサドル・ノード分岐，2次ナイマーク・サッカー分岐，再びサドル・ノード分岐，周期倍化分岐，…カオスへと多彩な分岐を起こす.

分岐－リミットサイクルからカオスへ

パラメーター領域 R_6 における分岐について調べてみよう. パラメーター b, c を $b = 0.55$, $c = 5$ に固定し，a について2.0〜4.0までの分岐図をパソコンで描くと図3.3.9が得られる. 図3.3.9はパラメーター a を横軸にとり，0.004刻みに増やしながら a の各値毎に初期点を $(0.2, 0.2)$ として

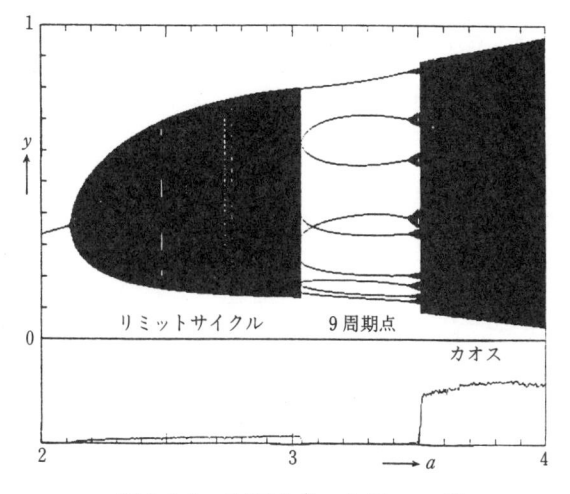

図 3.3.9 分岐図 ($b=0.55$, $c=5$)

4000回の繰り返し計算の後，引き続く4000回の軌道の y の値を縦軸上にプロットしている．分岐図に併せてその下に描かれてあるのは4000個の点の平面上における散らばりの広さを（分布度数）示したもので，写像 (3-3-9) によって閉じ込められる領域である，原点，点 (1.0)，点 (0,1) を頂点とした三角形の領域を7200区画に分割して，軌道がどれだけの区画を訪れているかを示している．度数が小さいと軌道は広がりを持たないので周期点かリミットサイクルを示し，度数が大きいと広がりのあるカオスアトラクターを示す．

　パラメーター a が領域 R_6 に入り込めば，(3-3-9) 式の不動点におけるヤコビ行列の固有値は複素数根としてそのノルム（絶対値）が1を超え，不動点はアトラクターとしての性質を失い，代わって不動点の回りを周回する卵形をした閉曲線（リミットサイクル）がアトラクターとして現れる（図 3.3.10(a)）．このような分岐を**ナイマーク・サッカー分岐**という．この軌道は一つの閉曲線上を左回りにおよそ 8〜9 回で1回りしながら，この閉曲線を次第に隈なく覆い尽くしていく．リミットサイクルは，不動点 p_3 を原点とする極座標を考えて，リミットサイクルが不動点を中心とする円になるような適当なある変換を施したものを考えると，図 3.3.11 のような動径方向の写

(a) リミットサイクル　　　　(b) 9周期点

(c) 9つのリミットサイクルの島　　(d) カオス

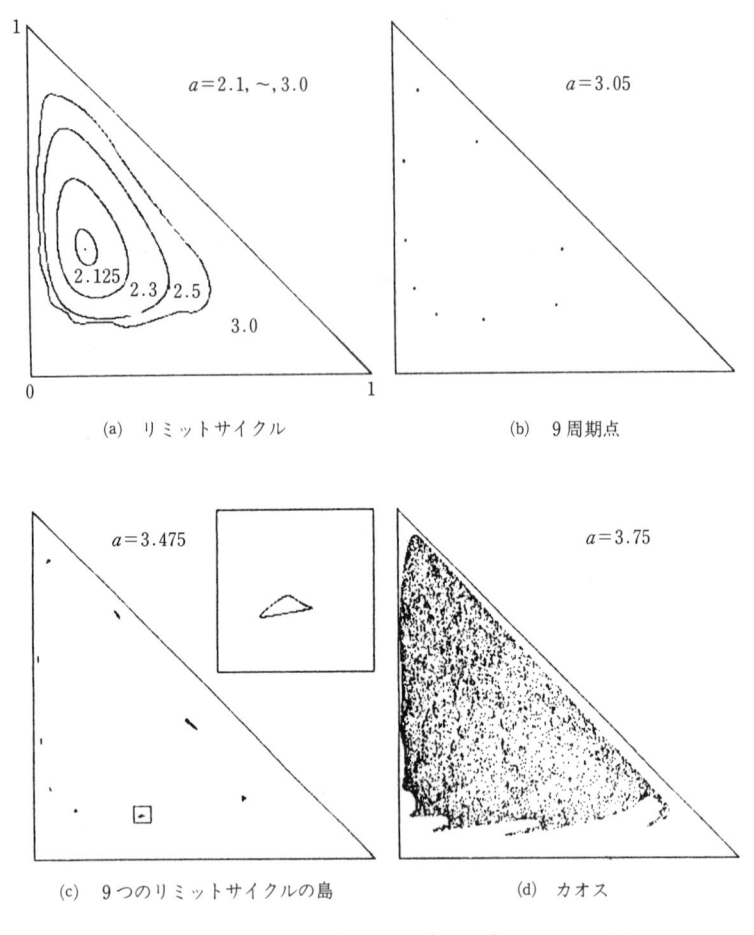

図 3.3.10　餌食 - 捕食者モデル (3-3-9) のアトラクター

像が与えられ，原点（不動点 p_3）は不安定不動点，リミットサイクル上の点は吸引不動点になるという構造になっていると考えられる．詳しくはウィギンスの著書などを参考にされたい．リミットサイクルは，パラメーター a の値の増加とともに次第に大きく成長していくが，やがて閉曲線の形は歪み，突然リミットサイクルは消滅し，9 周期の吸引周期点が現れる（図 3.3.10 (b))．（ただし，パラメーター b, c の値が異なると，a の分岐点の値や周期

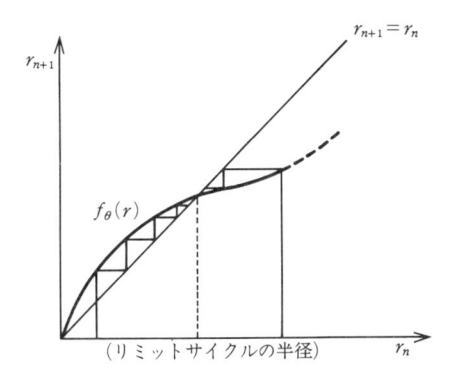

図 3.3.11 動径方向の写像

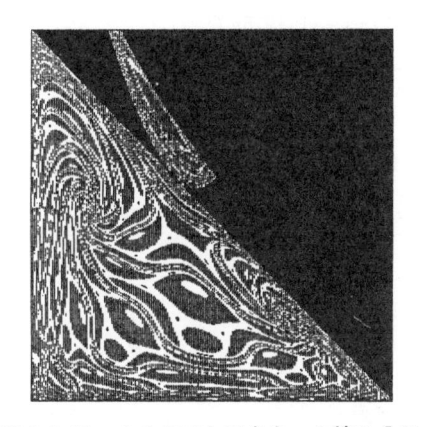

図 3.3.12 2つのアトラクターの棲み分け

は異なる.）この場合の分岐はサドル・ノード分岐と呼ばれているものである．パラメーター a をさらに増やしていくと，各周期点が再びナイマーク・サッカー分岐を起こし，図 3.3.10(c)のように9個の小さなリミットサイクルを島状に生じる（囲み部分が拡大して示されている）．この島状リミットサイクルはさらに，それぞれが3個の周期点，すなわち27周期点を生じ，さらに周期倍化分岐を経て広がりのあるカオスアトラクター（図 3.3.10(d)）へ発展していく．パラメーターの変化を別のルートにとれば分岐はまた異なった風にも生じる．

また，初期点のとり方によっても分岐図は部分的に異なる場合がある．これは，エノン写像においても指摘したように，複数個のアトラクターが存在する場合があるためである．図3.3.12は，$a=3.227, b=0.555, c=5$ における2つのアトラクターの棲み分け図である．縦縞部分は27周期点を，白抜きの部分は9周期点をアトラクターとするベイスン（吸引域）になっている．蛇行する帯状のフラクタル的なあやしげな模様になっている．

図3.3.9や図3.3.10を描くプログラムは，それぞれ LIST_02, LIST_08 を少し書き換えればよいので試みられたい．

参考文献

(1) M. Hénon ; A Two-dimensional Mapping with a Strange Attractor, Commun. Math. Phys., 50 (1976), 69-77
(2) 早間 慧：ある餌食－捕食者系の離散モデルのダイナミックスとカオス，生物物理，109 (1980)，57-65

3.4 周期点の分岐

3.4.1 不動点分岐の種類

写像の不動点（したがって周期点についても）の分岐については，**中心多様体定理**と**陰関数定理**にもとづく体系的な理論ができ上がっている（ウィギンスを参照されたい）．この理論によれば，パラメーター a を含む写像 F：

$$X_{n+1}=F(X_n, a), \quad X\in R^n, \quad a\in R \qquad (3\text{-}4\text{-}1)$$

の分岐のパターンは，分岐点 $a=a^*$ および不動点 $X=p$ の近傍において (3-4-1) 式を中心多様体方向に限定することによって示される．具体的にいうと，(3-4-1) 式を不動点の近傍で不動点の不変多様体（安定，不安定および中心多様体）の方向が座標の成分になるような変換（対角化）をおこない，中心多様体方向の成分について調べる．（他の，安定，および不安定多様体方向の変化は分岐には関与しない．）そうすると，写像は1次元に単純化される．ヤコビ行列の固有値が複素根になる場合は中心多様体は曲面になり，

ナイマーク・サッカー分岐を生じるが,この場合の詳しい考察は本書では除かれる.

ナイマーク・サッカー分岐を除く不動点の分岐のパターンとしては以下に示す4つがある.このそれぞれには**標準形**が考えられる.中心多様体方向の座標を x, パラメーターを a として,分岐の種類を典型的な標準形とともに示す(安定・不安定が逆の場合や,a に対して分岐の方向が逆になる場合もある).f を標準形の関数として

$$x_{n+1} = f(x_n, a) \tag{3-4-2}$$

とすれば次のように分類される.ただし $p=(0,0)$ とする.読者は以下のことを確かめてみられたい.

① **サドル・ノード分岐** ; $f(x,a) = x + a - x^2$

$a<0$ では不動点は存在しないが,$(x,a)=(0,0)$ で $f'(0,0)=1$ となって分岐を生じる.すなわち $a\geqq 0$ で不動点 $x=\pm\sqrt{a}$ が現れ,一方はサドル点,他方はノード点になる.(すなわち f' の一方は <1,他方は >1 になる.)図 3.4.1(a)

② **熊手型分岐** ; $f(x,a) = x + ax - x^3$

$a<0$ では不動点 $x=0$ のみ存在するが,$(x,a)=(0,0)$ で $f'(0,0)=1$ となって分岐を生じる.すなわち $a\geqq 0$ で,もとの不動点以外に新しく2個の不動点 $x=\pm\sqrt{a}$ が生じる.この場合,新しい不動点がもとの不動点の安定性を引き継ぎ,もとの不動点と新しい不動点とはそれぞれ一方がサドル,他方がノードになる.図 3.4.1(b)

③ **周期倍化分岐** ; $f(x,a) = -x - ax + x^3$

$a<0$ では不動点 $x=0$ および $x=\pm\sqrt{2+a}$ が存在する.($a=-2$ で熊手型分岐が生じている.$x=0$ のみ $-2<a<0$ で安定である.)$(x,a)=(0,0)$ で $f'(0,0)=-1$(したがって $(f^2)'(0,0)=1$)となり分岐を生じる.すなわち,$a\geqq 0$ で2周期点 $x\fallingdotseq\pm\sqrt{a(2+a)/2}$ を生じる.新しく生じた2周期点と,もとの不動点との安定性の関係は熊手型分岐と同様である.図 3.4.1(c)

④ **安定性交代型分岐** ; $f(x,a) = x - ax - x^2$

$x=0$ および $x=-a$ の不動点が存在するが,$a=0$ で安定性が交代す

(a) サドル・ノード分岐

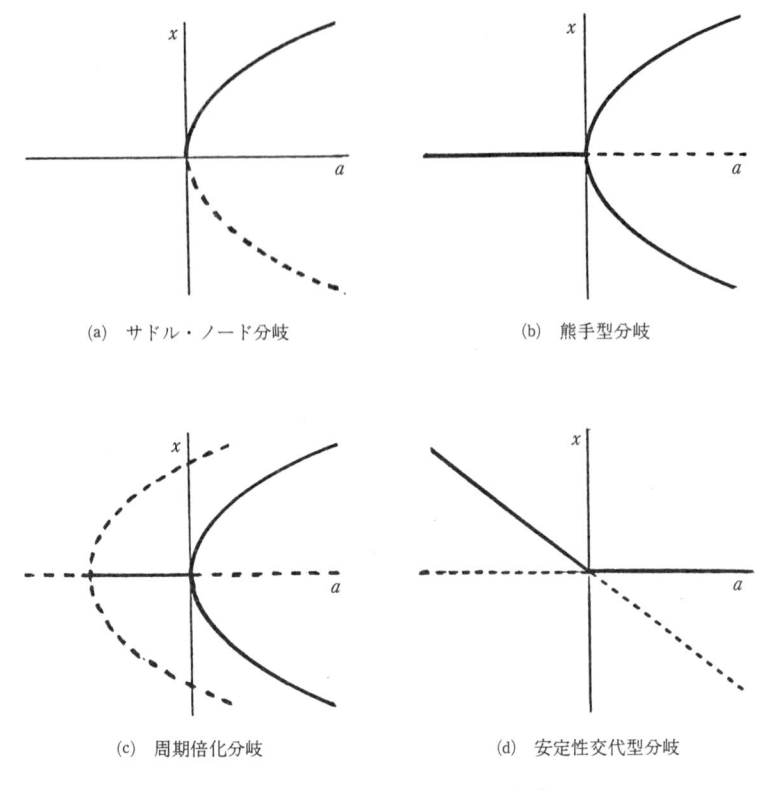

(b) 熊手型分岐

(c) 周期倍化分岐

(d) 安定性交代型分岐

図 3.4.1　分岐の4つのタイプ

る．図 3.4.1(d)

　いずれにしても，写像の不動点の分岐は点 (p, a^*) での F のヤコビ行列 $DF(p, a^*)$ の固有値の一つがちょうど値1（または -1 ）を取る——すなわち双曲性が欠ける——ときに生じる．固有値が絶対値1の共役複素数をとる場合はナイマーク・サッカー分岐が生じる．

　さて，以上の理論の詳察については他書を参考にしていただくことにして，本書では中心多様体定理に依拠しない，グラフによる初等的理論を述べよう．すなわち，これらの分岐が以下に述べる**ゼロカーブ**の交差の仕方によって分類できることを示す．我々は，以下に述べるゼロカーブを調べる方法によっ

て，与えられた写像の周期点の出現がどの分岐であるかを簡単に明らかにすることができる．(以下の方法は筆者による．)

3.4.2 ゼロカーブの変化と周期点の分岐

写像
$$(X, a) \longmapsto F(X, a) \in R^2, \quad X \in R^2, \quad a \in R \qquad (3\text{-}4\text{-}3)$$
を考える．F は X について C^1 クラス，パラメーター a に対して連続とする．パラメーターは複数個あるのが一般的であるが，その場合はどれか一つ，すなわち a に着目し，他のパラメーターについては固定して考える．$X=(x, y)$ として，$X_{n+1}=F(X_n)$ を
$$\begin{aligned} x_{n+1} &= f(x_n, y_n) \\ y_{n+1} &= g(x_n, y_n) \end{aligned} \qquad (n=0, 1, 2, \cdots) \qquad (3\text{-}4\text{-}4)$$
とも表す．点 (x_n, y_n) は初期点 (x_0, y_0) からの n 番目の軌道である．ここでさらに，少し便宜的であるが，$f^n(x, y)$，$g^n(x, y)$ を次のように定義する（f^n は f の単純な n 回合成写像を意味しない）：
$$\begin{aligned} x_n &= f^n(X) = f(f^{n-1}(X), \; g^{n-1}(X)) \\ y_n &= g^n(X) = g(f^{n-1}(X), \; g^{n-1}(X)) \end{aligned} \qquad (3\text{-}4\text{-}5)$$

そこで次の曲線，"ゼロカーブ"を定義する．

定義 1．ϕ_n—ゼロカーブ，ψ_n—ゼロカーブ
次の2つの関数
$$\begin{aligned} \phi_n(x, y) &= f^n(x, y) - x \\ \psi_n(x, y) &= g^n(x, y) - y \end{aligned} \qquad (3\text{-}4\text{-}6)$$

に対して，$\phi_n=0$，$\psi_n=0$ となる曲線をそれぞれ **ϕ_n—ゼロカーブ**，**ψ_n—ゼロカーブ** と呼ぶ．略して **n—ゼロカーブ**，または単に **ゼロカーブ** と呼ぶ．

ϕ_n—ゼロカーブと ψ_n—ゼロカーブの交点の一つを p とすると，点 p は F^n の不動点，したがって周期 n または n の約数の周期の周期点を与える．もしも点 p において n のすべての約数 m について m—ゼロカーブが交点を持たなければ，点 p は n 周期点を与える．新しく n 周期点を生じる場合は，n—ゼロカーブが新しく交わりを生じなければいけない．以下で見ていくように，パラメーター a を変化させていくときゼロカーブの交わり方がどの

ようなパターンをとるかによって，どの種類の分岐になるかが決定される．そこでゼロカーブの交わり方について以下のように分類を定義する．

定義2．ゼロカーブの交差の分類

F に含まれるパラメーターの一つ a を変化させていくとき，ゼロカーブは滑らか（C^1 級）で連続的に変化するものとする．（このことは F が C^1 級で，かつ a に対する連続性を仮定することで満たされる.）

(1) **サドル・ノード型**

パラメーター a を変化させるとき，$(X, a) = (p, a^*)$ の近傍において n—ゼロカーブが図 3.4.2(a) のように変化するとき，この交わり方をサドル・ノード型という．

(2) **熊手型**

同様に，n—ゼロカーブが図 3.4.2(b) のように変化する場合を熊手型という．

(3) **交代型**

同様に，n—ゼロカーブが図 3.4.2(c) のように変化する場合を交代型という．

さて，写像 F の n 周期点の安定条件は，周期点におけるヤコビ行列 DF^n の固有値 λ_1, λ_2 が

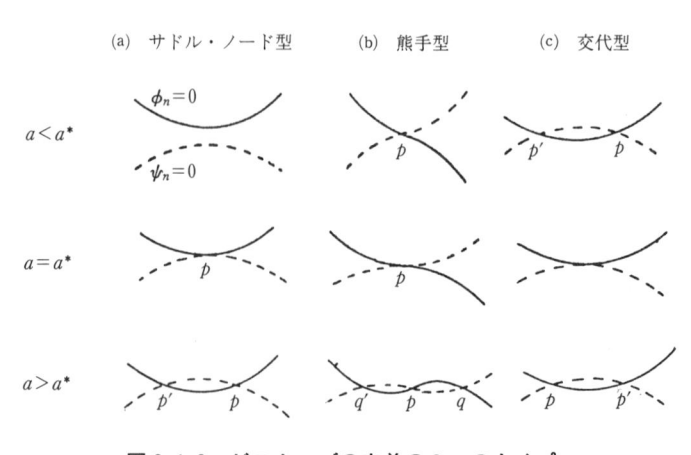

図 3.4.2 ゼロカーブの交差の3つのタイプ

$$|\lambda_1|<1 \quad \text{かつ} \quad |\lambda_2|<1 \tag{3-4-7}$$

を満たすことである．

F の n 周期点の一つを p とすると，点 p における固有値 λ_1, λ_2 は，点 p における f^n の x 偏微分を $f^n{}_x$ などと略記して，次の特性方程式の解として求まる：

$$\begin{vmatrix} f^n{}_x - \lambda & f^n{}_x \\ g^n{}_x & g^n{}_y - \lambda \end{vmatrix} = 0$$

$$\therefore \lambda^2 - (f^n{}_x + g^n{}_y)\lambda + (f^n{}_x g^n{}_y - f^n{}_y g^n{}_x) = 0 \tag{3-4-8}$$

この (3-4-8) 式の2根 λ_1, λ_2 が条件 (3-4-7) を満たすことが周期点 p の安定条件になる．

ところで，DF^n の固有値は F の各周期点においてすべて等しくなることが微分のチェーンルールを用いて示される．F の n 周期点の1つを p とすると，$F^n(p) = p$, $F^n \circ F^i = F^i \circ F^n$ およびチェーンルールより，

$$DF^{n+i}(p) = DF^i(F^n(p)) \cdot DF^n(p)$$

$$= DF^i(p) \cdot DF^n(p)$$

$$DF^{n+i}(p) = DF^n(F^i(p)) \cdot DF^i(p)$$

$$\therefore DF^n(F^i(p)) \cdot DF^i(p) = DF^i(p) \cdot DF^n(p)$$

$$\therefore (DF^i(p))^{-1} \cdot DF^n(F^i(p)) \cdot DF^i(p) = DF^n(p)$$

ゆえに，周期点 $p_i = F^i(p)$ におけるヤコビ行列 $DF^n(p_i)$ と周期点 p におけるヤコビ行列 $DF^n(p)$ は線形共役になり，固有値は等しくなる．したがって，F の任意の n 周期点についての安定性は他の $n-1$ 個のすべての周期点の安定性に一致する．

また，(3-4-8) 式の根は各周期点において等しいので，$f^n{}_x + g^n{}_y$ および $f^n{}_x g^n{}_y - f^n{}_y g^n{}_x$ は，各周期点においてそれぞれ同じ値になる．

さて，n-ゼロカーブがちょうど接するとき，すなわち定義2のそれぞれについて $a = a^*$ のとき，F^n は双曲性を欠くことが次の命題で示される．

命題． 2つの n-ゼロカーブが点 p においてちょうど接するとき，点 p における DF^n の固有値 λ_1, λ_2 は，

$$\begin{aligned} \lambda_1 &= 1 \\ \lambda_2 &= f^n{}_x + g^n{}_y - 1 \end{aligned} \tag{3-4-9}$$

である．またこのとき，n 周期点を $\{p_i : i=1, 2, \cdots, n\}$ とすると，λ_2 はさらに

$$\lambda_2 = \prod_{i=1}^{n} \det DF(p_i) \tag{3-4-10}$$

である．

証明．

2つのゼロカーブの点 p における接線が一致することから，

$$\left.\frac{dy(p)}{dx}\right|_{\phi_n=0} = \left.\frac{dy(p)}{dx}\right|_{\psi_n=0} \tag{3-4-11}$$

また，ϕ_nーゼロカーブ上では $d\phi_n = \phi_{nx}dx + \phi_{ny}dy = 0$ より

$$\left.\frac{dy(p)}{dx}\right|_{\phi_n=0} = -\frac{\phi_{nx}}{\phi_{ny}} = -\frac{f^n{}_x - 1}{f^n{}_y} \tag{3-4-12}$$

同様に

$$\left.\frac{dy(p)}{dx}\right|_{\psi_n=0} = -\frac{\psi_{nx}}{\psi_{ny}} = -\frac{g^n{}_x}{g^n{}_y - 1} \tag{3-4-13}$$

(3-4-11) 式，(3-4-12) 式，(3-4-13) 式より

$$(f^n{}_x - 1)(g^n{}_y - 1) - f^n{}_y g^n{}_x = 0$$
$$\therefore \ f^n{}_x g^n{}_y - f^n{}_y g^n{}_x = f^n{}_x + g^n{}_y - 1 \tag{3-4-14}$$

したがって，(3-4-8) 式，(3-4-14) 式より，

$$\lambda^2 - (f^n{}_x + g^n{}_y)\lambda + f^n{}_x + g^n{}_y - 1 = 0$$
$$\therefore \ \lambda_1 = 1, \ \lambda_2 = f^n{}_x + g^n{}_y - 1$$

λ_2 はさらに (3-4-14) 式，及びチェーンルールを使うと，

$$\lambda_2 = f^n{}_x g^n{}_y - f^n{}_y g^n{}_x = \prod_{i=1}^{n} \det DF(p_i)$$

となる． (証明終わり)

さらに次の定理がいえる．

定理．（ゼロカーブの変化と周期点の分岐）

写像 F は C^1 級で，パラメーター a の変化に対して連続的（a の微小変化に対して，点 (x, y) の像 $F(x, y)$ の変化がすべての点において微小）であるものとする．

(1) **サドル・ノード分岐**

nーゼロカーブの変化がサドル・ノード型で，$a = a^*$ で n の約数

m に対して mーゼロカーブが点 p で交わりを持たないとき，F は $a=a^*$ でサドル・ノード分岐による n 周期点を生じる．

(2) **熊手型分岐**

nーゼロカーブの変化が熊手型で，(p, a^*) の近傍で n の約数 m に対して mーゼロカーブが n ーゼロカーブの交点と同じ点で交わりを持たないとき，F は $a=a^*$ で熊手型分岐による n 周期点を生じる．

(3) **周期倍化分岐**

$2n$ーゼロカーブの変化が熊手型で，(p, a^*) の近傍で n ゼロカーブは点 p でのみ交差し $2n$ ーゼロカーブと同じ熊手型の交差をせず，かつ n の約数 m に対して m ーゼロカーブが点 p で交わりを持たないとき，F は $a=a^*$ で周期倍化分岐による $2n$ 周期点を生じる．

(4) **安定性交代型分岐**

nーゼロカーブの変化が交代型で，$a=a^*$ で n の約数 m に対して m ーゼロカーブが点 p で交わりを持たないとき，$a=a^*$ で F の n 周期点が安定性交代型分岐をする．

証明．

(1) **サドル・ノード分岐の場合．**

$a=a^*+\delta$ とおく．$\delta=0$ で 2 つの n ーゼロカーブは点 p において接し，δ が増加すると 2 つのゼロカーブは図 3.4.2(a)のように交差する．このとき 2 つの交点を p, p' とする．点 p, p' における ϕ_n ーゼロカーブと ψ_n ーゼロカーブの接線の傾きの差をそれぞれ γ, γ' とすれば，

$$\frac{dy(p)}{dx}\bigg|_{\phi_n=0} = \frac{dy(p)}{dx}\bigg|_{\psi_n=0} + \gamma \qquad (3\text{-}4\text{-}15\,\text{a})$$

$$\frac{dy(p')}{dx}\bigg|_{\phi_n=0} = \frac{dy(p')}{dx}\bigg|_{\psi_n=0} + \gamma' \qquad (3\text{-}4\text{-}15\,\text{b})$$

である．ところで，図から明らかなように γ と γ' は互いに逆の符号をとる．また，十分小さい δ に対しては点 p, p' は十分接近しており，2 つのゼロカーブは滑らかなので

$$\lim_{\delta \to 0} \gamma = \lim_{\delta \to 0} \gamma' = 0$$

である．(3-4-12)，(3-4-13) 式より，(3-4-15 a) 式は

$$-\frac{f^n_x - 1}{f^n_y} = -\frac{g^n_x}{g^n_y - 1} + \gamma$$

$$\therefore \quad (f^n_x - 1)(g^n_y - 1) - f^n_y g^n_x + \gamma f^n_y (g^n_y - 1) = 0 \qquad (3\text{-}4\text{-}16)$$

(3-4-15b) 式も同様である．したがって，点 p における DF^n の特性方程式

$$(f^n_x - \lambda)(g^n_y - \lambda) - f^n_y g^n_x = 0$$

は，$\alpha = f^n_x + g^n_y - 2$, $\beta = f^n_y (g^n_y - 1)$ とおき (3-4-16) 式を使うと

$$(\lambda - 1)^2 - \alpha(\lambda - 1) - \beta\gamma = 0$$

となる．ゆえに，$\alpha \neq 0$ として，γ が十分小さいときこの根は

$$\begin{aligned}\lambda_1 &= 1 + (1/2)\{\alpha - \alpha(1 + 4(\beta/\alpha^2)\gamma)^{1/2}\} \\ &\fallingdotseq 1 - (\beta/\alpha)\gamma \\ \lambda_2 &= 1 + (1/2)\{\alpha + \alpha(1 + 4(\beta/\alpha^2)\gamma)^{1/2}\} \\ &\fallingdotseq 1 + \alpha + (\beta/\alpha)\gamma\end{aligned} \qquad (3\text{-}4\text{-}17)$$

となる．さて，δ が十分小であれば，ゼロカーブの滑らかさにより γ は十分小さく，また p と p' における α と β の値は分岐点 $a = a^*$ における値に十分近い値をとる．さらに，図3.4.2(a)から明らかなように γ と γ' はその符号が互いに逆である．したがって，分岐点において $|\lambda_2| < 1$（すなわち $|1 + \alpha| < 1$）であれば，p, p' のうち一方は安定ノード点，他方はサドル点になる．

(2) 熊手型分岐の場合

点 p は F の n 周期点の一つであり，F^n の不動点である．(1)と同様に，点 p における n ーゼロカーブの接線の傾きの差 γ を考えると，$a = a^*$ で γ の符号が変わる（図3.4.2(b)）．$a > a^*$ で，点 p の近傍に新しく生じた2個の n ーゼロカーブの交点は F^n の不動点，すなわち n 周期点である．この点を q, q' とする．それぞれの点における n ーゼロカーブの接線の傾きの差を γ', γ'' とすると，γ', γ'' の符号は $a < a^*$ における点 p での γ の符号と同じになる．したがって，$a < a^*$ でもとの n 周期点 p が安定であれば，サドル・ノード分岐の場合と同様の議論によって，新しく生じた n 周期点 q, q' は安定ノード周期点に，もとの n 周期点 p はサドル周期点になることが分かる．

$a < a^*$ で点 p が他の安定性（不安定性）を持つ場合についても同様に議

論できる．

(3) 周期倍化分岐

点 p における $2n$—ゼロカーブの接線の傾きの差 γ を考えると，$a=a^*$ で γ の符号が変わる（図 3.4.2(b)）．$a>a^*$ で，点 p の近傍に新しく生じた 2 個の F^{2n} の不動点（すなわち $2n$ 周期点）を q, q' とする．$a<a^*$ で n 周期点 p が安定であれば，(2)と同様の議論によって，q, q' は安定ノード $2n$ 周期点に，p はサドル n 周期点になることがわかる．

$a<a^*$ で点 p が他の安定性（不安定性）を持つ場合についても同様に議論できる．

また，新しく生じる $2n$ 周期点における DF^{2n} の固有値の 1 つは分岐点において 1 であることと，$2n$ 周期点がもとの n 周期点を挟んで生じることから，はじめ $2n$ 周期点と重複しているもとの n 周期点における DF^n の固有値の 1 つは -1 になることは明らかである．

(4) 安定性交代型分岐

周期点を表す曲線をそれぞれ $p=p(a)$，$p'=p'(a)$ とすると，二つの曲線は $a=a^*$ で交差する．このとき，上に述べたのと同様の議論によって，$a=a^*$ で安定性が交代することは明らかである．　　　（証明終わり）

ところで，サドル・ノード分岐において条件 $|\lambda_2|<1$ が満たされる場合，p, p' のどちらが安定かをゼロカーブのグラフから直ちに判定できることを示そう．(3-4-17) 式における β/α は

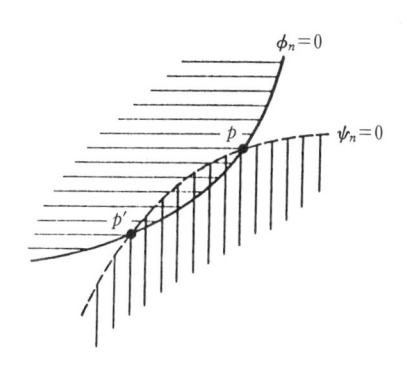

図 3.4.3 点 p は安定，点 p′ は不安定

$$\beta/\alpha = f^n{}_y(g^n{}_y - 1)/(f^n{}_x + g^n{}_y - 2)$$
$$= \phi_{ny}\psi_{ny}/(\phi_{nx} + \psi_{ny})$$

なので，図3.4.3の場合，点 p, p' における β/α の符号は

$$\mathrm{sign}\left(\frac{\beta}{\alpha}\right) = \frac{(+) \times (-)}{(-) + (-)} = (+)$$

（ $(+)$，$(-)$ などは，$\mathrm{sign}\phi_{nx}$ や $\mathrm{sign}\psi_{ny}$ を示す）

となる．一方点 p では $\gamma > 0$，点 p' では $\gamma' < 0$ となっていることから，(3-4-17) 式より点 p では $\lambda_1 < 1$，点 p' では $\lambda_1 > 1$ となる．したがって，点 p は安定結節点，点 p' はサドル点になることがわかる．また，$|\lambda_2| < 1$ であれば $\alpha < 0$ であるから，結局 $\beta = \phi_{ny}\psi_{ny}$ の符号と γ の符号とからグラフィカルにどちらが安定かを知ることができる．

3.4.3 いくつかのモデルによる例

では具体例を示そう．サドル・ノード分岐については前節で解説したエノン写像と餌食-捕食者モデルを例に，熊手型分岐，周期倍化分岐については山口，宇敷，俣野による競合モデル[1] を例に取り上げる．

例1．エノン写像におけるサドル・ノード分岐

エノン写像

$$\begin{aligned} x_{n+1} &= 1 - ax_n^2 + y \\ y_{n+1} &= bx_n \end{aligned} \quad (3\text{-}4\text{-}18)$$

の場合，すべての点において $\det DF = b$ なので，$|b| < 1$ であればいつでも条件 $|\lambda_2| < 1$ が満たされ不安定タイプのサドル・ノード分岐は生じない．さて，b を0.3としたとき，分岐図（図3.3.3）を見ると $a = a^* \fallingdotseq 1.2267$ で安定な7周期点が生成されているように見える．図3.4.4(a)は分岐前（$a = 1.2$）のアトラクターと7-ゼロカーブを与える図である．図の横縞部分は $\phi_7 > 0$ の領域，縦縞部分は $\psi_7 > 0$ の領域で，それぞれ境界がゼロカーブを与える．同図(b)は分岐後（$a = 1.24$）のアトラクターと7-ゼロカーブ，同図(c)は $a = a^*$ における囲みの部分の拡大図である．周期点の付近のゼロカーブの変化はサドル・ノードタイプであることを示している．したがって，$a = a^*$ でサドル・ノード分岐によって7周期点が生成されたことが判明する．

3 2次元離散写像の世界 105

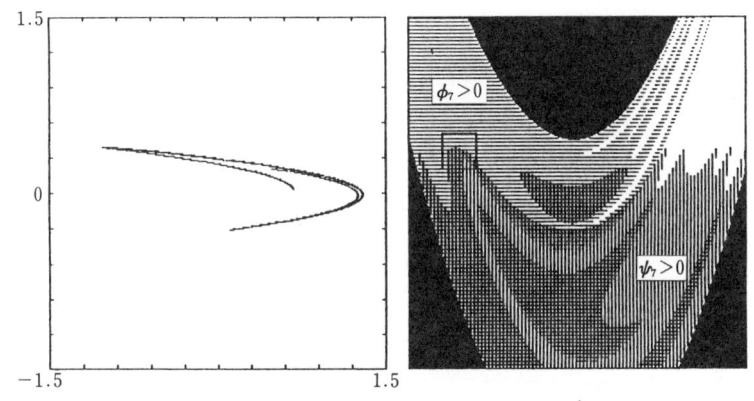

(a) 分岐前のアトラクターと7-ゼロカーブ

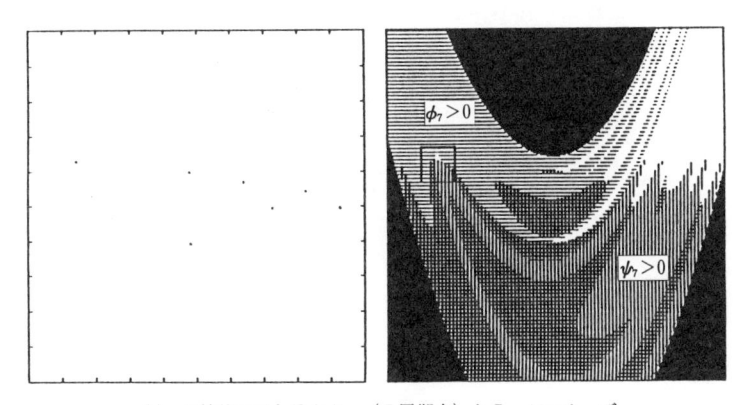

(b) 分岐後のアトラクター(7周期点)と7-ゼロカーブ

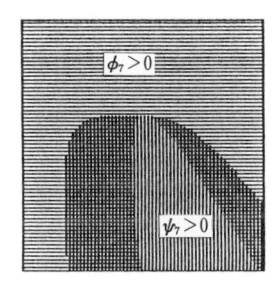

(c) 分岐点における7-ゼロカーブの囲み部分の拡大

図 3.4.4 エノン写像のアトラクターと7-ゼロカーブ

(a) 分岐前のアトラクターと9-ゼロカーブ

(b) 分岐後のアトラクター（9周期点）と9-ゼロカーブ

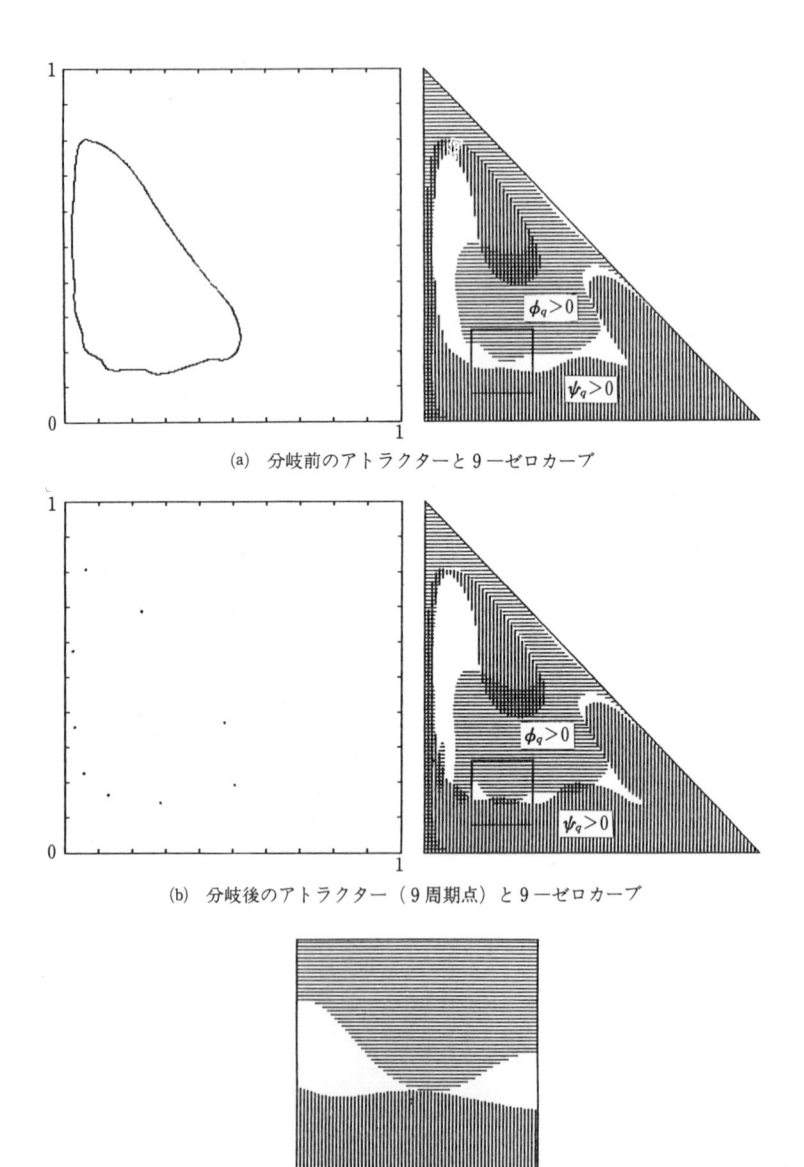

(c) 分岐点における9-ゼロカーブの囲みの部分の拡大

図3.4.5 餌食-捕食者モデルのアトラクターと9-ゼロカーブ

例2．餌食－捕食者モデルおけるサドル・ノード分岐

次に，餌食－捕食者モデル

$$x_{n+1} = ax_x(1-x_n-y_n)$$
$$y_{n+1} = by_n(1+cx_n)$$
(3-4-19)

について見る．(3-4-19) 式において $b=0.55$, $c=5$ とする．分岐図（図3.3.9）上では，$a=a^* \fallingdotseq 3.033$ で9周期点が現れている．そこで，$a=a^*$ とその前後 $a=3.0$, 3.1 について9－ゼロカーブを描くと図3.4.5が得られる．同図(a), (b)はそれぞれ分岐前 ($a=3.0$) と分岐後 ($a=3.1$) のアトラクターと9－ゼロカーブ，同図(c)は $a=a^*$ における9－ゼロカーブの囲みの部分の拡大図である．図3.4.5は $a=a^*$ で F がサドル・ノード分岐を起こしていることを示している．この場合の分岐は分岐図に現れているので周期点は安定であることを示すが，因に分岐点における $\Pi \det DF(p_i)$ を計算すると $-0.33\cdots$ となり，確かに安定条件 $|\lambda_2|<1$ を満たしている．

ところで，8－ゼロカーブを調べてみると $a \fallingdotseq 3.425$ においてサドル・ノード分岐による8周期点の生成を発見できる．図3.4.6(a)は8周期点が生成した直後，$a=3.43$ におけるゼロカーブで，右上の図(b)は図(a)の囲みの部分の分岐前 ($a=3.42$) におけるゼロカーブの拡大図，右下の図(c)は図(a)の囲みの部の拡大図である．4－ゼロカーブを描いてみると，この囲み部分における交差は無いことが確認され，4以下の素周期点でないことが明らかなの

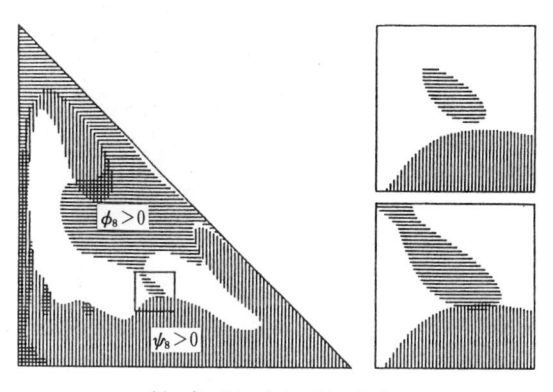

(a) 左，(b) 右上，(c) 右下
図3.4.6　不安定8周期点のサドル・ノード分岐

で，この図から8周期点の存在が確認できる．ところが，分岐図はこの付近においてはなお9周期点がアトラクターとして存在していることを示しており，またこの8周期点の近傍に初期点をとって軌道を調べてみると，この8周期点からは反発し，9周期点に収束することが確かめられる．また，$a=3.425$においては$\Pi\det DF(p_i)=-1.5\cdots$となっていて，安定条件$|\lambda_2|<1$を満たさない不安定型の接線型分岐であることが確認される．

例3．競合モデルにおける周期倍化分岐と熊手型分岐

続いて，競合モデル

$$\begin{aligned}x_{n+1} &= ax_n(1-x_x-cy_n) \\ y_{n+1} &= by_n(1-dx_n-y_n)\end{aligned} \quad (3\text{-}4\text{-}19)$$

を例に，安定及び不安定となる周期倍化分岐が起きる場合の例，および熊手型分岐を観察してみる．モデル(3-4-19)式の場合，点(x_{n+1}, y_{n+1})を与えて式を逆に解いて(x_n, y_n)を求めようとすると4次方程式を解くことになるので，4対1の写像，つまりハンカチーフを引き延ばして4つ折りにおりたたむような写像になっている．図3.4.7は，パラメーターa，bは等しく置き，$c=0.08$，$d=0.15$として初期点を$(0.2, 0.3)$にとって，$a\,(=b)$

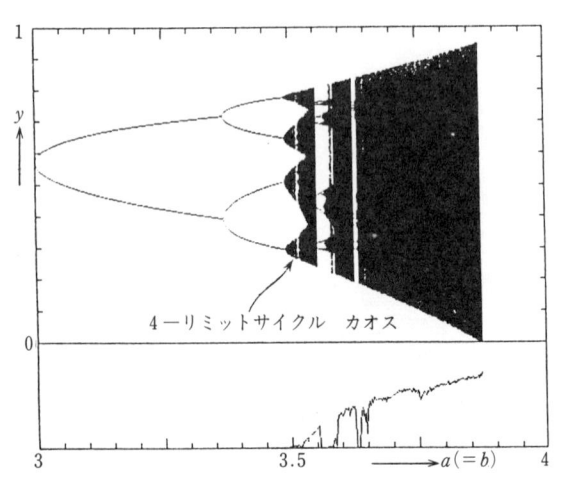

図3.4.7 競合モデルの分岐図

(a) 分岐前の 2 周期点と 4 —ゼロカーブ

(b) 分岐後の 4 周期点と 4 —ゼロカーブ

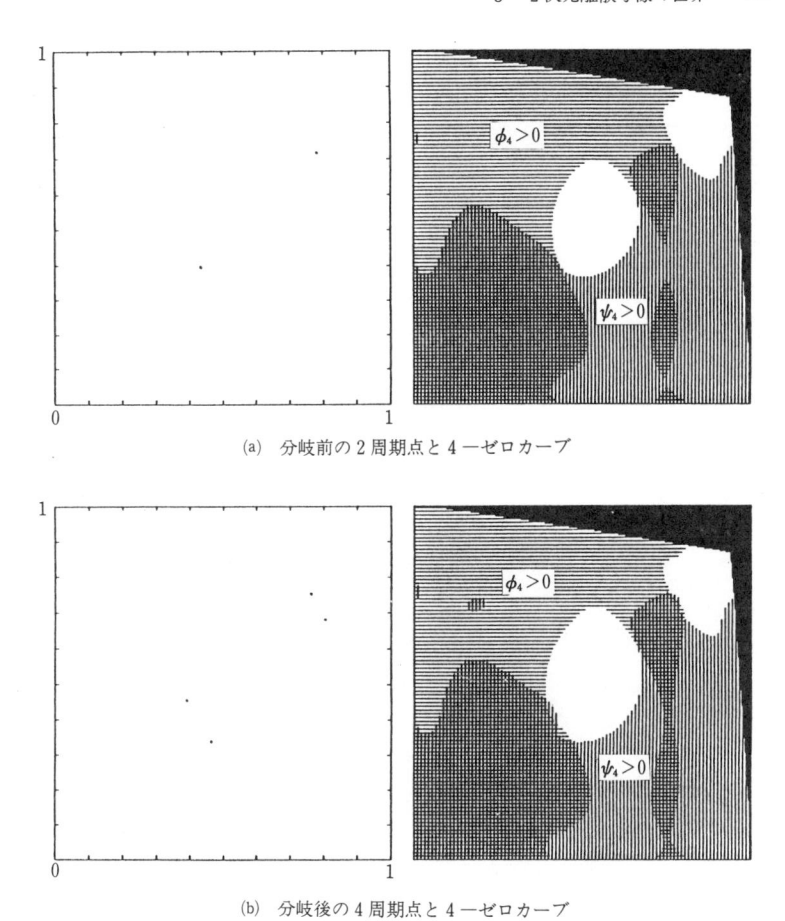

図 3.4.8　周期倍化分岐を示すアトラクターと 4 —ゼロカーブ

について 3.0〜4.0 までを描いた分岐ダイアグラムである．縦軸は y の値を表す．まず，図 3.4.8 (a), (b) は $a^* \fallingdotseq 3.369$ で 2 周期点が周期倍化分岐をし，4 周期点を生じるときの a^* の前後における周期点アトラクターと 4 —ゼロカーブを描いている．図の (a), (b) のパラメーター値はそれぞれ $a=3.36$, $a=3.40$ である．$a=3.369$ では $\Pi \det DF(p_i) = -0.02\cdots$ である．この 4 周期点はやがてナイマーク・サッカー分岐によって 4 つのリミットサイクルを

図 3.4.9   図 3.4.10

(a) 左, (b) 右上, (c) 右下

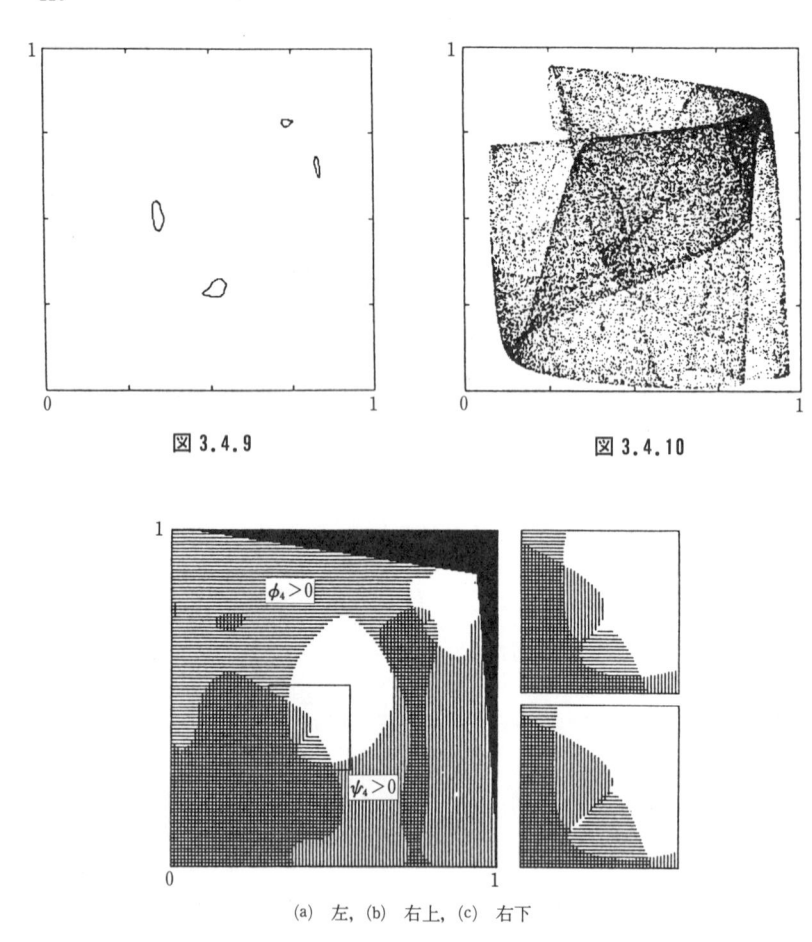

図 3.4.11   周期倍化分岐を示す 4 —ゼロカーブ（周期点は不安定）

生じ（図 3.4.9），引き続いてサドル・ノード分岐，…，カオス（図 3.4.10）へと発展する様子がみられる．

一方，このモデルにおいても分岐図には現れない不安定タイプの周期倍化分岐を見ることができる．図 3.4.11(a) は $a=3.45$ における 4—ゼロカーブ，同図(b)，(c) はそれぞれ $a=3.44$，3.46 における囲みの部分の拡大図である．この図は，先に周期倍化分岐によってサドル点となり不安定化したもとの 2

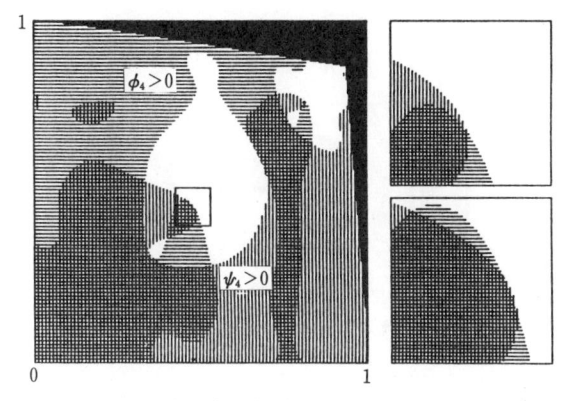

(a) 左, (b) 右上, (c) 右下

図 3.4.13　熊手型分岐を示す 4 —ゼロカーブもとの 4 周期点が安定化する．

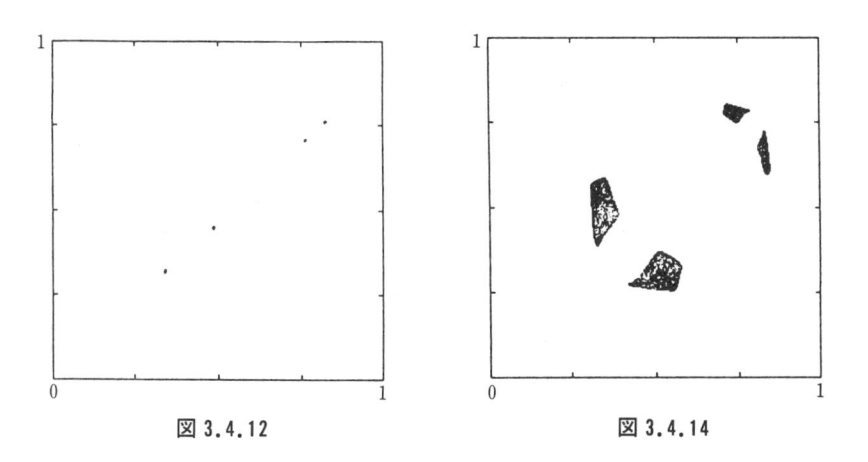

図 3.4.12　　　　　　　　　図 3.4.14

周期点が $a^* \fallingdotseq 3.45$ で再び周期倍化分岐を起こしていることを示している．ちなみに $a = 3.44$, 3.45, 3.46 における $\mathrm{II} \det DF(p_i)$ の値は，それぞれ $1.48\cdots$, $1.74\cdots$, $2.04\cdots$ となっていて，反発タイプであることが分かる．

　さらにおもしろいことに，この不安定 4 周期点は $a^* \fallingdotseq 3.5325$ で熊手型分岐を起こして安定化し，図 3.4.12 のアトラクターとなって顕現する．図 3.4.13(a)は $a = a^*$ における 4 ゼロカーブ，同図(b), (c)は(a)の囲みの部分の

図 3.4.15　2つのアトラクターの棲み分け

この分岐の前後（$a=3.51, 3.57$）の拡大図である．安定になった古い4周期点を挟んで新しい反発4周起点が生じていることがわかる．一方このとき，すでに $a=3.369$ で4周期点を生じた後のアトラクターは発展して図3.4.14に見られるように4個の島状カオスアトラクターとなっている．つまり2つの独立したアトラクターが共存しており，図3.4.15のようにベイスンを棲み分けている．図の縦縞状に塗られている部分は4周期点アトラクター，白抜き部分は島状カオスアトラクターのベイスンになっている．このことは，分岐図を描いたとき，分岐図の上で周期点が現れるパラメーターの位置は必ずしも分岐点ではないことを意味し，初期点の採り方によって分岐図は異なったものになるので注意を要する．実際，図3.4.7では周期点の出現する位置がずれている．

参考文献

(1) S. Usiki, M. Yamaguti & H. Matano ; Discrete Population Modeles and Chaos, Lecture Notes in Num. Applied Analysis 2, pp. 1-15 (1979) 紀ノ国屋

3.5　カオスのトポロジー

本節では，2次元写像においてカオスを生み出す2つの仕掛について述べ

る．

　一つは，エノン写像のように可微分同相写像の場合で，スメール[1]（S. Smale）によって示された**馬蹄形写像**によるカオスである．写像が**サドル点（鞍状点）**を持ち，その安定不変曲線（安定多様体）と不安定不変曲線（不安定多様体）がサドル点で横断的に交差する場合，この点を**横断的ホモクリニック点**という．写像がホモクリニック点を持てば，領域内に馬蹄形写像を含み，カオスが生じることが示される．この場合のカオスをホモクリニックカオスとも呼ぶ．

　もう一つは，**マロット**（F. R. Marotto）**の定理**[2]として述べられる仕掛，すなわち餌食－捕食者モデルのように2対1写像（あるいは多対1）となる場合で，写像が**拡大的な不動点**（不安定結節点，または不安定渦状点）を持ち，さらにこの不動点がいわゆる**スナップ－バック リペラー**（snap-back repeller）になっている場合のカオスである．不動点がスナップ－バックリペラーであるとは，この不動点の近傍の点で，不動点から次第に離れていくがあるところで突然この不動点に回帰的に落ち込む（直撃する）点列（軌道）がある場合をいう．

　この2つの仕掛の共通点をあげると，①写像は引き伸ばして折り曲げる，または引き伸ばして折り畳む操作を含む（非線形），②不動点を軸にして放り出しては引き寄せる回帰的な流れをつくり出している，といえる．

　以下，この2つのそれぞれの仕掛について詳しく見ていこう．

3.5.1　馬蹄形写像とホモクリニックカオス

　写像Fは可微分同相写像とする．線形写像のところで触れたように，不動点pがサドル点になっている場合，点pを含む，写像Fによって不変に写される曲線が2つあって，一つは安定多様体$W_s(p)$，もう一つは不安定多様体$W_u(p)$である．不変であるとは，その集合は写像Fによってその集合自身の上へ写されることをいう．安定多様体$W_s(p)$上の点xはFの繰り返しによって点pに近づき（$k\to\infty$のとき，$F^k(x)\to p$），不安定多様体$W_u(p)$上の点yは，Fの逆写像F^{-1}の繰り返しによってやはり点pに近づく（$k\to\infty$のとき，$F^{-k}(y)\to p$）．また，$W_s(p)$と$W_u(p)$が点p以外の点H

で横断的に交差するとき，その交点を横断的ホモクリニック点（transversal homoclinic point）という．$W_s(p)$ および $W_u(p)$ は F および F^{-1} によって不変な集合なので，ホモクリニック点の f による像および逆像もホモクリニック点であり，$W_s(p)$ と $W_u(p)$ は無限に複雑に折り込まれ絡み合っている．

ホモクリニック点の重要性は天文学での三体問題の研究からポアンカレーによって指摘されていたが，スメールはさらにトポロジー的考察を深め，馬蹄形写像という位相的性質を解明した．写像が横断的ホモクリニック点を持てば，図 3.5.1 の領域 $abcd$ のようなある適当な短冊形の領域をとると，領域 $abcd$ は写像 F（または F のある k 回合成写像 F^k）によって馬蹄形の領域 $a'b'c'd'$ に写される．このような写像を馬蹄形写像という．スメールはこのことに着目して，この写像には（カントール集合×カントール集合）となる不変集合が存在し，その集合に対する写像 F は 0 と 1 の両側無限列に作用する**ずらしの写像**（shift autmorphism）と位相共役であることを示した．このことから，この写像 F には

(1) 異なる周期の無限個の周期点が存在する

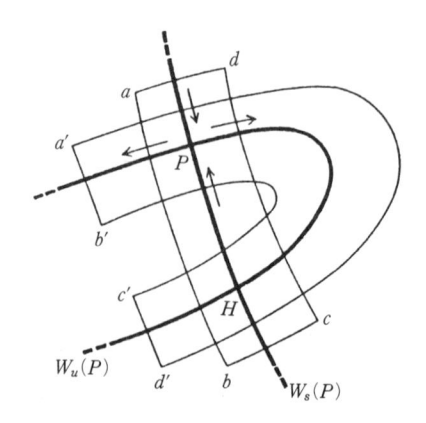

領域 $abcd$ は，写像 F または F のある k 回操り返し写像 F^k で馬蹄形領域 $a'b'c'd'$ へ写る．P は不動点．H はホモクリニック点

図 3.5.1

3 2次元離散写像の世界 115

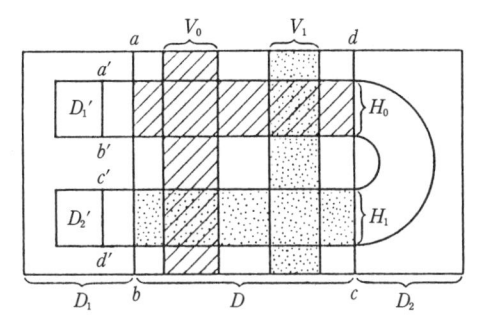

$F[abcd] = a'b'c'd'$, $F[D_1] = D_1' \subset D_1$, $F[D_2] = D_2' \subset D_1$,
$F[V_0] = H_0$, $F[V_1] = H_1$

図 3.5.2 馬蹄型写像

(2) F によって不変な，非周期的軌道を含む非可算個の集合が存在することが分かったのである．以下，このことについて解説をしよう．

図 3.5.1 の馬蹄形写像に位相共役な，次のような部分的に線形な馬蹄形写像を考える．図 3.5.2 において，正方形 $abcd(D)$ は F によって馬蹄形 $a'b'c'd'(D')$ に写るとする．するとこのとき，V_0 は H_0 に，V_1 は H_1 に（これは半回転して），それぞれ横方向へは引き伸ばされ縦方向へは縮小されて写る．この場合，引き伸ばし縮小ともに線形的であるとする．また，D の両側の領域 D_1, D_2 はそれぞれ D_1', D_2' に写るとする．

そこでまず，この写像の不動点を探してみよう．まず D_1 の像 D_1' は D_1 の内部に写っているので，**ブローウエルの不動点定理**（5節3の補題1）によって，D_1 内に不動点が1個（1対1なので）存在する．またこの写像では，D_2，および D 内の V_0 と V_1 以外の部分は F または F^2 によって D_1' 内へ写る．また，V_0 および V_1 内にも写像の繰り返しによって D から逃げ出す部分があり，結局 V_0 および V_1 内のある限られた部分だけが写像の繰り返しによって D 内に残ることが分かる．

次に，図 3.5.1 からも推察されるように，V_0 と H_0 の共通部分の中にもう一つ不動点が存在する．これは，V_0 を上下に縮小するとき不動な直線（横線）と，V_0 を左右に拡大するとき不動な直線（縦線）との交点である．

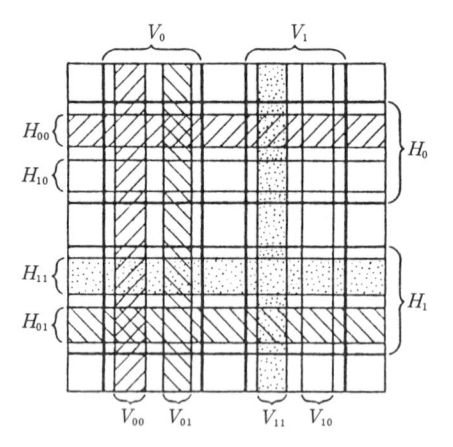

$$F[V_{s_0 s_1}] = H_{s_0} \cap V_{s_1}, \quad F^2[V_{s_0 s_1}] = H_{s_0 s_1}$$

図 3.5.3

　さて，D 内の点は，写像 F の繰り返しによって D から出ていく点と，いつまでも D 内に残る点とからなる．そこで，D 内に残る点の集合で，次のような F の不変集合 Λ ($F[\Lambda] = \Lambda$) を考える．

$$\Lambda = \{x \in D \mid F^k(x) \in D, k \text{ は正および負のすべての整数}\}$$

このような集合は次の 2 つの集合 Λ_+, Λ_- の共通部分になっている．

　まず Λ_+ について．まず，写像 F によって D 内に残る点は，V_0 および V_1 内の点だけである．さらに，再び写像 F（すなわち F^2）によって D 内に残る点は，図 3.5.3 の $V_{00}, V_{01}, V_{10}, V_{11}$ 内の点だけである．ここで，例えば V_{01} は，V_0 内にあって F によって V_1 内に写るような領域である．こうして，$V_{s_0 s_1 \cdots s_n}$ ($s_i \in \{0, 1\}$) は V_{s_0} 内にあって，F の繰り返しによって次々 $V_{s_1} \to V_{s_2} \to \cdots \to V_{s_n}$ と経めぐるような領域を指す．もう少し詳しくいうと，$F^k[V_{s_0 \cdots s_n}] = H_{s_0 \cdots s_{k-1}} \cap V_{s_k \cdots s_n}$ ($1 \leq k \leq n-1$) で，$F^n[V_{s_0 \cdots s_n}] = H_{s_0 \cdots s_n}$ である．ここで，$H_{s_{-n} \cdots s_{-1} s_0}$ は，H_{s_0} 内にあって F^{-1} の繰り返しによって $H_{s_{-1}} \to H_{s_{-2}} \to \cdots \to H_{s_{-n}}$ と経めぐるような領域を指す．図 3.5.3 は $n=2$ の場合を示す．したがって，0 と 1 の任意の右片側無限列 ($s_0 s_1 \cdots s_n \cdots$) に対して

$$V_{s_0} \supset V_{s_0 s_1} \supset \cdots \supset V_{s_0 s_1 \cdots s_n} \supset \cdots$$

となる入れ子的な領域のシリーズが存在する．したがってカントールの縮小写像の定理（2章5節）より，任意の無限列

$$s_0 s_1 \cdots s_n \cdots \qquad (s_i \in \{0, 1\})$$

に対して

$$V_{s_0 s_1 \cdots s_n \cdots} = \bigcap_{n=0}^{\infty} V_{s_0 s_1 \cdots s_n}$$

が存在して，それは1本の縦線になるであろう．そしてこの縦線の全体は横並びにカントール集合を構成しており，それぞれの縦線上の点のすべては，一つの定まった旅程 $s_0 s_1 \cdots s_n \cdots$ をとる点の集まりである．そこでこのカントール集合を Λ_+ とする．すなわち

$$\Lambda_+ = \{V_{s_0 s_1 \cdots s_n \cdots} \mid \text{各 } s_n \in \{0, 1\}\}$$

同様に，H_0 と H_1 において，$H_{s_{-1}}$ にあって，F^{-1} によって $H_{s_{-2}}$ 内に写る部分を $H_{s_{-2} s_{-1}}$ というようにすると，$H_{s_{-m} \cdots s_{-2} s_{-1}}$ が考えられ，$H_{\cdots s_{-m} \cdots s_{-2} s_{-1}}$ の点全体は F^{-1} の繰り返しによって $H_{s_{-1}} \to H_{s_{-2}} \to \cdots \to H_{s_{-m}} \to \cdots$ と経めぐる点の集まりである．したがって，任意の左片側無限列 $(\cdots s_{-m} \cdots s_{-2} s_{-1})$ に対して一本の横線

$$H_{\cdots s_{-m} \cdots s_{-2} s_{-1}} = \bigcap_{m=1}^{\infty} H_{s_{-m} \cdots s_{-2} s_{-1}}$$

が定まり，この横線の全体は縦にカントール集合を構成する．そこでこれを Λ_- とする．すなわち

$$\Lambda_- = \{H_{\cdots s_{-m} \cdots s_{-2} s_{-1}} \mid \text{各 } s_{-m} \in \{0, 1\}\}$$

すると，Λ_+ と Λ_- の共通部分

$$\Lambda = \Lambda_+ \cap \Lambda_-$$

の各点は，それぞれ対応した1つの旅程

$$\cdots s_{-m} \cdots s_{-1} \cdot s_0 s_1 \cdots s_n \cdots$$

を与える点の集合になる．ここで点・は初期点を指定している．じっさい，$(\cdots s_{-1} \cdot s_0 \cdots)$ に対応する点 x は，V_{s_0} 内のある縦線 $V_{s_0 \cdots}$ と $H_{s_{-1}}$ 内のある横線 $H_{\cdots s_{-1}}$ の共通点であるが，点 x の逆像は $V_{s_{-1}}$ 内にあることになるのでその点の像すなわち元の点 x は確かに $H_{s_{-1}}$ 内にある（$F[V_s] = H_s, s \in$

$\{0,1\})$. こうして，**旅程を表す両側無限列の集合**

$$\Sigma = \{s = (\cdots s_{-m} \cdots s_{-1} \cdot s_0 s_1 \cdots s_n \cdots) \mid \text{各 } s_i \in \{0,1\}\}$$

のすべての要素に対して1対1にΛの点が定まる．Σの周期的記号列に対してはΛの周期点が，非周期的記号列に対しては非周期的軌道をとる点が対応し，特に後者は非可算個（連続濃度）の点からなるので，先に述べた性質(1), (2)が言える．

さてここで，Σの要素 $s = (\cdots s_{-1} \cdot s_0 s_1 \cdots)$ と $t = (\cdots t_{-1} \cdot t_0 t_1 \cdots)$ に対して

$$d(s,t) = \sum_{i=-\infty}^{\infty} \frac{|s_i - t_i|}{2^{|i|}}$$

によって距離を導入する．すると，Σの十分近い2つの要素sとtに対応するΛの点xとyは十分近い点になる．すなわち，写像$H: \Sigma \to \Lambda$は1対1連続になる．さらに，Σの記号列に対して記号列を左へ1つずらす写像σを導入する．すなわち

$$\sigma(\cdots s_{-1} \cdot s_0 s_1 \cdots) = (\cdots s_{-1} s_0 \cdot s_1 \cdots)$$

すると，Σのある記号列sにσを施した記号列$\sigma(s)$は，もとの記号列sに対応するΛの点xにFを施した点$F(x)$に対応しているので，$\sigma: \Sigma \to \Sigma$と$F: \Lambda \to \Lambda$は位相共役になる．

あとは，ロジスティック写像のピュアーカオスのところで行なった議論（2章5節）を同様に行うことによって初期条件への鋭敏な依存性，位相的推移性，周期点の稠密性などが示される．

3節で述べたエノン写像は可微分同相写像で，図3.3.1は馬蹄形写像に類似しており，パラメーターの取り方によってはホモクリニック点を生じる場合があり（安定多様体と不安定多様体の交差を確認できる）ホモクリニックカオスになる．

3.5.2　引き伸ばして折り畳むカオス

マロットの定理を説明する前に，2対1（または多対1）写像の場合のカオスの大まかな幾何学的考察をしておこう．2点（またはそれ以上の点）が1点に重なるということは**写像は折り畳み構造**を持っていることを意味する．

写像Fは連続な写像で，2つの領域U_A, U_Bに対して図3.5.4(a)のように

(1)
$$F[U_A] \supset U_A \cup U_B$$
$$F[U_B] \supset U_A \cup U_B$$

または図 3.5.4(b)のように

(2)
$$F[U_A] \supset U_A \cup U_B$$
$$F[U_B] \supset U_A$$

となっていれば，写像 F は全体を引き伸ばしてどこかで折り畳む構造になっている．F がこのような性質を持っていればカオスになることを示そう．以下の考察は 2 章 4 節におけるリー・ヨークの定理の考察や 2 章 5 節の考察と

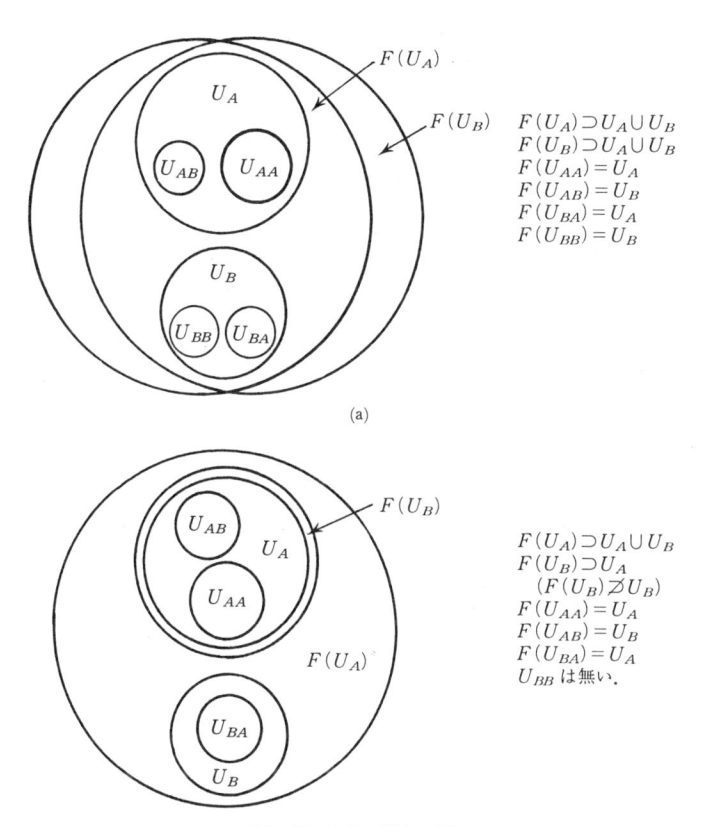

$F(U_A) \supset U_A \cup U_B$
$F(U_B) \supset U_A \cup U_B$
$F(U_{AA}) = U_A$
$F(U_{AB}) = U_B$
$F(U_{BA}) = U_A$
$F(U_{BB}) = U_B$

(a)

$F(U_A) \supset U_A \cup U_B$
$F(U_B) \supset U_A$
$\quad (F(U_B) \not\supset U_B)$
$F(U_{AA}) = U_A$
$F(U_{AB}) = U_B$
$F(U_{BA}) = U_A$
U_{BB} は無い．

(b) 部分推移の場合の例

図 3.5.4 折り畳みのある写像

基本的に同じである．

 註．(2)のタイプは部分推移型になっている例である．条件(2)は4章1節註のように拡大できる

まず(1)の場合について考察する．(1)より，U_A の中には写像 F によってちょうど U_A の上に写る領域があり，それを U_{AA} とする．$F[U_{AA}]=U_A$ である．また同じく，U_A の中には F によってちょうど U_B の上に写る領域があり，それを U_{AB} とする．$F[U_{AB}]=U_B$ である．同様に U_B の中には F によってちょうど U_A に写る領域 U_{BA} と，U_B に写る領域 U_{BB} がある．$F[U_{BA}]=U_A$，$F[U_{BB}]=U_B$ である．さらに，U_{AA} は F によってちょうど U_A に写る領域であり，しかもこの U_A の中には F によってちょうど U_A に写る領域とちょうど U_B に写る領域が含まれているので，U_{AA} の中には F の2回繰り返し写像 F^2 によってちょうど U_A の上に写る領域と，U_B の上に写る領域とがある．前者を U_{AAA}，後者を U_{AAB} とする．すなわち，$A[U_{AAB}]=U_{AB}$，$F^2[U_{AAB}]=F[U_{AB}]=U_B$ などとなっている．したがって，領域 U_{AAB} 内の点は，写像 F の繰り返しによって

$$U_A \to U_A \to U_B$$

と経めぐる点である．こうして同様に，U_{AB}, U_{BA}, U_{BB} の中にもそれぞれ U_A, U_B の上にちょうど写る領域がある．

このようにして，いま記号 A と B をかってに任意個ならべた列を

$$s_0 s_1 s_2 \cdots s_n \qquad (s_k \in \{A, B\}; k=0, 1, 2, \cdots n)$$

とすると，領域 $U_{s_0 s_1 s_2 \cdots s_n}$ があって，それは入れ子的なシリーズ

$$U_{s_0} \supset U_{s_0 s_1} \supset \cdots \supset U_{s_0 s_1 s_2 \cdots s_n}$$

を構成し，また

$$F^k[U_{s_0 s_1 s_2 \cdots s_n}] = U_{s_k s_{k+1} \cdots s_n} \qquad (k=1, 2, \cdots, n)$$

となるので，領域 $U_{s_0 s_1 s_2 \cdots s_n}$ 内の点は写像 F の繰り返しによって

$$U_{s_0} \to U_{s_1} \to U_{s_2} \to \cdots \to U_{s_n}$$

と経めぐる点になる．

さて，記号列の長さ n をどんどん大きくしていくと領域 $U_{s_0 s_1 s_2 \cdots s_n}$ の大きさ（直径）はどんどん小さくなり，$n \to \infty$ である一点になる（カントールの定理）．すなわち，記号 A と B の任意の無限列を与えたとき，$U_A \cup U_B$ 内

に一点が定まって，その点は記号列で定められた順に U_A と U_B を経めぐることになる．こうして，周期的な記号列に対応する点は周期軌道を与え，非周期的記号列に対応する点は非周期的軌道を与える．

(2)の場合も同様である．ただし2章4節のリー・ヨークの定理の場合と同様に，U_B 内には F によって U_B の上に写る領域が無いので，A と B の記号列の許される並び方には，B の次は必ず A になるという制限がある．どちらの場合も，非周期軌道を与える点は非加算無限個になる（実数の集合に等しい濃度である）．

3.5.3　スナップ-バックリペラーとカオス（マロットの定理）

では，マロットによって示された，同相写像でない場合のカオスの条件（一つの十分条件）について紹介しよう．4節で述べた餌食-捕食者モデルが一つの例になる．

はじめに，定理を述べるために必要な定義と条件設定をする．まず，写像 F は2対1とし，**拡大的な不動点**（expanding fixed point，すなわち不安定結節点，または不安定渦状点）p を持つとする．この場合，不動点 p をリペラー（repeller）と呼ぶ．点 p がリペラーである場合，拡大的であるような点 p の近傍が存在する．すなわちこのような近傍として，この近傍の任意の2点 x, y に対してある実数 $s>1$ が存在して

$$\|F(x)-F(y)\| > s\|x-y\|$$

となるような，不動点 p を中心としたある半径 $r>0$ の閉球（2次元の場合は円板）$B_r(p)$ を取ることができる．ここで，$B_r(p)$ の内部では拡大的であるため1対1の写像となっていることに注意すると，$B_r(p)$ 内のすべての点についてその逆像は $B_r(p)$ 内には1つしかない．（もしある $x, y \in B_r(p)$ に対して $F(x)=F(y)$ となれば，拡大的であることに反する）．

さて，**スナップ-バックリペラー**（snap-back repeller，以下sbr.と略す）とは，$B_r(p)$ 内の点で，

$$F^k(x_0) \not\in B_r(p) \quad (k=1,2,\cdots M-1)$$
$$F^M(x_0) = p$$

(3-5-1)

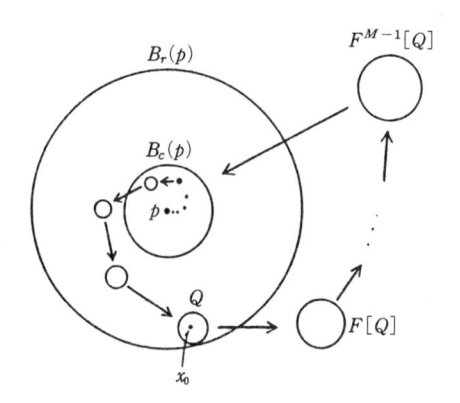

図 3.5.5 スナップ-バックリペラー p を持つ写像

および

$$\det DF^M(x_0) \neq 0 \tag{3-5-2}$$

を満たすような点 x_0 が存在するとき,不動点 p のことを指す（図 3.5.5）.すなわち x_0 は F によって $B_r(p)$ の外へ飛び出し,F のある $M-1$ 回繰り返し写像の後,ちょうど M 回目で不動点 p を直撃する.このことが生じるためには F が 2 対 1 (または多対 1) であることが必要である.つまり,点 p の前像 $F^{-1}(p)$ は p 自身と,もう一つ $B_r(p)$ の外に存在し,結局点 p のルーツの 1 つが x_0 である,このような点 x_0 が存在するとするのである.また (3-5-2) 式は,点 p の近傍の逆写像 F^{-M} が点 x_0 の近傍として存在することを保証するための条件である.

さて,$B_r(p)$ 内では F によって拡大的なことと 1 対 1 であることから,x_0 の F の逆像 $F^{-1}(x_0)$ は $B_r(p)$ 内に唯一存在して,x_0 よりも不動点 p に近づいている.すなわち

$$k \to \infty \ \text{で,} \ F^{-k}(x_0) \to p$$

である.すると,半径が r よりずっと小さい半径 ε の点 p の近傍 $B_\varepsilon(p)$ と,$B_r(p)$ 内にある点 x_0 の近傍 Q を考えると,$B_r(p)$ 全体が F の逆写像の繰り返しによって（それは縮小写像なので）いずれ $B_\varepsilon(p)$ 内に含まれるので,Q の逆写像もいずれ $B_\varepsilon(p)$ 内に入り込むことになる.すなわち,ある自然数 L よりも大きいすべての整数 $k \geq L$ に対して

$$F^{-k}[Q] \subset B_\varepsilon(p) \tag{3-5-3}$$

が言える.そこで,このQが

$$F^M[Q] = B_\varepsilon(p) \tag{3-5-4}$$

となっているように$B_\varepsilon(p)$とQを取ることにする.このことは,εを十分小さく取ることによって,$F^M(x_0) = p$であること((3-5-1)式)と,条件(3-5-2)によって保証される.

以上の設定のもとで次の定理が証明される.この定理は2次元だけでなく,一般のn次元に対しても成り立つ.

定理(マロットの定理)Fはn次元空間R^nからR^nへの任意の写像で,微分可能とする.Fがsbr.を持つとき,写像Fは次の意味でカオスである.

(1) ある自然数Nがあって,すべての自然数$k \geq N$について,Fはk周期点を持つ.

(2) "スクランブルセット(攪拌集合)"すなわち,次のような非可算集合Sが存在する
  (a) $F[S] \subset S$
  (b) すべての点$x, y \in S$, $x \neq y$に対して
  $$\lim_{k \to \infty} \sup \| F^k(x) - F^k(y) \| > 0$$
  (c) すべての点$x \in S$と,Fの任意の周期点yに対して
  $$\lim_{k \to \infty} \sup \| F^k(x) - F^k(y) \| > 0$$

(3) Sの非可算個の点からなる,次のような部分集合S_0が存在する.すなわち,すべての点$x, y \in S_0$に対して
$$\lim_{k \to \infty} \inf \| F^k(x) - F^k(y) \| = 0$$

この定理は1次元の場合のリー・ヨークの定理によく似ていることに気づかれるであろう.事実,この定理を1次元の場合について述べるとリー・ヨークの定理を少し言い換えただけのものになっている.したがって,証明もリーヨークの定理の場合に類似している.そこで,リー・ヨークの定理の証明については紹介しなかったが,マロットの証明についてはほぼ原論文のまま(分かりよくするための最小限の説明を加えて)紹介して数学者の歴史的仕事の一端に触れていただければと思う.なお,この証明については入門書としては少し深入りしているので,読み飛ばしていただいてもよい.

証明は，次の3つの補題に依拠してなされる．

補題1．（ブローウエルの不動点定理） 写像 $F: U \to U$（U は R^n におけるある領域）は連続で，$F[U] \subset U$ であるとき，F は U 内に少なくとも1つ不動点を持つ．

証明 証明は他の参考書を見ていただくことにする．（例えば野口 広『不動点定理』共立出版，ワンポイント双書）．

補題2．

(1) R^n の(閉)領域 U, U' に対して，写像 $F: R^n \to R^n$ は連続で，図 3.5.6 (a) のように $F[U] \supset U'$ であれば，$F[V] = U'$ となる領域 $V \subset U$ がある．

(2) R^n における領域のシリーズ $U_0, U_1, \cdots, U_n, \cdots$ に対して，
$$F[U_n] \supset U_{n+1} \quad (\text{すべての整数 } n \geq 0)$$
であれば，次のような領域 V_n が U_0 内に存在する．（図 3.5.6 (b)）
$$F^n[V_n] = U_n \text{ および } F^k[V_n] \subset U_k \quad (1 \leq k \leq n-1)$$

(3) (2)の $V_n (n=1, 2, \cdots)$ が縮小列であるような，次のような入れ子的なシリーズが存在する．
$$V_1 \supset V_2 \supset \cdots \supset V_n \supset \cdots$$

証明 補題2の(1), (2)については，4章1節の定理2がこの定理の1次元の場合に相当しており，証明はそこに譲る．n 次元の場合も同様であり，図からも理解されるであろう．(3)を証明する．(2)より，
$$F^{n+1}[V_n] = F[U_n] \supset U_{n+1}, \quad n=1, 2, \cdots$$
ゆえに(1)において，F を F^{n+1} とし，U を V_n, U' を U_{n+1} とおくことによ

(a)

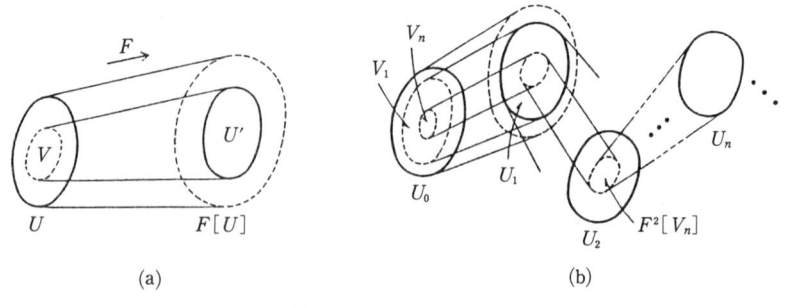

(b)

図 3.5.6

って，$F^{n+1}[V_{n+1}]=U_{n+1}$, $V_{n+1} \subset V_n$ となる V_{n+1} の存在が任意の n について言える．（証明終わり）

補題3．（カントール）X を完備な距離空間とし，$\{V_n\}$ を X の空でない閉集合の減少列，すなわち $V_1 \supset V_2 \supset \cdots \supset V_n \supset \cdots$ とし，かつ $n \to \infty$ で $\operatorname{diam} V_n \to 0$ とする．このとき，$X = \bigcap_{n=1}^{\infty} V_n$ はただ一点からなる．（この定理は証明の概略とともに2章5節で述べた．）

定理の(1)の証明

条件で述べたことから，$F^M : Q \to B\varepsilon(p)$ は連続で，1対1，上への写像であるから，この逆写像が定義できる．それをGとする．$G : B\varepsilon(p) \to Q$ は1対1連続，上への写像で，$G^{-1} = F^M$ である．

また，ある自然数 L があってすべての自然数 $k \geq L$ に対して $B^r(p)$ 内では $F^{-k}[Q] \subset B\varepsilon(p)$ であった（(3-5-3)式）．すると，$F^{-k}G[B\varepsilon(p)] = F^{-k}[Q] \subset B\varepsilon(p)$ となり，補題1より，$F^{-k}G[B\varepsilon(p)]$ の中に $F^{-k}G$ の不動点 y が存在して

$$F^{-k}G(y) = y$$

である．これより y は $M+k$ 周期点であることがわかる．なぜなら

$$F^{M+k}(y) = G^{-1}F^k(y) = G^{-1}F^k F^{-k}G(y) = y$$

であり，またこのとき，y は $M+k$ より小さい周期にはなり得ない．なぜなら，$j \leq k$ では，$F^j(y)$ は $B_r(p)$ 内にあって，拡大的であることから $F^j(y) = y$ とはなり得ず，また，$k < j < M$ では $F^j(y)$ は $B_r(p)$ の外にあるので，やはり $F^j(y) = y$ とはなり得ない．

以上から，$M+L$ より大きいすべての自然数 n について F は n 周期点を持つことが言える． ((1)の証明終わり)

定理の(2)の証明

はじめに予備的考察をする．整数 M, L は(1)の場合と同じ意味で使用する．閉領域 U, V を次のように定める．

$$U = F^{M-1}[Q], \quad V = B\varepsilon(p)$$

（したがって，$V = F[U]$）

U は $B_r(p)$ の外にあるので，U と V の距離 δ は正のある有限な値を持つ．

すなわち

$$\delta = \inf\{\|x-y\|: x\in U,\ y\in V\} > 0 \tag{3-5-5}$$

さて，$N=M+L$ として，$H=F^N$ とする．次の式が成り立つ．

$$H[U] \supset V \tag{3-5-6}$$

$$H[V] \supset U,\ V \tag{3-5-7}$$

(3-5-6) 式は，V は F によって拡大されるので $F[V] \supset V$ より $F^{N-1}[V] \supset V$ となることから，$H[U] = F^N[U] = F^{N-1}F[U] = F^{N-1}[V] \supset V$ より示される．(3-5-7) 式の $H[V] \supset V$ は，$F[V] \supset V$ より言える．$H[V] \supset U$ は，$F^{-L}[Q] \subset B_\varepsilon(p) = V$ ((3-5-3) 式) より $Q \subset F^L[V]$ であるので，$U = F^{M-1}[Q] \subset F^{M+L-1}[V] \subset F^{M+L}[V] = H[V]$ となる．

そこで，補題2の(2)における $\{U_n\}$ を，U および V の許される任意の無限列とし，$\{U_n\} = E$ とおく．A を E の集合とする．すると(3)よりそれぞれの E に対して縮小列 $\{V_n\}$ が定まり，補題3よりこの $\{V_n\}$ に対して点 $y = \bigcap_{n=1}^{\infty} V_n$ が定まって，すべての n について $H_n(y) \in U_n$ である（点 y は H による旅程はシリーズ E である）．したがって，E が周期的であれば点 y は周期点を，非周期的であれば非周期点の無限個のシリーズを与える．

以上の予備的考察をもとに証明を進める．（以下がマロットによる証明である）．まず，(3-5-6) 式を考慮して，U と V のシリーズを次のように制限する：

$$U_n = U \text{ なら，} U_{n+1} = V,\ U_{n+2} = V$$

さて，$1 < k < n$ に対して U_k が U となっている数を $R(E, n)$ とする．そこで，実数 $w \in (0, 1)$ を任意にとって，A の要素 E で $E^w = \{U^w{}_n\}$ というシリーズを，

$$\lim_{n\to\infty} \frac{R(E^w, n^2)}{n} = w \tag{3-5-8}$$

となるものに限定する．このことは，$U_k = U$ となるものが，k が n^2 までの中に平均して n 個より少ないようなシリーズ E を考えることを意味している．このようなシリーズ E^w のすべてを B とすると，$B = \{E^w : w \in (0,1)\} \subset A$ で，B は E^w の非可算無限個の集合である（w は実数なので）．そして，

各 E^w に対して上に述べたことから点 $x_w \in U \cup V$ が定まって、すべての $n \geq 1$ に対して $H^n(X_w) \in U^w{}_n$ である。そこで
$$S_H = \{H^n(x_w) : n \geq 0 \text{ かつ } E^w \in B\}$$
としよう。S_H は非可算無限個の点の集合である。また、$H[S_H] \subset S_H$ で、S_H は周期点を含まない。(なぜなら、もしもある p 周期点を含めば、この E^w に対してはある $n_0{}^2$ 番目から先は U が周期 p 毎に現れ、$R(E^w, n^2) \geq (n^2 - n_0{}^2)/p$ なので、(3-5-8) 式は
$$w \geq \lim_{n \to \infty} \left(\frac{n^2 - n_0{}^2}{p}\right)/n = \infty$$
となって $w \in (0, 1)$ を満たさない)。

さて、任意の点 $x, y \in S_H$, $x \neq y$ に対して、$H^n(x) \in U$ で、$H^n(y) \in V$ となるような n は無限になければいけない。なぜなら、①まずある w に対して $\{H^n(x_w)\}$ の2点 x, y についてもし有限であれば、ある番号 m から先の、すべての $k > m$ に対して $H^k(x)$ と $H^{k+j}(x)$ は同じ $U^w{}_k$ に入る。一方 y, x とも x_w を初期点とする H の軌道上の点なので、ある j に対して $y = H^j(x)$ である。したがってすべての $k > m$ に対して $H^k(x)$ と $H^{k+j}(x)$ は同じ $U^w{}_k$ に入ることになるので U が周期的に現れることになって矛盾する。②また、x, y がたがいに異なる w に属する (例えば w と w') S_H の点であれば、もしある m から先のすべての k について $H^k(x)$ と $H^k(y)$ が同じ領域を経めぐるなら、すなわち $U^w{}_k = W^{w'}{}_k$ となるなら、
$$\lim_{n \to \infty} R(E^w, n^2) = \lim_{n \to \infty} R(E^{w'}, n^2)$$
となるので $w = w'$ となって矛盾である。ゆえに (3-5-5) 式より、$x, y \in S_H$ に対して
$$\limsup_{n \to \infty} \|H^n(x) - H^n(y)\| = \delta > 0$$
である。したがって、$H(x) = F^N(x)$ より
$$S = \{F^n(x) : x \in S_H, n \geq 0\}$$
として、定理の(2)の(a) $F[S] \subset S$, およびすべての $x, y \in S$, $x \neq y$ に対して (b)が言えた。(c)も同様に示される。

定理の(3)の証明

(2)の場合の $\{U^w{}_n\}$ のとり方をさらに制限する。まず、$U^w{}_n = U$ となる

のは $n=m^2$ (m は正の整数) のときのみとする．さらに，ある $n=m^2$ と $n=(m+1)^2$ で $U^w{}_n$ が U となる場合は，$U^w{}_{m^2+1}=H^{-2m+1}[B\varepsilon(p)]$, $\cdots$, $U^w{}_{m^2+k}=H^{-2m+k}[B\varepsilon(p)]$, $\cdots$, $U^w{}_{m^2+2m}=B\varepsilon(p)$ とする．(これらはすべて V の中におさまっている) これ以外の $U^w{}_n$ は V とする．$B\varepsilon(p)$ は F^{-1} によって，$B_r(p)$ 内では 1 対 1 で縮小するので，$H^{-n}[B\varepsilon(p)]$ の径は $n\to\infty$ で 0 に縮小することに注意する．そこで，

$$S_0=\{x_w : w\in(4/5, 1)\}$$

とする．$S_0\subset S$ で，S_0 はやはり非可算集合である．すると，$s, t\in(4/5, 1)$ に対しては，$H^n(x_s)$, $H^n(x_t)$ は n がどんなに大きくても先の $H^{-2m+1}[B\varepsilon(p)]\sim H^{-1}[B\varepsilon(p)]$ を共通にくぐる場合が生じるので，$n\to\infty$, すなわち $m\to\infty$ で $H^{-2m+1}[B\varepsilon(p)]\to 0$ となることから，$x, y\in S_0$ に対して

$$\liminf_{n\to\infty} \|H^n(x)-H^n(y)\|=0$$

が言える．$H=F^N$ なので，これで(3)が証明された． (証明終わり)

以上でマロットの定理の解説と証明は終わりである．

3節で述べた，餌食 - 捕食者の離散方程式において，$b=0.55$, $c=5$ として a が十分大きく 4 に近い場合，不動点 p_3 は sbr. であることが確認できる (3節の文献(2))．

ここで，1次元の場合のマロットの定理とリー・ヨークの定理の関係について述べておく．まず，マロットの条件が成り立てば，ある整数 N があって，$p\geq N$ のすべての整数 p について f は p 周期点を持つので，$p=3N$ 周期点がある．すると f^N は 3 周期解を持つので，f^N に対してリー・ヨークの定理の条件を導く．しかし，リー・ヨークの条件である 3 周期があっても f がシュワルツ条件 $Sf<0$ を満たさなければ不動点はスナップ - バックリペラーにならない場合もあり (安定な不動点になっている場合もある)，マロットの条件を必ずしも満たすとは限らない．すなわち，マロットの条件はカオスであるための一つの十分条件である．

なお，馬蹄形写像とマロットの定理の両方を含む定理が白岩・倉田[3] の定理としてその後発表されている．

参考文献

(1) S. Smale : Differentiable Dynamical Systems, Bull. Amer. Math. Soc., 73 (1967), 747-817.
(2) F. R. Marotto : Snap-back repellers imply chaos in Rn, J. Math. Anal. Appl., 63 (1978), 199-223.
(3) K. Shiraiwa & M. Kurata : A Generalization of a Theorem of Marotto, Proc. Jap. Acad., 82 (1981), 83-97.

3.6 連続系のカオス

この章の最後に，上田睆亮氏[1]によって研究され，ジャパニーズアトラクターとして有名な連続系のカオスのポアンカレ写像を紹介する．扱われる方程式は**ダフィン方程式**と呼ばれる次の非線形の微分方程式

$$\ddot{x} = -k\dot{x} - x^3 + B\cos t \tag{3-6-1}$$

である．ここで，変数 x におけるドットは時間 t による微分を表す．k, B はパラメーターである．この式は，運動方程式

$$m\ddot{x} = F$$

において，単位質量あたりに対して速度に比例する摩擦 $-k\dot{x}$，変位 x の3乗に比例する復元力 $-x^3$，および周期的な外力 $B\cos t$ が働く非線形弾性振動の方程式である．この方程式は最初に Duffing (1918) によって研究された．この式は，図3.6.1のような座屈荷重を受ける梁の強制振動において，梁の中央部分の左右への変位 x の振動を表す式である一方，図3.6.2のような非線形インダクタンスをもつ直列共振回路において，磁束を変数 x で表したときの振動を表す式でもある．変数 x は x^3 の係数が1になるように規格化されている．

(3-6-1) 式は，非線形項 $-x^3$ が無く，代わりに線形であれば解析的に解が求まることはよく知られている．しかし (3-6-1) 式の場合はコンピューターによってしか解を調べることが出来ず，解析的な解を求めることは諦めなければならない．

さて，(3-6-1) 式は，$\dot{x} = y$, $t = z$ とおくと

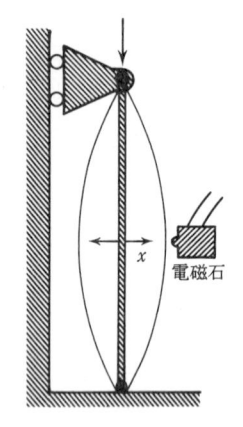

図 3.6.1　座屈荷重と周期的強
　　　　　制振動を受ける梁

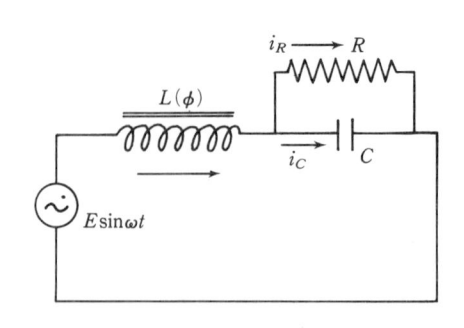

図 3.6.2　非線形インダクタンス
　　　　　を持つ直列共振回路

$$\frac{dx}{dt} = y$$
$$\frac{dy}{dt} = -ky - x^3 + B\cos z \qquad (3\text{-}6\text{-}2)$$
$$\frac{dz}{dt} = 1$$

という一階連立, すなわち3次元での (1-1-1) 式の形の**自律微分方程式**になる. (3-6-2) 式の時刻 t における解は, 第3式より, $z=t$ における $x-y$ 平面内にある. 一方, 第2式の $B\cos z$ の項は周期 2π なので, n を整数として, $x-y$ 平面上の各点からの軌道は $z=2\pi n$ ごとに繰り返されることになる. そこで, 長時間にわたる軌道が $z=2\pi n$ ごとに $x-y$ 平面をよぎる点をとらえてプロットしていく. このやり方がこの場合の**ポアンカレー写像**である. すなわち, $z=2\pi n$ ごとの $x-y$ 平面が**ポアンカレー切断面**である. そこでこの写像を

$$F_\lambda : R^2 \to R^2, \quad \lambda = (k, B) \qquad (3\text{-}6\text{-}3)$$

とする. もしも軌道が引き続くポアンカレー切断面の同じ点をよぎれば, その点は F_λ の不動点ということになり, またある n 周期目に同じ点をよぎれば F_λ は n 周期点を持つことになる.

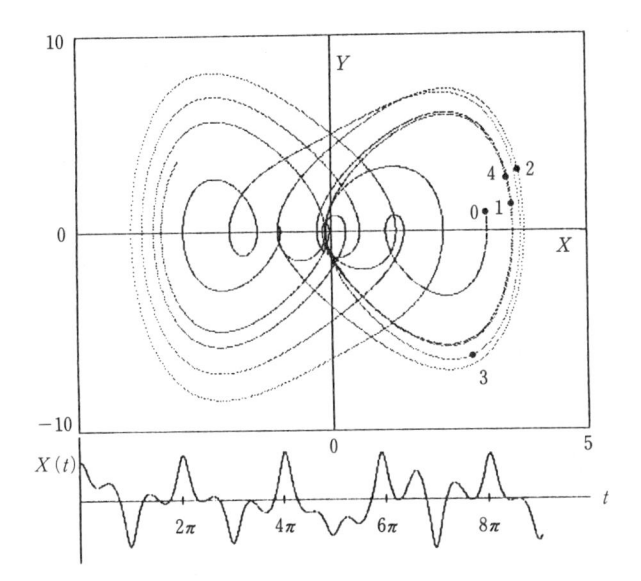

図 3.6.3 ダフィン方程式の解とポアンカレー写像
$t=2\pi$ 毎に, 0, 1, 2, 3, … と写る.

図 3.6.3 は (3-6-2) 式を $z=t$ として, 初期点を (3.0, 1.0) に取り, 時間刻み $\Delta t=0.005$ で数値積分 (ルンゲ・クッタ(2/3) 法) をしながら, 軌道 $(x(t), y(t))$ をプロットした図である (プログラムは LIST_09). パラメーターは (3-6-4) 式の値にとってある. 軌道には $t=2\pi n$ 毎に・印と, 訪れる順番が付けてある. すなわちこの点がポアンカレー写像 (3-6-3) 式による軌道になる. 下の図は $x(t)-t$ グラフを示す. $x(2\pi n)$ は外力に駆動されて常に正の側にある. しかし $x(t)$ の概形は非周期的な振動を示している.

さて, 上田氏はパラメーター k, B を

$$\lambda = (k, B) = (0.1, 12.0) \tag{3-6-4}$$

に選んでコンピューターで (3-6-2) 式の長時間の軌道計算をし, ポアンカレー断面をよぎる点を次々とプロット, すなわちポアンカレー写像を求めた. その結果が図 3.6.4 である. 図 3.6.4 を得るには, LIST_09 で不用な部分 (*SUB2, *SUB3) を消して *SUB4 を少し書き換えればよい. 試みて

みられたい．この結果は，初期点を一定の範囲（パラメーター値が（3-6-4）式の場合系は吸引周期解，すなわちポアンカレ写像が吸引不動点となる範囲も存在する）で変更しても，アナログ，デジタル計算機でそれぞれ計算の方法を変更しても再現性のあることを示していた．

さらに，上田氏はこれがカオス（当時は不規則解と呼ばれた）であることを，F_λ の安定多様体 $W_s(p)$ と不安定多様体 $W_u(p)$ を求め，これが交わってホモクリニック点を持つことを示して証拠とした（図 3.6.5）．図 3.6.5 において $^1D^1$ はサドル不動点である．図 3.6.5 の不安定多様体 $W_u(^1D^1)$ をさらに延長すれば図 3.6.4 の概形に近づくと考えられ，図 3.6.5 の $W_u(^1D^1)$ の閉包がアトラクター，図 3.6.4 であると考えられる．

このように，序章の（1-1-1）式のようなタイプの非線形微分方程式は一般には解析的に解が求められないので，コンピューターで数値積分してポア

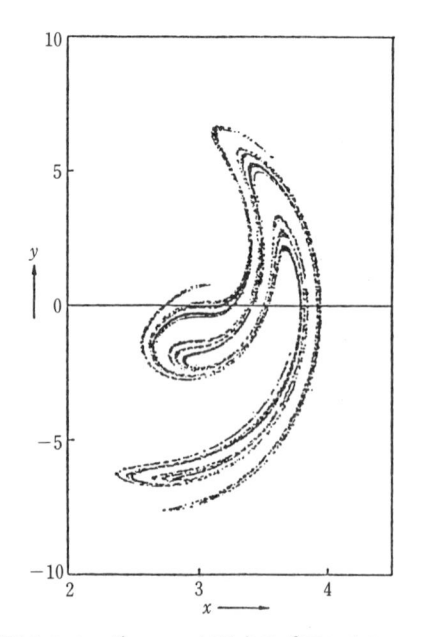

図 3.6.4　ダフィン方程式のポアンカレー写像によるカオスアトラクター

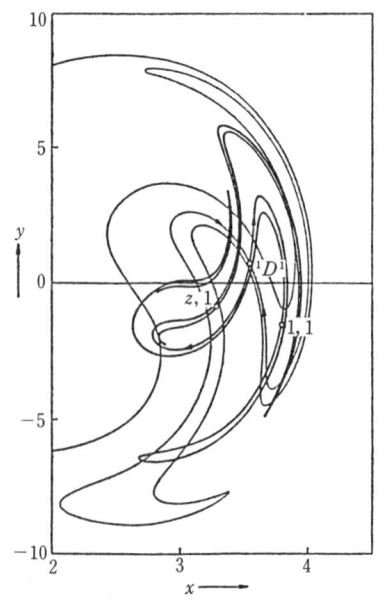

図 3.6.5　鞍点 $_1D_1$ の不安定および安定多様体

（上田睆亮氏，電気学会論文誌昭和53年3月号より）

ンカレー写像を求め，また写像の位相的性質を調べて解の定性的性質が明らかにされる．

参考文献

(1) 上田睆亮；非線形性に基づく確率統計現象，電気学会論文誌，昭和53年3月号，167-173．

3.7 リドルベイスンとオン・オフ間欠性

3.7.1 リドルベイスン

リドルベイスン

リドルベイスン（riddled basin）のリドルとは，'いたる所穴だらけ'といった意味で，次のような非常に特異な性質を持つベイスンのことである．今，系の位相空間内にアトラクターAとアトラクターBがあるとする．アトラクターAのベイスン$\beta(A)$がアトラクターBのベイスン$\beta(B)$にリドルであるとは，$\beta(A)$に属す全ての点に対してそのどんなに小さな開近傍内にも（すなわちどんなに近いところにも）必ずBのベイスン$\beta(B)$の破片が存在する，ということである．つまり，Aのベイスンはいたる所Bのベイスンによって穴だらけ，侵されている状態をいう．ただし，Bのベイスンはリドルである場合もあり，そうでない場合もある．特に，アトラクターが3個以上存在して，それぞれのベイスンが他のすべてのアトラクターのベイスンによってリドルであるような強い構造の場合は**インターミングルベイスン**（intermingled basin）と呼ばれる．リドルベイスン，インターミングルベイスンは1992年，J. C. Alexander他[1]によって命名され構造が明らかにされた．その後関連する多くの研究が発表されている．

では，リドルベイスンはどのような力学的構造の下で生じるのであろうか．後で述べるオン・オフ間欠性もそうであるが，系の部分位相空間（Nとする）内にカオスアトラクター（全位相空間に対してではなくN内でアトラクターである）が存在している系において生じうる．したがって，写像系であ

れば2次元以上の系，連続系であれば4次元以上の系で生じる．例えば2次元写像系では，3.3.2節でも述べた餌食-捕食者系

$$x_{n+1} = ax_n(1-x_n-y_n)$$
$$y_{n+1} = by_n(1-cx_n)$$
(3-7-1)

はそのような例の一つである．ここで後の議論のため，(3-7-1) の第2式を一般的に

$$y_{n+1} = y_n h(x_n, y_n)$$

と書いておく．今の場合 $h(x_n, y_n) = b(1+cx_n)$ である．

このモデルの場合，x 軸上に限った力学はロジスティック写像になっているので，パラメーター a を適切に選べば x 軸上にカオスアトラクターが存在する．このとき，x 軸に近い（$y=0$ に近い）所での運動を考えると，x の動きは第1式で $y=0$ としたカオス運動に近い運動を行い，y の動きは第2式に従って

$$\frac{y_{n+1}}{y_n} = b(1+cx_n) = h(x_n, 0)$$
(3-7-2)

が >1 であれば y は x 軸から遠ざかり，<1 であれば x 軸に近づくという運動になる．これはまた，(3-7-2) の対数値

$$\log(y_{n+1}) - \log(y_n) = \log(h(x_n, 0))$$
(3-7-3)

が >0 か <0 かということに対応している．図3.7.1でこれを示すと，直線 $y=h(x, 0)$ の y の値が1より大きい領域に x_n があると y_{n+1} は y_n より上昇し，反対の領域では下降する．x はカオス運動をするので上昇や下降をカオス的にランダムに繰り返すが，長い繰り返し計算に対して y が上昇傾向になるか下降傾向になるかは，(3-7-2) の積の相乗平均が1より大きいか小さいか，あるいは (3-7-3) の和の相加平均が正か負かで決まる．そこで，

$$L_\perp = \lim_{n \to \infty} \frac{1}{n} \sum_{i=0}^{n-1} \log(h(x_i, 0))$$
(3-7-4)

を**垂直リアプノフ指数**（normal Lyapunov exponent，横断リアプノフ指数ともいう）と呼んで定義すると，$L_\perp$ が正であれば平均として上昇傾向，負であれば下降傾向ということになる．n を有限にした式 (3-7-4) を $L_\perp(n, x_0)$ で表すと，(3-7-3) の n が0から $n-1$ までの相加平均は $[\log(y_n) -$

図 3.7.1

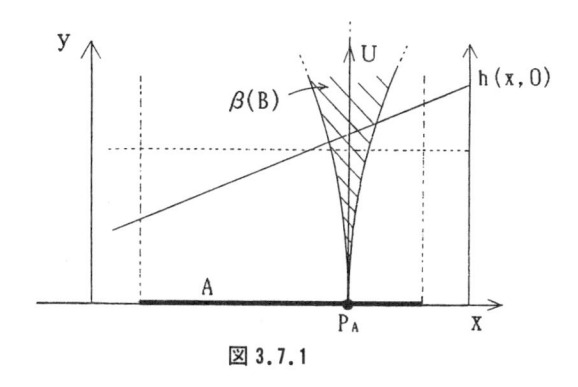

$\log(y_0)]/n = L_\perp(n, x_0)$ であるから，$\log(y_n) = \log(y_0) + L_\perp(n, x_0) \cdot n$ すなわち

$$y_n = y_0 \cdot e^{L_\perp(n, x_0) \cdot n} \tag{3-7-5}$$

となる．n を十分大きく取れば $L_\perp(n, x_0)$ はパラメーターにのみ依存する値 $L_\perp$ に近づく．（ただし，数値的に $L_\perp$ を求める場合，n をかなり大きくしても初期値 x_0 によって $L_\perp(n, x_0)$ は大きく揺らぐので，一つの初期値に対してだけでなく多くの初期値に対する平均を求めなければならない．）したがって，$L_\perp$ が正であれば初期点が x 軸に十分近いところから出発した軌道でもいずれ x 軸から離れていくであろう．また逆に $L_\perp$ が負であればいずれ限りなく x 軸に近づいていくと考えられる．すなわち x 軸上のカオスアトラクター A は，$L_\perp > 0$ の場合は全位相空間においてリペラー，$L_\perp < 0$ の場合はアトラクターになっていると一応考えられる．ただし，$L_\perp$ が 0 に近い値の場合は $L_\perp(n)$ は初期値によって（n の有限インターバルに対して）正になったり負になったり揺らぎが大きくなる．特に $L_\perp$ が僅かに正値をとる場合，このことが後に述べる**オン・オフ間欠性**（on-off intermittency）を生じる主要な原因の一つになる．

さて実は，N 上（x 軸上）に限定された力学はカオス軌道を持つとともに，アトラクターではない周期軌道も持っている．例えば不動点 p_A（系 (3-7-1)) の場合は 3.3.2 節 (3-3-13) 式の p_2 に相当する $x = 1 - 1/a$ で (3-7-2) を見てみると，$L_\perp < 0$ であっても，(3-7-2) が正であるようなパラメータ

一の広い範囲が存在する．するとこの場合，不動点 p_A からどんどん上へ逃げていく軌道 U（p_A の不安定多様体）が存在する．そしてこの軌道が，x 軸から離れた場所にある別のアトラクター B へ逃げていく軌道になっている場合がありうる．このような場合，図 3.7.1 の斜線部分で表されるように p_A に向かって刃の先端のようにくい込む B のベイスン $\beta(B)$ がある．すなわち p_A の任意の近傍内に B のベイスンに属す点（$\beta(B)$ の破片）が存在している．さらに重要なこととして，x 軸上の点で写像の繰り返しによっていずれ点 p_A に達するような点（p_A のすべての前像）は x 軸上でのカオスアトラクター A のベイスン（$\beta_N(A)$ と表す．今の場合 x 軸の開区間 $(0,1)$ になる）内に無限個稠密に存在している．すると，全位相空間に於いて p_A の近傍内にある $\beta(B)$ の破片の前像も A のベイスン $\beta_N(A)$ のどの点の近傍内にも見いだされることになるであろう．にもかかわらず，$L_\perp<0$ の場合，全位相空間に於いて $\beta_N(A)$ の近傍の大多数の点はアトラクター A に落ち込んでいく初期点となる．そしてそれらの点の前像は A からはるかに離れた所にも有限の濃度で存在している．しかもまた，A のベイスン $\beta(A)$ はいたる所 B のベイスンの破片によって侵されているのである．

このことは次のように考えるとわかる．いま，A のベイスンに属す点 ξ を任意に選んだとする．点 ξ から出発した軌道はいずれ A に近づき A に落ち込んでいく．そこで点 ξ を中心にいくらでも小さい開近傍を考える．この領域は写像の繰り返しによって初期点 ξ から出発した点とともに x 軸にいくらでも近づいていく部分がある（写像の連続性による）．A に近づいたその部分は，A がカオスであり A の方向へ拡大的である（A の点に対して x 軸に平行な方向へのリアプノフ指数が正であることによる）ため，A に沿って広がっていくであろう．すると，その部分領域は必ず $\beta(B)$ の破片を含んでしまう．このことは，もともと点 ξ の近傍として取った領域内に $\beta(B)$ の破片が含まれていることを意味する．こうして，$\beta(A)$ のどんな開近傍にも $\beta(B)$ の破片が含まれていることになる．以上がリドルベイスンが生じるシナリオである．

餌食－捕食者系のリドルベイスン

では系 (3-7-1) の場合について具体的に見てみよう．以下，パラメーターは $a=4$，$c=5$ とし，b を可変なパラメーターとする．$a=4$ はアトラクター A が最も典型的なカオス，ピュアーカオスであり，$c=5$ は **3.3.2** 節で見た条件と同じである．リドルベイスンが生じるためには $L_\perp$ が負でなければいけない．$L_\perp=0$ となる b の値を b_c としてこれを求めると，$b_c=0.336\cdots$ である．b_c は (3-7-4) から $L_\perp=0$ として求められる．一般的には数値計算で求めるが，揺らぎがあるため n を十分大きくし，かつ初期値もたくさん取ってその平均を求める．今の場合は $a=4$ なので，x_i の分布が (2-5-12) で厳密に与えられるので積分計算により求められる．(3-7-4) により，$L_\perp$ は b の単調減少関数であるので，$b<b_c$ で $L_\perp<0$ となり，このときリドルベイスンを生じうる．

さて，パラメーターが $(a,b,c)=(4,0.336,5)$ のとき，系 (3-7-1) は 3.3.2 節の (3-3-13) で表される吸引不動点 p_3 (p_B とする) を持つ．図 3.3.8 も参照されたい (このときパラメーターは R_3 内にある)．p_B は領域 R_5 ($b<0.2606\cdots$) に入るとサドルになり周期倍化分岐をおこす．また，x 軸上の不動点 p_2 ($=p_A$) $=1-1/a=0.75$ の位置での図 3.7.1 の直線の y の値は $y=b(1+cx)=0.336(1+5\times 0.75)=1.596>1$ であるので，p_A は x 軸に横断する方向にも不安定で，p_A から出ていく不安定多様体を持つ．詳しい計算は省くが，この状況は $b>4/19=0.2105\cdots$ で成り立っている．これは p_B が第 1 象限に浮上する条件でもあり，また図 3.7.1 の直線が p_A で 1 より上にある条件でもある．この範囲の b に対して p_A と p_B を結ぶ不変多様体が存在し，それは p_A の不安定多様体であり，かつ p_B の安定多様体になっている．

図 3.7.2 の各図の黒い点の集合は $b=0.256$ において第 1 象限内に存在する 16 周期アトラクター B のベイスン $\beta(B)$ を表す．残りの白い部分は x 軸上のアトラクター A のベイスン $\beta(A)$ で，$\beta(B)$ の破片によってリドルになっている．第 1 象限内にある不動点 p_B は，3.3.2 節で述べたようにパラメーター相空間の図 3.3.8 の境界(2)を下へよぎり R_5 に入るとアトラクターから周期倍化分岐を始める．図 3.7.2(a) において $\beta(B)$ の内部に大きな鬆

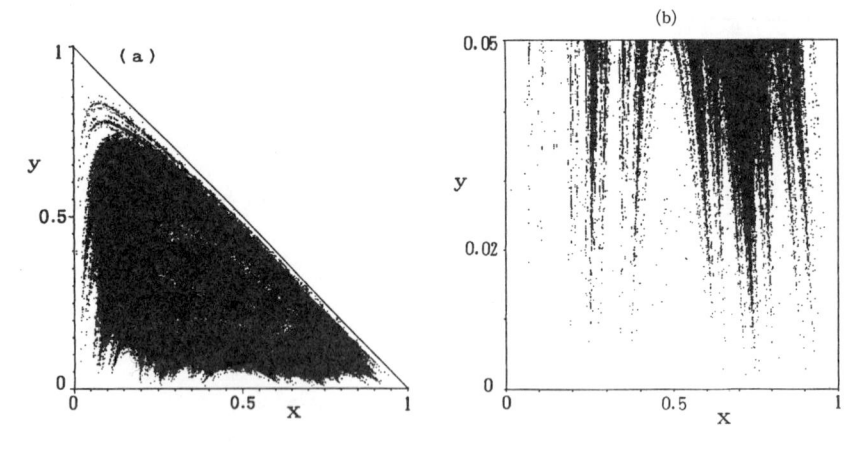

図 3.7.2　系（3-7-1）のリドルベイスン（白抜き部分）.
(Prog. Theor. Phys. 101 より転載)

が見られるが，実はこの周期アトラクターBの周期が4周期の途中までは $\beta(B)$ の内部は塗り込められていて図のような鬆は見られない．いずれにしても図3.7.2(b)に見られるように $\beta(B)$ は次第に細りながら幾筋も（無限に）x 軸へ向かって延びている．$\beta(A)$ はいたる所 $\beta(B)$ の破片で浸食されており，有限の面積の開領域を持たないので，そのような集合のルベーグ測度はゼロにならないのかという疑問が生じるかもしれない．（ルベーグ測度の易しい入門書としては篠崎寿夫・松浦武信著「ルベーグ積分と関数空間入門」現代工学社が参照できる）しかし，リドルベイスンのルベーグ測度は非ゼロであることが示されている[1]．このような集合としては，2.4.2節で述べたように，ロジスティック写像のパラメーター a がカオスになる集合の場合もそうであった．このような集合は**太った（ファット）フラクタル** (fat fractal) と呼ばれる．（ファットフラクタルについては高安秀樹著「フラクタル科学」朝倉書店が参照できる．）実際，ルベーグ測度がゼロであれば観測にかからないはずであるが，図のように x 軸に近づくにつれて $\beta(B)$ の濃度は薄くなり，ほとんど $\beta(A)$ の点で占められるようになる．

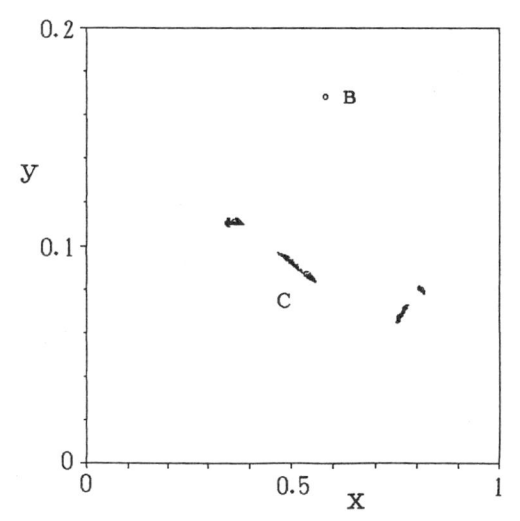

図3.7.3 系(3-7-6)の不動点アトラクターBとカオスアトラクターC.

3.7.2 局所的に絡み合ったベイスン

さて，Nの外にアトラクターが複数個ある場合（例えばそれをB，Cとする），$\beta(A)$が$\beta(B)$，$\beta(C)$の双方によってリドルになっている場合がありうる．例えば，次の系[2]

$$x_{n+1} = ax_n(1-x_n-y_n)$$
$$y_{n+1} = bx_ny_n \qquad (3\text{-}7\text{-}6)$$

は$a=4$，$b=1.71887$で図3.7.3に見られるように不動点アトラクターBとカオスアトラクターCが存在する．図3.7.4(a)の黒い部分は$\beta(B)$，(b)の黒い部分は$\beta(C)$，(c)は両者を重ねて描いたもので，(c)の白抜き部分が$\beta(A)$である．このような場合$\beta(B)$及び$\beta(C)$はx軸に近づくとその枝先が細く尖り，どちらもその先端がx軸に近づくと稠密になり$\beta(A)$とともに三竦みで絡み合っている．（ただしこれらはインターミングルではない．）

ところで，$L_\perp > 0$ではAは吸引的でなくなるので位相空間全体ではリペラーとなり$\beta(A)$の測度はゼロになる．しかしもしもNの外に複数個のアトラクターB，Cがそのまま存在していれば$\beta(B)$，$\beta(C)$がx軸の近傍

(a)系 (3-7-6) のアトラクター B のベイスン．

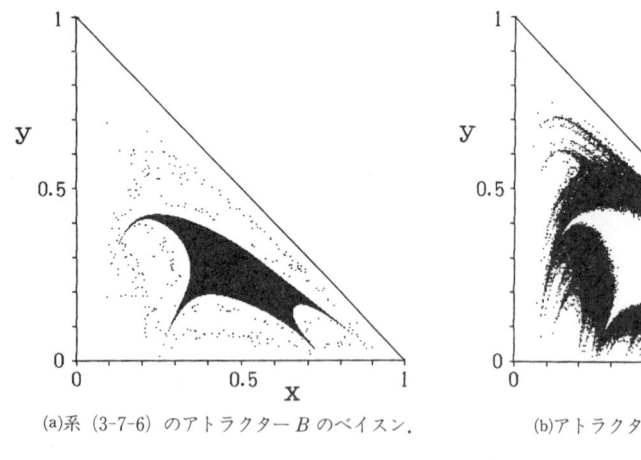

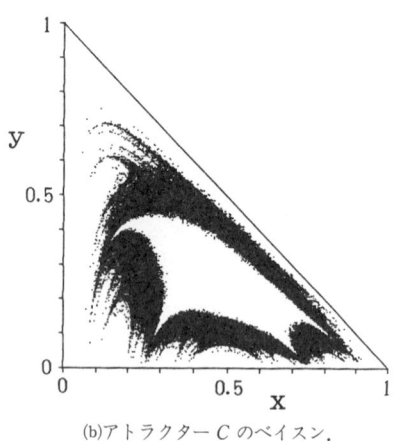

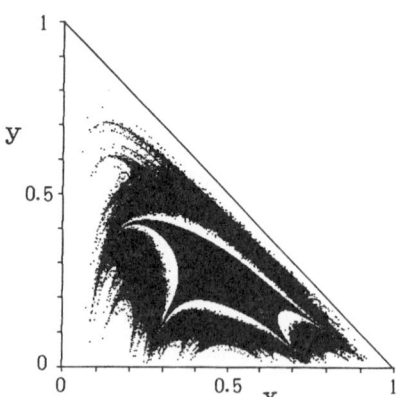

(b)アトラクター C のベイスン．

図 3.7.4

(c)白抜き部分はアトラクター A のリドルベイスン．
（図(c)を Prog. Theorz Phys.101 より転載）

で局所的に稠密になって絡み合った構造もそのまま保たれうる．系 (3-7-6)では見つかっていないが，次の系[3]

$$x_{n+1} = 1 - a(1-z_n)x_n^2 - y_n$$
$$y_{n+1} = bx_n \qquad (3\text{-}7\text{-}7)$$
$$z_{n+1} = cz_n(1+dy_n)(1-ez_n)$$

でそのような構造を見ることが出来る．この場合の部分位相空間 N は $z=0$ の $x-y$ 平面で，N における力学はエノン写像になっている．3.3.1 節で見

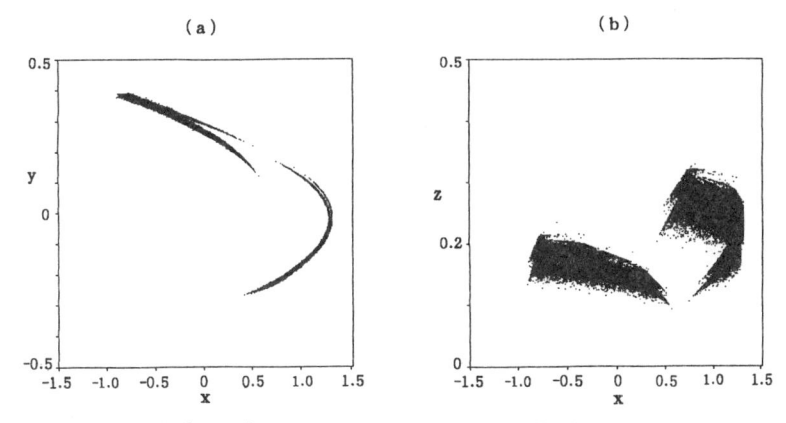

図 3.7.5 系 (3-7-7) のカオスアトラクター C の投影図.
(Prog. Theor. Phys. 103 より転載)

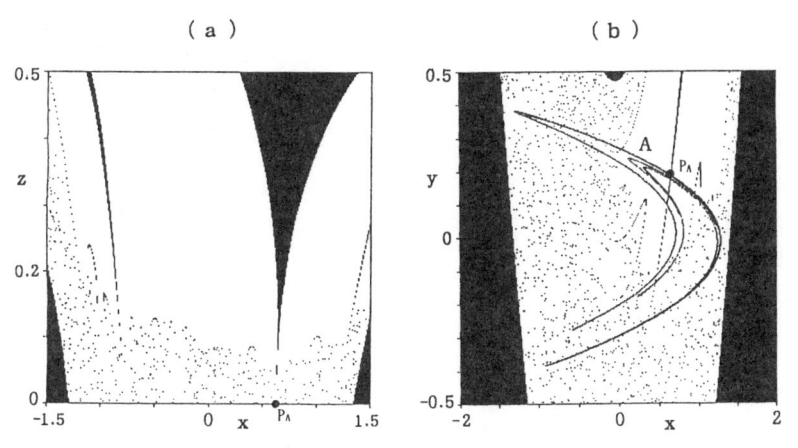

図 3.7.6 系 (3-7-7) の 2 つのアトラクター B, C のベイスンの断面.
(b)はカオスアトラクター A と不動点 p_A を重ねて描いている.
(Prog. Theor. Phys. 103 より転載)

たように, N 内には $a=1.4$, $b=0.3$ の場合カオスアトラクター A が存在している. ここで, $d=1.8$, $e=0.4$ および $c=0.9655$ としたとき無限大アトラクター B と図 3.7.5 に示されるカオスアトラクター C が存在する. このとき $L_\perp>0$ である. 図(a), (b)はそれぞれアトラクター C の $x-y$ 平面, $x-z$

図 3.7.7

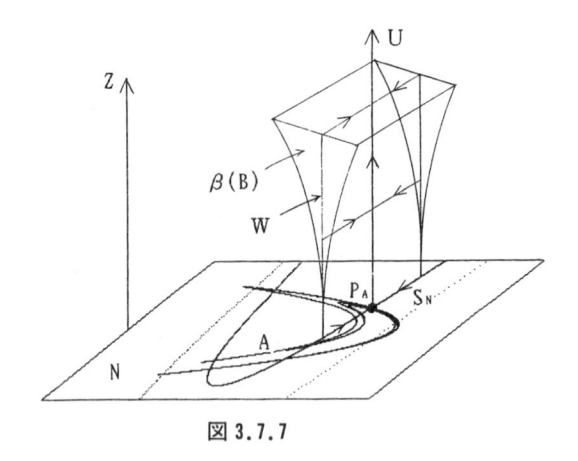

平面への投影である．図 3.7.6 の黒で塗られた部分は無限大アトラクターのベイスン，白抜きの部分はカオスアトラクターのベイスンになる．図(a)は A 内の不動点 p_A を含む相空間の $x-z$ 断面図，図(b)は $z=0.1$ で切った相空間の断面図にエノンアトラクター A と不動点 p_A を重ねて描いている．図(a)の p_A から ∞ アトラクターへ向かう p_A の不安定多様体が出ているのが推察される．p_A が N 内に安定多様体 S_N を付随することにより，U と S_N で張る不変多様体 W が存在して，この多様体 W の周りに $\beta(B)$ が張り付いていることになる．図 3.7.7 にこの様子を表す．位相空間から $\beta(B)$ と N を除いた補集合が $\beta(C)$ になる．図 3.7.6 では x 軸の近傍（$x-y$ 平面の近傍）で白地（$\beta(C)$）に黒（$\beta(B)$）が点々としていて $\beta(B)$ と $\beta(C)$ の薄膜が稠密に絡み合っているといった風に見えないが，これは不連続的に検出した目の粗い描像であるためである．このように，N の外に存在する複数のアトラクターのベイスンがそれぞれ N 上の異なる周期点（及び noninvertible map の場合はそのすべての前像，invertible map の場合はその安定多様体）へとその先端を延ばして，$\beta_N(A)$ の近傍で互いに稠密に絡み合っている構造を**局所的に絡み合ったベイスン**（locally intertwined basins）とよぶ．

　複雑なベイスン構造としてはこの他に**ワダ（和田）の湖**（basins of Wada[4]）というのが知られている．これは上に述べたものとは全く構造的に異なる．これは 3 つ（又はそれ以上）のアトラクターのベイスンが，ある

多様体（この場合は無限に折り曲げられてフラクタル構造を持ち単純ではない）に互い違いに無限に薄い層状になって集積しているという構造を持つ．AとBの，BとCの，CとAのベイスン境界がこの多様体に平行に降り積もるように集積している．すなわちこの多様体の近傍ではどんなに小さい開領域内にもすべてのベイスンが見いだされる．そして，多様体を斜めに切断した切り口はカントール集合になっているといった複雑さがある．一方局所的に絡み合ったベイスンの場合は多様体Nは滑らかで，Nの次元は全位相空間のそれより整数次元だけ低く，その上にカオスアトラクターが存在しており，絡み合った複数のベイスンはNを横断するするように集積しているという違いがある．

3.7.3 リドル崩壊と薄膜衝突型崩壊

リドル崩壊

一般的に，アトラクターはパラメーターをある方向へ変えていくと周期アトラクターからカオスへと分岐し，最後は崩壊してカオスアトラクターは消え去ってしまう．例えばロジスティック写像の場合aが4を越えるとアトラクターは崩壊するし，エノン写像の場合$b=0.3$のとき，aが$a^*=1.4276\cdots$（3.3.1節参照）を越えると崩壊する．これらの崩壊は，カオスアトラクターの大きさが発達してそのベイスン境界に衝突する事によって起きる．このような**崩壊は境界衝突型崩壊**（boundary crisis）と呼ばれる．この場合，衝突直後においては，元々カオスアトラクターであった領域内の初期点から出発した軌道はしばらくはもとのカオス軌道領域内を経巡る．このような軌道は**過渡カオス**（transient chaos）と呼ばれる．境界衝突型崩壊の場合，衝突後の過渡カオスの寿命はパラメーターの変化に対して通常は急激に減少していくので劇的変化（sudden change）になる．カオスの内的な崩壊は分岐が進行している過程内でも起きる．例えばカオスアトラクターから周期アトラクターが出現する場合や周期アトラクターの窓の最終的なカオスが終焉して全体に広がったカオスに戻る場合などである．これらは**内的崩壊**（interior crisis）と呼ばれる．内的崩壊の場合はアトラクターの姿が変わるが，アトラクターそのものが崩壊して消滅するのではない．

このような崩壊に対して，**リドル崩壊**（riddling crisis[2]）と呼ばれる新しいタイプの崩壊は境界衝突型崩壊に比べてかなり異なった特徴を持つ．この崩壊はカオスアトラクターBが，アトラクターAのリドルベイスンが存在している領域に突入して生じる．特徴として崩壊は非常に緩やかに密かに始まり，過渡カオスの寿命は広いパラメーター範囲にわたって長寿命で長く観測される．特に崩壊直後しばらくは過渡カオスの寿命は大変長いのでパラメーターの崩壊点を十分な精度で特定しにくい．しかも過渡カオス軌道は元のカオス領域から大きく脱出して広い範囲で特徴的な放浪軌道を描く．この点で通常の過渡カオスとは異なっておりこのような過渡カオスを**カオス放浪**（chaotic wandering）と呼ぶ．また，崩壊の後も，パラメーターをさらに変化させていくとき周期アトラクターの窓が幾度も出現する．

リドル崩壊は系（3-7-1）で観察することができる．まず分岐図を調べてみよう．図3.7.8は$a=4$，$c=5$の場合について図3.3.8の領域R_5の右端の少し上，$b=0.261$からR_5内の$b=0.251$までbを減少させていくとき得られた分岐図である．図はアトラクターAとBの双方のベイスン内に初期点が見つかるように初期点を4個取ってそれぞれ10^4ステップの初期計算の後引き続く50ステップを重ね描きしている．図の上はx，下はyについて描い

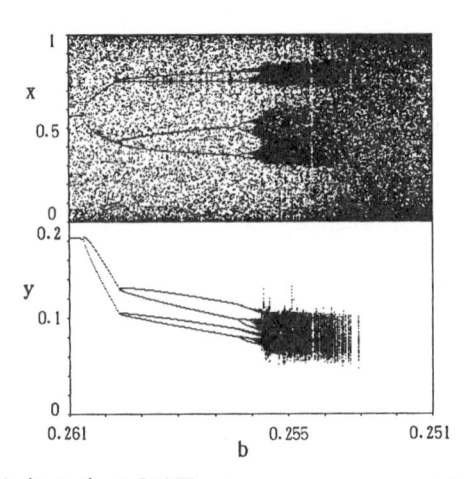

図3.7.8　系（3-7-1）の分岐図．（Prog. Theor. Phys. 101 より転載）

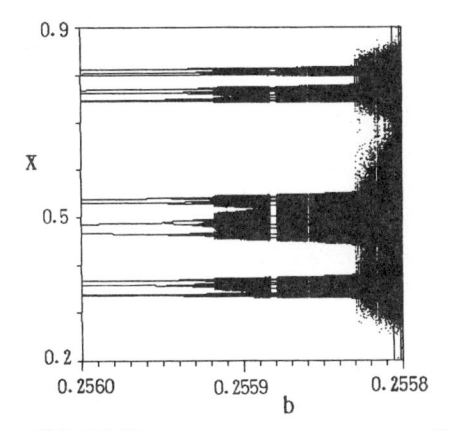

図 3.7.9 詳細分岐図. (Prog. Theor. Phys. 101 より転載)

ている．上の図の全域にわたる黒い点はアトラクター A（$y=0$）に落ちた軌道を示す．両方の図から，周期軌道からカオスへと分岐するアトラクターがあることがわかる．y の分岐図（下の図）をよく見ると，次第にとぎれとぎれになって消えてしまっている．また，カオスになった後，ほどなくアトラクターの境界が不鮮明になり不明瞭に上下に広がっている軌道がある．そこで x について $0.2560>b>0.2558$ の範囲で詳細に調べると図 3.7.9 が得られる．図は初期点をアトラクター B のベイスン内に取り，10^4 ステップの初期計算の後引き続く 2×10^8 ステップ（相当長いステップであることに注意）を描いている．図から，b が $b=0.25583$ 付近より減少すると一見バンド融合とも見られる変化が生じているのが見られる．実はこれは，カオスアトラクター B が A のリドルベイスン $\beta(A)$ が存在している領域に突入したことによって，カオスアトラクター B が崩壊して長寿命の過渡カオスであるカオス放浪が発生したことを示す．図 3.7.10 の 4 つのフレームは，崩壊直後 $b=0.25582$ に於けるカオス放浪の発生の様子を観察している．図(a)は初期条件 $(0.2,0.2)$ から 10^4 ステップの初期計算の後引き続く 5×10^5 ステップまでを描く．このとき軌道は元のカオス領域内にとどまっている．図(b)は図(a)に引き続く 5×10^6 ステップ，図(c)は図(b)に引き続く 5×10^7 ステップ，そして図(d)は図(c)に引き続く 2×10^8 ステップを描いている．これらの図か

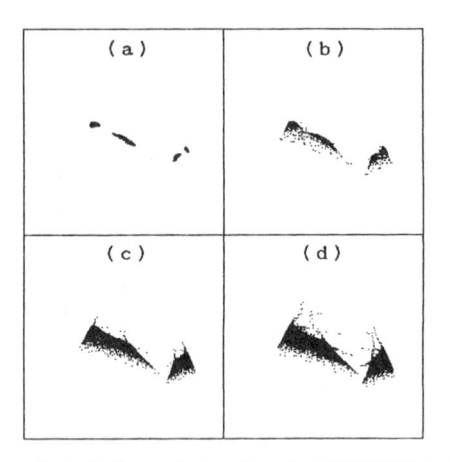

図 3.7.10 系（3-7-1）のカオスアトラクター B の崩壊直後のカオス放浪の様子.
(Prog. Theor. Phys. 101 より転載)

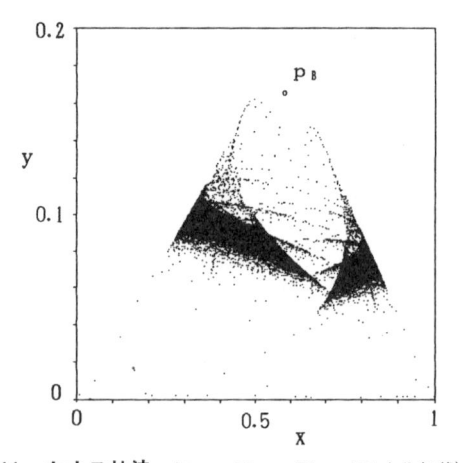

図 3.7.11 **カオス放浪.** (Prog. Theor. Phys. 101 より転載)

ら，カオス放浪が間欠的に生じている様子がうかがわれる．図 3.7.11 は崩壊後，$b = 0.2550$ でのカオス放浪を示す．図の場合，初期値 $(0.2, 0.2)$ から出発しておよそ99300ステップのカオス放浪の後突如 $y = 0$ へ速やかに落ち込んでいく．過渡カオスの平均寿命はこの例の場合パラメーターが0.

25583＞b＞0.25370の範囲で10^4ステップ以上を保つが，これは図3.7.8で周期倍化分岐が無限大周期に集積するまでのパラメーターの範囲0.2606…＞b＞0.2559…のおよそ0.45倍に達する．通常の境界衝突型崩壊の場合は，カオスアトラクターがそのベイスン境界を越えて他のアトラクターのベイスン領域に突入することによって生じるが，軌道がもとのカオス領域からいったん他のアトラクターのベイスン領域に飛び込むと，それから先は二度と元のカオス領域へは戻らず，他のアトラクターへひたすら逃げ去って行くのみである．しかし，アトラクターAのベイスンがリドルである場合，アトラクターBがその領域内に突入しても，その領域がAのベイスンで満たされているのではなく，むしろAのベイスンの密度はそこではまだ非常に小さく，ほとんどBのベイスンの破片で満たされているといった状況にある．すると，軌道がこのような領域に飛び込んでも元々（崩壊前）からAのベイスンであるような地点に落ち込む確率は非常に低く，元々自分自身のベイスンであるところに落ち込めば，カオスアトラクターBの領域からは一旦は飛び出してカオス放浪の旅に出てもやがて再びBに戻って来る．こうしてなかなかAへの道へすみやかには行かず長寿命になるのである．またこのことは崩壊がきわめて密かに始まることを意味する．ではひょっとして崩壊していないのかもと考えられるが，アトラクターBの集合が連続（通常，周期軌道など測度ゼロの集合を除いて連続していると考えて良い）していれば，$\beta(A)$はゼロでない測度を持つので両者は必ず共通集合を持つことになり結局崩壊していると考えられる．

薄膜衝突型崩壊

長寿命になるカオス崩壊としてはこの他に，上に述べた局所的に絡み合ったベイスン構造が存在する場合も起こりうる．この場合は$L_\perp$が正の場合であっても起こる．例えばBのベイスンがCのベイスンとNの近傍で局所的に絡み合っており，Cがカオスアトラクターであるとき，Cが発達してBとのベイスン境界に衝突するとする．もしも衝突点付近でBのベイスンが非常に薄い膜であったとする．衝突後，さらにパラメーターを変化させるとやがてすぐにCはBのベイスンの薄膜を突き破って再び自分自身のベイスンで満た

されている領域に入り込んでしまう．つまり，Cの集合がBのベイスンで侵されている部分の割合は非常に小さいままでなかなか増加してゆかない．このような状況下では過渡カオスの寿命はパラメーターの広い範囲で長く保たれることになる．このような崩壊を**薄膜衝突型崩壊**（intertwining crisis[3]）と呼ぶ．この場合は境界衝突型の特殊な場合とも考えられる．実際，系（3-7-7）ではこのような崩壊が生じる．また，$L_\perp$が負の場合は一般的に言って，複数個のアトラクターがNの外に存在してそのうちの一つ，カオスアトラクターが崩壊する場合リドル崩壊になる場合と薄膜衝突型崩壊になる場合とがある．ただし薄膜衝突型崩壊の場合はカオス放浪は生じない．

長寿命過渡カオスはこの他に，多自由度系である**結合写像格子系**（CML）で生じることが知られている．（金子邦彦・津田一郎著「複雑系のカオス的シナリオ」朝倉書店 p. 98を参照されたい．）

3.7.4 オン・オフ間欠性

間欠性という現象は温泉地に見られる間欠泉のような不規則な吹き上げ現象で知られているが，物理・数理系においても流体乱流などをはじめ多くの非線形・散逸力学系に見られる．静かで秩序だった状態**ラミナー相**（laminar phase）が続いた後，突然激しく乱れた状態**バースト相**（burst phase）が短時間続いて再びラミナー相に戻る．これが不規則に繰り返す．少数自由度のカオス系では，はじめポモーとマンネヴィルによる3つのタイプ，タイプⅠ，Ⅱ，Ⅲの間欠性（ポモー他著『カオスの中の秩序』産業図書（相沢洋二訳），H. G. Schuster著『Deterministic Chaos』VCH, Weinheimを参照）が見いだされた．一方，これらの間欠性とは現象が生じる力学的状況やいくつかの統計的性質に於いて異なった特徴を持つ新しい間欠性が藤坂博一氏と山田知司氏によって次の結合写像カオス系[5]

$$x_{n+1} = f(x_n) + \xi\{f(y_n) - f(x_n)\}$$
$$y_{n+1} = f(y_n) + \xi\{f(x_n) - f(y_n)\}$$
(3-7-8)

などで見いだされ，当初は「タイプBの間欠性」，あるいは「カオス変調によって引き起こされる間欠性」と表現された．その後 N. Plattらによって**オン・オフ間欠性**[6]と呼ばれるようになりこの呼称が広く使用されるよう

になった．

オン・オフ間欠性はリドルベイスンが生じるのと同じ力学的な状況，すなわち滑らかな部分位相空間N上にカオスアトラクターAが存在している状況の下で，垂直リアプノフ指数$L_\perp$が僅かに正値を取るとき生じうる．例えば次の系[2]

$$x_{n+1} = ax_n(1-x_n-cy_n)$$
$$y_{n+1} = bx_n y_n(1-y_n)$$
(3-7-9)

は，$a=4$，$c=1$（またはその近傍のパラメーター値）の場合には$L_\perp<0$となるbの値に対して第1象限内に周期軌道からカオスへと発展するアトラクターBが存在し（例えば$b=1.873$ではリドル崩壊直前の4個の島からなるカオスアトラクターが存在する），N上のアトラクターAのベイスンはリドルになっている．また$c=0$としたモデルは，aが4に近い値の場合（例えば$a=3.999$），$L_\perp$が僅かに正値を取るとき（bが$L_\perp=0$となる閾値$b_c=3.360$より少し大きい値のとき）オン・オフ間欠性を示すことが藤坂氏らによって示されている[7]．

系（3-7-8）では，xとyがカオス同期状態にあるとき，すなわち直線$y=x$が部分位相空間Nに相当する．初期条件がNより少しだけずれると，カオスの初期値に対する鋭敏な依存性により，ξが0かあるいは十分小さい間はxとyは次第にそのずれを広げていく．一方，ξが大きいとxとyの差を埋めるように働くので同期化傾向が強くなる．こうして，$r=x-y$（または$r=|x-y|$）に対して$L_\perp$を定義できて，ξのある閾値ξ_cを境に$\xi<\xi_c$で$L_\perp>0$，$\xi>\xi_c$で$L_\perp<0$となる．$L_\perp$が僅かに正値を取るとき，rの動きはオン・オフ間欠性を示すことが示されている．（詳しくは，藤坂他：日本物理学会誌51（1996）813，藤坂：応用数理9（1999）28を参照されたい．）

ここで，系（3-7-9）について$c=0$の場合について，yの振る舞いと，いくつかの統計的性質について見てみよう．パラメーターaを$a=3.999$とすると，$b>b_c=3.360$で$L_\perp>0$となることが分かっている．以下，$b=3.428$とする．まず，初期値を発散しないように$0<x<1$，$0<y<1$の範囲で適当に選んで軌道のy成分および$\log y$（常用対数）の動きについて観察してみ

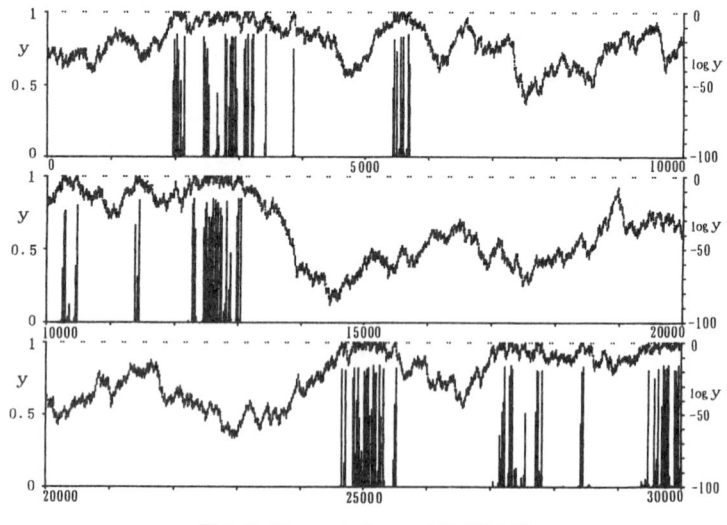

図 3.7.12 y_n と $\log y_n$ の時間発展.

る．図 3.7.12 は x について乱数発生で定めた初期点 $(0.663\cdots, 10^{-10})$ から 10^4 ステップの繰り返し計算の後 3×10^4 ステップを続けて描いている．図は y について $0 \leq y \leq 1$ と，$\log y$ について $-100 \leq \log y \leq 0$ の範囲内の運動を重ねて描いている．y の動きを見ると，時間的にスパイク状のバースト（オン状態）と，比較的長い時間間隔のラミナー（オフ状態）が不規則に繰り返している．しかしこれを $\log y$（$=\xi$ とする）について見ると，$\xi=0$ を反射壁（急な斜面と絶壁）とし，ξ が負の側に片側無限大の1次元空間におけるランダム・ウオーク（この場合正の向きに微風が吹いている）のような動きになっている．実際長時間観察していると，y の値はいずれ計算の精度を越えてゼロに近づき '$y=0$' を告げてしまう．また，長時間にわたる y の分布 $P(y)$ はほぼ $P(y) \propto y^{-1}$ ($\propto y^{-1+\theta}$ としたとき，θ はほとんど0に近い正値）となり，これを ξ について見ると $P(\xi)$ は広い範囲にわたってほぼ一定か，ξ の減少とともになだらかに減少する．このことは，$\log y$ の図からもうかがえるように ξ の変動が自己相似性を持つことを示唆する．

また，$y(t)$ （ここで t は写像のステップ n を時間 t と考える）を十分長

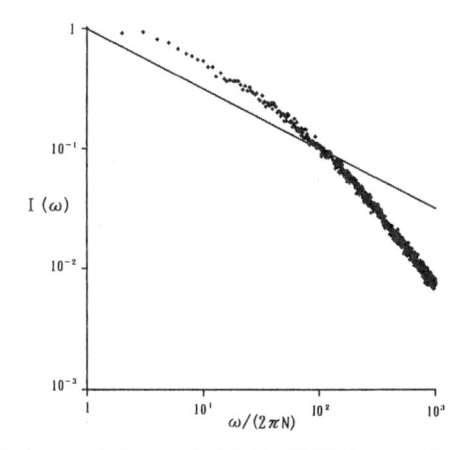

図 3.7.13　パワースペクトル．$I(\omega)$ は低周波数域で $\omega^{-1/2}$ 則を示している．

いステップ観測してそのスペクトル強度 $I(\omega)$ を見ると図 3.7.13 に見られるように低周波数域で

$$I(\omega) \propto \omega^{-1/2}$$

の依存性[5]があることが分かっている．図は300個のランダムに選んだ初期値に対してそれぞれ1000ステップの初期計算の後，2^{13} ステップ長について高速フーリエ変換（FFT）で得たパワースペクトルの値を平均したものを示す．計算は28桁の精度で行った．縦軸，横軸ともそれぞれ対数軸で表してある．（この節の図は計算精度が大きく取れ，配列もたくさん取れる木田祐司氏ののUBASICで行っている．UBASICはインターネットの木田祐司氏のホームページから無償でダウンロードできるで，Yahooなどで検索してアクセスするとよい．FFT 計算のプログラムは List_16 に示す．サンプル長 $N=10^z$ の z は $z \leq 13$ とする．FFTのアルゴリズムに関しては安居院猛著「FFTの使い方」広済堂産報出版を参照）$I(\omega)$ の $\omega^{-1/2}$ 依存性はパラメーターが $L_\perp = 0$ となる閾値に近いほど高周波数域へ広がる．ただし，y も 0 へ接近しやすくなるので計算精度を相当上げないとすぐに '$y=0$' を告げるので観測が困難になる．以上の性質は x が決定論的カオスに従うとする代わりに，ガウス型ホワイトノイズモデルで Fokker-Planck 方程式を立てて解いても同様の結果が示されることが藤坂・山田によって示されている．

（藤坂氏の上記文献を参照）

オン・オフ間欠性の統計的性質としてこの他に，ラミナーの継続時間 τ の分布 $\rho(\tau)$ と，平均継続時間 $\bar{\tau}$ が漸近的に

$$\rho(\tau)=\tau^{-3/2}, \quad \bar{\tau}=\varepsilon^{-1}$$

となることが示されている（藤坂氏の上記文献を参照）．ただし，ε はコントロールパラメーター（系 (3-7-6) の場合 b）の $L_\perp=0$ となる転移点からのずれである．これらについて計算で調べることは省略するが FFT の計算より易しい．$\rho(\tau)$ は，ラミナー継続時間を y の値がある十分小さな値 y^*（この値は 0.0001 などと適当に小さく取ればよい）より小さい状態を継続する時間（ステップ）としてその分布を計算し対数スケールでグラフにすると，$\tau^{-3/2}$ 則を見ることができる．

上に見たように，オン・オフ間欠性とリドルベイスンはどちらも部分位相空間 N 内にカオスアトラクター A が存在するような力学系で生じる．前者は $L_\perp>0$ で，後者は $L_\perp<0$ で生じる．E. Ott と J. C. Sommerer は，前者の場合は分岐が hysteretic（A のベイスンに属する集合に対して選択的に）に起こり，後者の場合は A の近傍のすべての点の集合に対して nonhysteretic な分岐として生じると考えた．またどちらの場合も多様体 N からの'軌道の吹き上げ (blown out)' 現象を伴っているので，彼らはこの二つのタイプの分岐を総称して blowout bifurcations[8] と呼んでいる．ただし，どちらかが必ず生じるということにはならない．$L_\perp<0$ でリドルベイスンを生じない場合でも，$L_\perp>0$ の側で上に述べた統計的性質を全ては示さないような，いわば半オン・オフ間欠性を示す場合や，ほとんど間欠的とは言えないような場合もある．また，$L_\perp<0$ でリドルベイスンを生じる hysteretic な分岐の場合でも，$L_\perp>0$ の側で過渡的であるにせよオン・オフ（あるいはそれに近い）間欠性を示す場合も否定できないと考えられる．

参考文献

(1) J. C. alexander, J. A. Yorke, Z. You and I. Kan ; Int. J. Bif. Chaos **2** (1992) 795.
(2) S. Hayama ; Prog. Theor. Phys. **101** (1999) 519.

(3) S. Hayama ; Prog. Theor. Phys. **103** (2000) 489.
(4) J. Kennedy and J. A. Yorke ; Physica D **51** (1991) 213.
(5) H. Fujisaka and T. Yamada ; Prog. Theor. Phys. **74** (1985) 918, **75** (1986) 1087.
(6) N. Platt, E. A. Spiegel and C. Tresser ; Phys. Rev. Lett. **70** (1993) 279.
(7) H. Fujisaka, H. Ishii, M. Inoue and T. Yamada ; Prog. Theor. Phys. **76** (1986) 1198.
(8) E. Ott and J. C. Sommerer ; Phys. Lett. A **188** (1994) 39.

4 補　章

4.1　不動点定理とその応用

4.1.1　不動点定理とその応用

　この節では，カオス研究のルーツの一つであるリー・ヨークの定理（T1.の部分）や，シャルコフスキーの定理など，周期解の存在に関する定理が写像における不動点定理を用いて証明されることを示す．これらの定理の証明には集合や写像についての基礎的知識があればよい．

　最初に，証明をしたい定理を3つあげておこう．

　定理A． $f: R \to R$ は連続とする．f が次のようなタイプの n 周期点 $\{x_k : k=1, 2, \cdots, n\}$ を持つとする（図4.1.1）．すなわち，

$$x_{k+1} = f(x_k), \quad k=1, 2, \cdots, n-1$$
$$\text{および} \quad x_1 = f(x_n)$$

として，

$$x_{k+1} > x_k \quad (k=1, 2, \cdots, n-1)$$

このとき f は $n-1$ 以下の同じタイプのすべての周期点を持つ．

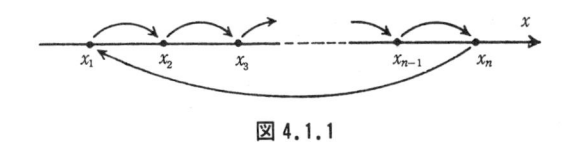

図 4.1.1

　定理B．（リー・ヨークの定理の前半部）

　J を区間として，$f: J \to R$ は連続とする．$d, a, b, c \in J$ が $b=f(a)$，$c=f(b)$，$d=f(c)$ で，

図 4.1.2

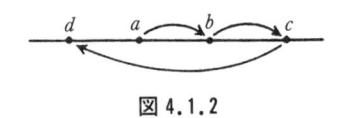

$$d \leq a < b < c$$

を満たすように取れるとき（図4.1.2），f はあらゆる周期の周期点を持つ．

定理Aと，定理Bを併せて考えると，f が定理Aにあるようなタイプの周期点を持てば，例えば4周期であっても，すべての周期の周期点が存在することになる．

定理C　シャルコフスキーの定理

まず，次の自然数の列をシャルコフスキー列（あるいはシャルコフスキーの順序）という．

$\qquad 3 > 5 > 7 > \cdots$（奇数の$\infty$）

$\qquad > 2\cdot 3 > 2\cdot 5 > 2\cdot 7 > \cdots$（$2\times$奇数の$\infty$）

$\qquad > 2^2\cdot 3 > 2^2\cdot 5 > 2^2\cdot 7 > \cdots$（$2^2\times$奇数の$\infty$）

$\qquad\qquad$（以下同様に2^mの指数 m を1づつ増やしながら繰り返す）

$\qquad > \cdots (2^\infty \times$奇数の$\infty)$

$\qquad > 2^\infty \cdots > 2^m > 2^{m-1} > \cdots > 8 > 4 > 2 > 1$

さて，写像 $f: R \to R$ は連続とする．f が n 周期点を持てば，シャルコフスキー列において $n > k$ であるすべての数 k（n より右のすべての数）に対して，f は k 周期点を持つ．

（注．シャルコフスキー列は全ての自然数を網羅している．）

では，以上の定理を証明するのに用いる不動点定理（定理1），およびそれをサポートする定理（定理2）を述べよう．

定理1　不動点定理（1次元）

R を実数の集合として，写像 $f: R \to R$ は連続とする．f が，区間 $I \subset R$ に対して

$\qquad\qquad$① $f(I) \subset I$ 　または　② $f(I) \supset I$

のいずれを満たす場合であっても，f は I の中に不動点を持つ．すなわち

$$f(x) = x$$

を満たす点 x が I 内に少なくとも1つ存在する．

ここで，$f(I)$ というのは実数軸上の区間 I（両端を含む閉区間）が写像 f によって写された像のことで，f が実数軸上で連続であるという仮定から $f(I)$ も実数軸上のある区間になる．

定理2 区間列 $I_0, I_1, \cdots, I_n$ に対して，
$$f(I_k) \supset I_{k+1} \quad (k=0, 1, \cdots, n-1)$$
とする．このことを $I_k \to I_{k+1}$ と表す．このとき次の条件を満たす区間 J_0 が I_0 内に取れる（一通りとは限らない）．すなわち
$$f^k(J_0) \equiv J_k \subset I_k \quad (0 \leq k \leq n-1)$$
$$f^n(J_0) = I_n$$
ではまず初めに定理1と定理2を証明する．

【定理1の証明】

中間値の定理を用いる．中間値の定理というのは，

『f は区間 I で連続とする．任意の $a, b \in I$ に対して $f(a) \neq f(b)$ なら，$f(a)$ と $f(b)$ の中間にある任意の値 μ に対して，$f(c) = \mu$ となる c が区間 $[a, b]$ 内に取れる．』

というものである．これについては，厳密な証明ではないがグラフを書いて考えれば明らかである．x を a から b まで連続的に動かすとき，$f(x)$ はやはり連続的に値が変化するので，$f(x)$ は途中でどうしても値 μ を取らなけ

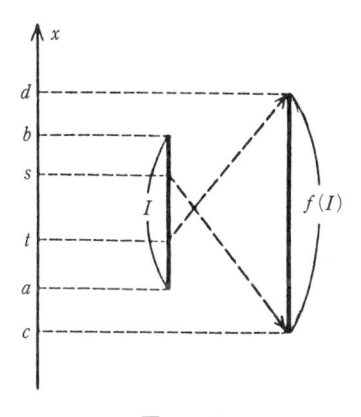

図 4.1.3

(a)　　　　　　　　　　　(b)

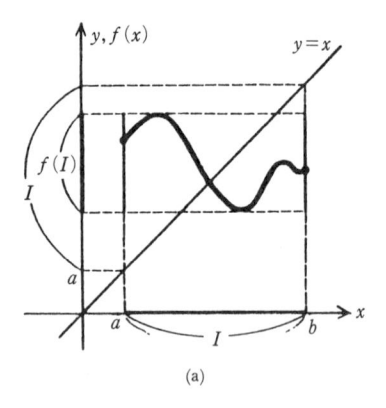

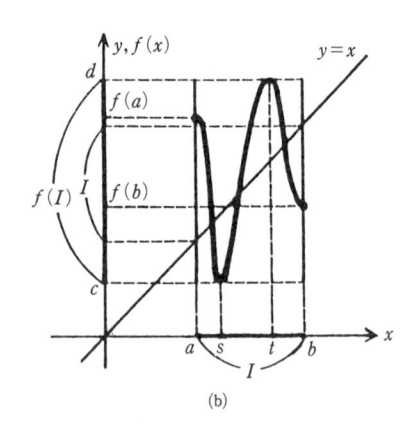

図 4.1.4

ればならないであろう．

さて，まず②$f(I) \supset I$ の場合を考えてみよう．図 4.1.3 を見ていただきたい．$I=[a,b]$, $f(I)=[c,d]$ とすると，$f(s)=c$ となる点 s が区間 I の中に存在する．同様に $f(t)=d$ となる点 t が区間 I の中に存在する．このとき $c \leqq a \leqq s$, $t \leqq b \leqq d$ である．そこで
$$g(x)=f(x)-x$$
とおくと，
$$g(s)=c-s \leqq 0, \quad g(t)=d-t \geqq 0$$
である．したがって，$g(x)$ に対して中間値の定理を適用することにより，区間 $[t,s]$ (または $[s,t]$) 内に点 p が取れて $g(p)=0$ とできる．すなわち $f(p)=p$ となる点 p が存在する．($g(s)$ または $g(t)$ の少なくとも一方が 0 の場合は，既にそうなる s または t が不動点になる．)
① $f(I) \subset I$ の場合については読者に委ねる． (証明終わり)

ところでこの定理もグラフを使えば解りよい．$f(I) \subset I$ の場合，$f(x)$ は I 上で連続であるので，図 4.1.4(a) において点 $(a, f(a))$ から点 $(b, f(b))$ までの f のグラフは必ず直線 $y=x$ と交わらなければならない．ところがこの交点は f の不動点である．$f(I) \supset I$ の場合も同様に図 4.1.5(b) を見れば了解できる．この場合は，$f(s)=c$, $f(t)=d$ となる s, t が I 内にあ

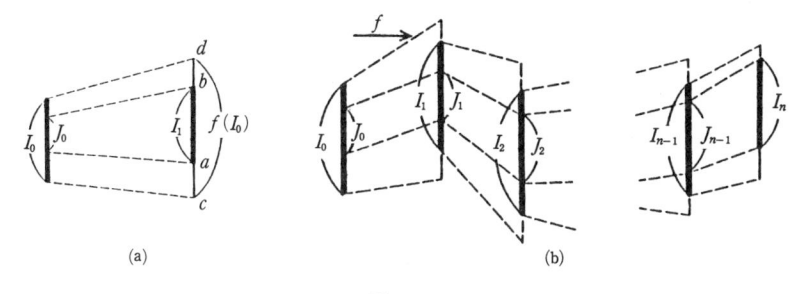

図 4.1.5

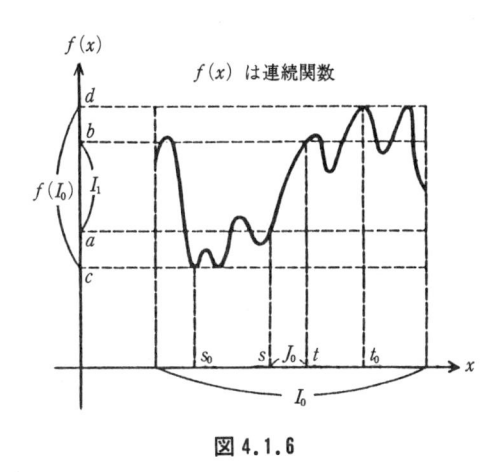

図 4.1.6

るので，点 (s, c) と点 (t, d) を結ぶ f のグラフはやはり $y=x$ と少なくとも 1 点で交わる．

【定理 2 の証明】

図 4.1.5 (a), (b) が定理 2 を図解的に表している．まず $n=1$ の場合を考えよう．図 4.1.6 を見ていただきたい．

$$I_1=[a, b], \quad f(I_0)=[c, d]$$

とする．仮定より $[c, d] \supset [a, b]$ である．$f(x)=c$ となる一つの点を I_0 内に選んで s_0 とする．また $f(x)=d$ となる x で，s_0 に一番近いものを t_0 とする．t_0 はいま仮に s_0 より右にあるとしよう（左の場合も以下同様である）．中間値の定理より，区間 $[s_0, t_0]$ 内に $f(x)=a$ となる x が少なくとも 1 個

は存在する．その一番 t_0 寄りを s とする．再び中間値の定理により，$[s, t_0]$ 内に $f(x)=b$ となる x が少なくとも 1 個は存在する．その一番 s 寄りを t としよう．すると区間 $[s,t]$ は $f([s,t])=I_1$ を満たしている．この $[s,t]$ は定理 2 にある J_0 である．

$n \geq 2$ の場合は，合成写像 f^k に対して $n=1$ の場合については証明したこの定理を使う．まず $f^{n-k}(I_k) \supset I_n$ が言える．なぜなら，$f(I_k) \supset I_{k+1}$ より
$$f(f(I_k)) \supset f(I_{k+1}) \supset I_{k+2}$$
であるから，これを繰り返し使うと，
$$f^{n-k}(I_k) \supset \cdots \supset f(I_{n-1}) \supset I_n$$
が言える．したがって，$f^{n-k}(J_k)=I_n$ となる J_k が I_k 内に取れることになる．このような J_k のうち，
$$f(J_k)=J_{k+1}, \quad J_n=I_n, \quad (k=n-1, n-2, \cdots, 1, 0)$$
となる J_k のシリーズを選べば（それは，$n=1$ については証明したこの定理より可能だということがお分かりであろう），それは我々が目指すものになっている． (証明終り)

ではいよいよ定理 A，B，C の証明に移ろう．

【定理 A．の証明】

f は，定理 A の仮定を満たす $n+1$ 周期点を持つとする．
そこで区間列 $I_0, I_1, \cdots, I_n$ を
$$I_0=[x_1, x_2], \quad I_1=[x_2, x_3], \quad \cdots, \quad I_{n-1}=[x_n, x_{n+1}], \quad I_n=I_0$$
と取ることにする．これを図解的に表せば図 4.1.7 のようになる．

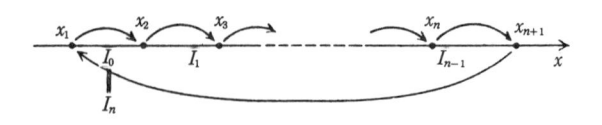

図 4.1.7

すると $I_0, I_1, \cdots, I_{n-1}$，及び $I_n=I_0$ に対して，定理 2 の条件が満たされているので（すなわち，$I_0 \to I_1 \to \cdots \to I_{n-1} \to I_n$），$I_0$ の中に定理 2 に言う J_0 が取れて，$f^n(J_0)=I_n=I_0 \supset J_0$，$f^k(J_0)=J_k \subset I_k, (k<n)$ となる．したがって J_0 は定理 1 の I に相当している．よって f^n は J_0 内に少なくとも 1 つの不動点を

持つ．その点の1つを p とすると，$f^n(p)=p$ である．$p\in J_0$, $f^k(J_0)=J_k$ より，$f^k(p)\in J_k\subset I_k$, すなわち $p, f(p), f^2(p), \cdots, f^{n-1}(p)$ は望まれた n 周期点なっている．$n-1$ 以下の周期について，例えば $n-j$ 周期については $I_j\to I_{j+1}\to\cdots\to I_{n-1}\to I_j$ を考えれば同様にできる．これで証明できた．

(注) このタイプの周期点はロジスティック写像などに代表される単峰写像の分岐において一番最後に現れるものであった．

【定理B．の証明】

任意の自然数を n として，
$$I_0=I_1=\cdots=I_{n-2}=[b, c],\ I_{n-1}=[a, b],\ I_n=[b, c]$$
とする．
$$f([a, b])\supset[b, c], f([b, c])\supset[d, c]\supset[a, b]\cup[b, c]$$
であるから，
$$f(I_k)\supset I_{k+1}\quad (k=0, 1, \cdots, n-1)$$
である．したがって $\{I_k : k=0, 1, \cdots, n\}$ は定理2の条件を満たしている．よって定理2でいう J_0 が I_0 の中に取れて
$$f^n(J_0)=I_n=I_0\supset J_0$$
とできるので，定理1によって f^n は J_0 内に少なくとも1つの不動点を持つ．その点の1つを p としよう．すると，
$$f^k(p)\in J_k\subset I_k\quad (k=0, 1, \cdots, n)$$
であることと，$\{I_k : k=0, 1, \cdots, n\}$ の構成の仕方から（I_{n-1} だけが他の区間とは異なるように取ってあることに注意），p は f の不動点ではないし，n 以下の周期点でもない．よって p は f の n 周期点である．　　証明終り

(注) この場合，周期点の全てのタイプの存在が保証されているわけではないことを注意しておく．例えば，定理Aにあるタイプは存在するとは限らない．

4.1.2 シャルコフスキーの定理の証明

シャルコフスキーの定理（定理C）を証明する前に少しだけ前置きをする．この定理は周期解共存定理とも言われ，ウクライナ大学のシャルコフスキーによって1964年に発表されていたが，1975年にリー・ヨークの定理が発表さ

れて以後広く知られるようになった．シャルコフスキーの定理は，実数の区間から区間への写像 f において連続性のみを仮定する．このとき, n をある自然数として f が n 周期点を持てば, f はシャルコフスキーの数列において n より右にある数のすべての数 k について k 周期点を持つ, ということを定理は主張する．

ところで定理Bは $a=b$ とすれば，条件は $f(a)=b$, $f(b)=c$, $f(c)=a$ となるので，'f が3周期点を持てば, すべての自然数 k について f は k 周期点を持つ' となる．確かに，シャルコフスキーの数列で, 3より右に並んでいる数は全ての自然数を網羅している．したがってシャルコフスキーの定理は周期解の存在に関してはリー・ヨークの定理（の前半部）を含んでもっと深い内容を表現しているといえる．

定理の証明には定理1とそれをサポートする定理2だけが必要である．証明は，シャルコフスキーの数列において n が偶数（$n=2^m \cdot p$, p は奇数）の場合と, n が奇数の場合とに分けて行なう. n が偶数の場合の証明は筆者によるものであり, 奇数の場合の証明は Block, Guckenheimer, Misiurewicz, Young らによる方法である（デバネーの著書[1]にも紹介されている）．

《n が偶数の場合》

m を自然数, p を奇数として, すべての偶数は $n=2^m \cdot p$ と表される. 証明は次のように逐次的に行なう. つまり, シャルコフスキーの数列において右から順に押えていく.

1) f が2周期点を持てば f は不動点を持つ．
2) f が4周期点を持てば f は2周期点を持つ．
3) f が 2^m 周期点を持てば f は 2^{m-1} 周期点を持つ

　　したがって帰納法的に, $m>k \geqq 1$ のすべての自然数 k に対して f は 2^k 周期点を持つ．

4) f が $n=2^m \cdot p$（p は3以上の奇数とする）周期点を持てば, シャルコフスキー列において $n>k$ であるすべての自然数 k に対して f は k 周期点を持つ．

1) f が2周期点を持てば f は不動点を持つことの証明

定理1から明らかである．

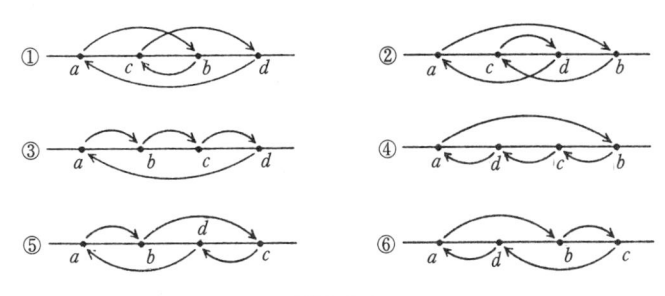

図 4.1.8

2) f が 4 周期点をてば f は 2 周期点を持つことの証明.

f の 4 つの周期点を a, $b=f(a)$, $c=f(b)$, $d=f(c)$, そして $a=f(d)$ とする. この場合のタイプとして図 4.1.8 の 6 つの場合が考えられる.

図①と図②, および図③と図④はそれぞれ x 軸を左右にひっくり返すと同じになるので, 結局 ①, ③, ⑤, ⑥ を考えればよいことになる. それぞれについて調べてみよう.

①のタイプの場合: $I_0=[a,c]$, $I_1=[b,d]$, $I_2=I_0$ とする.
$$f(I_0) \supset I_1, \quad f(I_1) \supset I_2$$
であるので定理 2 により J_0 が取れて (すなわち, $f^2(J_0)=I_2=I_0 \supset J_0$), 定理 1 より f^2 は J_0 内に不動点を持つ. これは f の素周期 2 (素周期とは周期点がすべて互いに異なる点からなる場合をいう. 以下特に問題にならない場合, 周期点は素周期である場合をいう.) の 2 周期点の一つであることは明白である. なぜなら, その点を p とすると $p \in J_0$ であるが, $q=f(p)$ は I_1 にあるから J_0 には無い, すなわち p は f の不動点ではない.

③のタイプの場合: $I_0=[c,d]$, $I_1=[b,c]$, $I_2=I_0$ とすれば同様にでる.
⑤のタイプの場合: $I_0=[a,b]$, $I_1=[d,c]$, $I_2=I_0$ とすれば同様にできる.
⑥のタイプの場合: $I_0=[a,d]$, $I_1=[d,b]$, $I_2=I_0$ とすれば同様にできる.
これで 2) が証明された.

3) f が 2^m 周期点を持てば 2^{m-1} 周期点を持つことの証明.

これはもう 2) と同じようにはやっていられない. そこで 2) を使って帰納法的にやろう. まず, f が 2^m 周期点を持つので $f^{2^{m-2}}$ は 4 周期点を持つ.

（一般に, f が $k \times s$ 周期点を持てば f^k は s 周期点を持つ.）よって 2) から, $f^{2^{m-2}}$ は素周期 2 の 2 周期点を持つ. すなわち $f^{2^{m-1}}$ は不動点を持つ.

そこで, この不動点が f の素周期 2^{m-1} の周期点の一つであることを示すことができれば解決ということになる. やってみよう. そこでこの不動点の一つを x_1 とすると, f の周期点は

$$x_{i+1} = f(x_i) \quad (i = 1, 2, \cdots, 2^{m-1}-1)$$

および　　$x_1 = f(x_{2^{m-1}})$

によって与えられる点列になるはずである. もしもこの点列が 2^{m-1} より小さいある素周期 p の周期点であるとすると, i の途中, $i = p+1$ において $x_{p+1} = x_1$ となるので, 2^{m-1} は p で割り切れなければならない. すなわち p は 2^{m-1} のこれより小さい約数である. したがって p は, k を $0 \leq k \leq m-2$ のある整数として, $p = 2^k$ と表される数である. そこで $2^{m-2} = p \times s$ としよう. 仮定より $f^p(x_1) = x_1$ したがって

$$f^{2^{m-2}}(x_1) = f^{p \cdot s}(x_1) = (f^p)^s(x_1) = x_1$$

となる. すなわち, x_1 は $f^{2^{m-2}}$ の不動点である. これは矛盾！ したがって x_1 は f の素周期 2^{m-1} の周期点の一つでなければならない.

これで, f が 2^m 周期点を持てば f は 2^{m-1} 周期点を持つことが証明された. こうして帰納法的に, $k < m$ のすべての自然数 k に対して f は 2^k 周期点を持つことが証明された.

4) f が $n = 2^m \cdot p$（p は 3 以上の奇数とする）周期点を持てば, シャルコフスキー列において $n > k$ であるすべての数 k に対して f は k 周期点を持つことの証明.

この証明には, 'f が奇数 p 周期を持てばシャルコフスキー列において $p > q$ であるすべての数 q に対して f は q 周期点を持つ' という, これから証明しなければならない定理の部分を用いなければならない. したがって, 順序からすれば一番最後になるのであるが, 一応それは成り立つものと仮定して証明を進める.

さて, f が $2^m \cdot p$ 周期を持てば, シャルコフスキー列において $p > q$ であるすべての数 q に対して f が $2^m \cdot q$ 周期を持つことが証明できれば良いことになる. f が 2^{m-1} 以下の 2 のべき乗の周期を持つことについては, f が 2^m

周期を持つことになるので証明は 3) に帰着される.

証明はまず,

① f が $2 \cdot p$ 周期を持てば, シャルコフスキー列で $p>q$ であるすべての数 q に対して f は $2 \cdot q$ 周期を持つことを示し, 次いで,

② k をある正の整数として f が $2^k \cdot p$ 周期を持てばシャルコフスキー列で $p>q$ であるすべての数 q に対して f は $2^k \cdot q$ 周期を持つことを仮定すれば, f が $2^{k+1} \cdot p$ 周期を持てば f は $2^{k+1} \cdot q$ 周期を持つことを証明する. すると, ①, ②から数学的帰納法により 4) が証明されたことになる.

ではまず①を証明しよう. 仮定により, f^2 は p 周期を持つ. このとき, p は 3 以上の奇数なので, 仮定によりシャルコフスキー列で $p>q$ である任意の数 q に対して f^2 は q 周期点を持つ. その点の一つを x とする. このとき x は f の $2q$ 周期点の一つか, または q 周期点の一つのどちらかである. このことはほとんど自明であるが, 次のようにして背理法で示される. まず点 x は f の $2q$ より大きい周期点にも, q より小さい周期点にもなり得ないから, もしも $t=q+s$, $1 \leqq s < q$ であるようなある t 周期点であるとすると,
$$f^{q+s}(x)=f^t(x)=x,$$
$$\therefore f^{2s}(x)=f^{2q+2s}(x)=f^{2t}(x)=x$$
したがって, $2s$ は t の整数倍でなければならない. よって, j をある整数 ($j \geqq 1$) として
$$2s=t \cdot j=(q+s)j>2s \cdot j$$
ということになる. これは矛盾! よって $t=q+s$ となるような周期 t はない.

さて, まず x が f の $2q$ 周期点である場合は既に満たされている. x が f の q 周期点である場合, さらに

イ) q が偶数の場合

ロ) q が奇数の場合

に分けて考察しよう.

イ) q が偶数の場合, x は f の q 周期点にはなり得ないことが次のようにしてわかる. j を自然数として $q=2j$ とおこう. すると
$$f^{2j}(x)=x$$

$$\therefore \quad (f^2)^j(x) = x$$

ところが $j = q/2$. これは x が f^2 の q 周期点であって q 未満の周期の周期点ではないことに反する．よって q が偶数の場合は x は f の q 周期点にはなり得ない．

ロ) q が奇数の場合，f が q 周期点を持てばこの後証明をするシャルコフスキーの定理によりシャルコフスキー列において $q > 2q$ なので，f は $2q$ 周期点を持つことが言える．

これで①は証明できた．

では次に②を証明する．ある正の整数 k に対して，f が $2^k \cdot p$ 周期を持てば，シャルコフスキー列において $p > q$ であるすべての数 q に対して f は $2^k \cdot q$ 周期点を持つと仮定しよう．すると，f が $2^{k+1} \cdot p$ 周期を持てば f^2 は $2^k \cdot q$ 周期を持つので，上の仮定により f^2 はシャルコフスキー列で $p > q$ である任意の数 q に対して，$2^k \cdot q$ 周期を持つことになる．（f と f^2 は異なる関数であるが，f の関数形は連続の仮定以外は何も制限はないので，仮に $g = f^2$ とすれば g はやはり連続であるのでこの議論が成り立つ．）

するとこの周期点の1つを x とすると，x は f の $2^{k+1} \cdot q$ 周期点かまたは $2^k \cdot q$ 周期点でなければならない．このことは①で行なったのと全く同じようにして示されるので今度は読者自身で確かめてみられたい．

さて，実は x は $2^k \cdot q$ 周期点ではあり得ないことがすぐわかる．もしそうだとすれば

$$f^{2^k \cdot q}(x) = x$$
$$\therefore \quad (f^2)^{2^{k-1} \cdot q}(x) = x$$

ところが x は f^2 の $2^k \cdot q$ 周期点であってそれ以下の周期点ではなかった．すなわち矛盾である．したがって，x は f の $2^{k+1} \cdot q$ 周期点でなければならない．

したがって①，②より数学的帰納法から 4) が証明された．

ところで，f が $2^m \cdot p$ 周期を持てば f^{2^m} は p 周期を持つので，シャルコフスキー列において $p > q$ である全ての数 q に対して f^{2^m} は q 周期を持つことから，f は結局 $2^m \cdot q$ 周期を持つことになることを示すこともできる．

《n が奇数の場合》

図 4.1.9

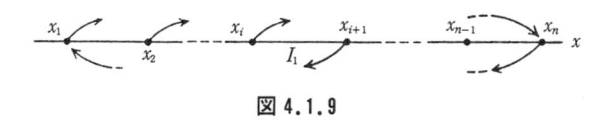

まず，n を 3 以上の奇数として，f は周期 n の周期点を持ち，n より小さい奇数の周期の周期点を持たないと仮定する．f の n 個の周期点を図 4.1.9 のように実数軸上に左から $x_1, x_2, \cdots, x_n$ と順に並べることにしよう．（注．この場合，$x_{j+1} = f(x_j)$ ではない．）

そこでいま，$f(x_i) > x_i$ となる最大の x_i を選んでその点を x_i とする．すると x_i より右側の点は f によってすべて自分自身より左側へ写る点になっている．したがって $f(x_{i+1}) \leq x_i$ より，区間 $[x_i, x_{i+1}]$ を I_1 とすると，$f(I_1) \supset I_1$ である．仮定により，$f(x_i) = x_{i+1}$ 且つ $f(x_{i+1}) = x_i$ とはならないから，$f(I_1)$ は I_1 以外に $[x_j, x_{j+1}]$ の型の区間を少なくとも 1 つは含む．その 1 つを選んで I_2 とする．$f(I_1) \supset I_2$ である．これを続けて行って，$f(I_j) \supset I_{j+1}$ となるように $I_1, I_2, \cdots, I_m$ を選ぶ．n は奇数であるので，I_1 の右側または左側についてそのどちらか一方の側に他方の側より x_j が多くあり，両片側とも $f(x_j)$ が全部側を変えるかまたは全部同じ側に写るということはないはずである．したがって，少なくともどちらかの側で，ある x_j は側を変えある x_j は側を変えないということになっているはずである．よってそのような相隣る x_j, x_{j+1} の区間 $[x_j, x_{j+1}]$ を I_m とすると，$F(I_m) \supset I_1$ となっている．こうして，定理 2 で決めた表現法で区間の列

$$I_1 \to I_2 \to \cdots \to I_m \to I_1 \qquad (*)$$

が得られる．

さて，$I_1 \to I_1$ は言え，これは f の不動点を与えるが，これ以外にこの列が最短になるように m を選ぶことにしよう．実はそのとき，$m = n-1$ となることが次のようにして示される．まず，周期点 x_j の点の数は n 個なので，区間の数は全部で $(n-1)$ 個である．よって，$m \leq n-1$ である．もし仮に $m \leq n-2$ としよう．すると

$$I_1 \to I_2 \to \cdots \to I_m \to I_1,$$

または

$$I_1 \to I_2 \to \cdots \to I_m \to I_1 \to I_1$$

のどちらかは q を n より小さい奇数として，定理 1，2 により f^q の不動点を与えることになる．（もし m が奇数なら前者の列をとり $q=m$ とし，m が偶数なら後者の列をとり $q=m+1$ とする．）$I_1 \cap I_2$ のただ 1 つの点は既に q より大きい周期 n の点を与えた．したがって，この f^q の不動点は f の q 周期点である．ところが仮定では，n は f が持つ奇数周期としては最小のものであった．これは矛盾！ よって $m \leq n-2$ ではない．すなわち $m = n-1$ でなければならない．

さてこの場合，点 x_i から出発した軌道は，

$$x_i \to x_{i+1} \to x_{i-1} \to x_{i+2} \to \cdots \to x_n \to x_1 \to x_i \qquad (**)$$

という順序（及びその鏡像）で訪れなければならないことになる．これを図示すれば図 4.1.10 のようになる．

なぜかというと，$m=n-1$ は (*) 式ができる最小の整数であったが，もし (**) 式以外の軌道を考えると，途中の区間を飛ばす，図 4.1.10 より短いコースができるからである（図を書いて調べればわかる）．

これで準備は整った．図 4.1.10 をもう一度見てみよう．I_j で j が奇数のものはすべて I_1 の右側にある．これらはすべて $f(I_{n-1})$ に含まれている．したがって，$I_{n-1} \to I_j \to I_{j+1} \to \cdots \to I_{n-1}$ の短縮サイクルが成立して，これらはすべて n より小さい偶数の周期を与える．例えば，$I_{n-1} \to I_{n-2} \to I_{n-1}$ は 2 周期，$I_{n-1} \to I_1 \to I_2 \to \cdots \to I_{n-1}$ は $n-1$ 周期などである．

最後に，n より大きい周期は $I_1 \to I_2 \to \cdots \to I_{n-1} \to I_1 \to I_1 \to \cdots \to I_1$ などで与えられる．

これで，f が奇数 n 周期を持てば，f は n より大きいすべての整数の周

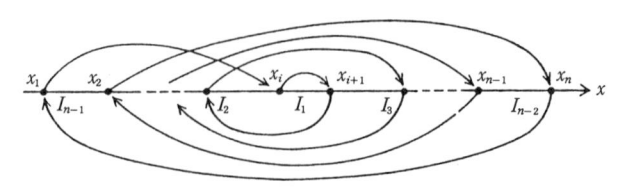

図 4.1.10

期と n より小さいすべての偶数の周期の周期点を持つことが示された．
(シャルコフスキーの定理の証明終わり．)

定理の証明の中で，初めて現われる奇数 n 周期のタイプは図 4.1.10 であることが明らかになった．このことから，写像 F が任意の奇数周期を持てば（したがって，$2^n\times$奇数についても），F はすでに非周期軌道の存在を許すことが証明される（以下の註に証明）．

註． 任意の奇数 n 周期は，最初図 4.1.10 のタイプとして現れるので，このタイプについて非周期軌道が存在することを示す．

まず，図 4.1.10 を見て以下のこと（部分推移）が確認できる．

$$f[I_1]\supset I_1\cup I_2$$
$$f[I_2]\supset I_3$$
$$f[I_3]\supset I_4$$
$$\cdots\cdots\cdots$$
$$f[I_{n-2}]\supset I_{n-1}$$
$$f[I_{n-1}]\supset I_1\cup I_3\cup I_5\cup\cdots\cup I_{n-2}$$
(1)

そこで，k を自然数，$s_k\in(1,2,\cdots,n-1)$ として，区間 I_{s_0} に含まれる区間 $I_{s_0s_1\cdots s_m}$ が

$$f^k[I_{s_0s_1\cdots s_m}]=I_{s_k\cdots s_m}\quad(\subset I_{s_k}),\ (1\leq k\leq m)$$
$$I_{s_0}\supset I_{s_0s_1}\supset\cdots\supset I_{s_0s_1\cdots s_m}$$
$$\lim_{m\to\infty}\mathrm{diam}I_{s_0s_1\cdots s_m}=0\quad\text{（証明は略す）}$$

を満たすようにとれる．そこで(1)より，

$$s_0s_1\cdots s_m\cdots\quad(2)$$

を s_m が $1,2,\cdots,n-1$ の値のどれかをとる無限列として，s_m が 1 なら s_{m+1} は 1 または 2，s_m が 2 以上 $n-2$ 以下であれば s_{m+1} は s_k の記号値に 1 を加えた値，s_m が $n-1$ なら s_m は $1,3,5,\cdots,n-2$ のどれか，という制限のもとに考えると，カントールの縮小列の定理より点

$$I_{s_0s_1\cdots s_m\cdots}=\bigcap_{m=0}^{\infty}I_{s_0s_1\cdots s_m}\quad(3)$$

が定まって，その点は f の繰り返しによって

$$I_{S_0} \to I_{S_1} \to \cdots \to I_{S_m} \to \cdots$$

と経めぐることになる．したがって記号列(2)が非周期的であれば（そのことが可能であるのは明らかであろう）点 $I_{S_0 S_1 \cdots S_m \cdots}$ は非周期軌道をとる点になる．（証明終わり）

参考文献
(1)　R. L. Devaney『カオス力学系入門』後藤憲一訳，共立出版

4.2　入門記号力学

記号力学（symbolic dynamics）は，微分方程式で記述される連続力学，離散方程式で記述される離散力学とともに系の振舞いを記述する第3の力学である．

　第2章で，ロジスティック写像のグラフを考察することによってその秘密の多くを暴き出すことができたが，2章4節で課題として残されたように，'分岐の過程で，どのようなタイプの周期点がどの様な順序で現れるか'といった問いなどにはまだ十分答えられていない．この問いに対する答えは，これからお話する記号力学と呼ばれる手法によって得ることができる．

4.2.1　軌道と旅程

　$f(x)$ をロジスティック写像
$$f(x) = ax(1-x)$$
とする．$f(x)$ は略して f，あるいはパラメーター a を添えて f_a と表すこともある．

　$x_0 (\in I = [0,1])$ を初期点とする f の軌道（Orbit）$x_0, x_1 = f(x_0), x_2 = f^2(x_0), \cdots$ を
$$O(x_0) = (x_0 x_1 x_2 \cdots)$$
と表そう．

　一方，$O(x_0)$ の各点 x_i に対して

$$s_i = \begin{cases} L \ ; \ x_i \in [0, c) \ (ただし c は f の臨界点) \\ C \ ; \ x_i = c \\ R \ ; \ x_i \in (c, 1] \end{cases}$$

と対応させる記号 s_i の列を考える．すなわち $O(x_0)$ に対して記号列

$$I(x_0) = (s_0 s_1 s_2 \cdots)$$

が対応する．この記号列を初期点 x_0 からの f による**旅程**(Itinerary) と呼ぶ．また，すべての点 $x \in I$ に対して $f(x) \leq f(c)$ であることを考えると，$f(c)$ を出発点とする旅程 $I(f(c))$ は特に重要な意味を持つことになるのでこれを $K(f)$ と表す．すなわち

$$K(f) = I(f(c))$$

である．

いったい，無数にある点の軌道をたった3個の記号の列で表しきってしまうことが出来るのだろうか，と言う疑問を持たれるであろう．異なる初期点に対して，すべて異なる旅程になるかというと，パラメーター a によってはそうなっている場合もあり，そうでない場合もある．しかしいまここで問題にするのは $O(x_0)$ の特徴であって，それが I 上のどの点に正確に次々移るかということではなく，ある f_a に対してどのようなタイプの軌道が存在するか，例えば周期5の軌道は存在するか，存在するとすればそれはどのようなタイプか（例えばその旅程は RLLRL を繰り返すか，あるいは RLLLL を繰り返すかなど），またそれは安定か，といったことである．したがってまた，f_a の分岐を解明することである．記号力学はこのような疑問に解答を与える．また少し先回りして言うと，$f(c)$ の旅程 $K(f)$ が周期的になる場合（L, C, R の列が周期的に繰り返す場合をいう．ただし C がくれば必ずまた同じ繰り返しになり，軌道は臨界点 c を含むので超安定になっている）は，またそうなる場合に限って，f は $K(f)$ の周期 n またはその2倍の周期 $2n$ の安定な軌道を持つ，などという有益な情報を得ることができる．このように，軌道を記号列で表してその力学を考えることは f の力学を理解する上でたいへん有力な手段なのである．

旅程の扱いになれるためにここで少し練習をしてみよう．記号列の中で $\bar{L}$

…などは記号 L などの繰り返しを表し，$\overline{RLL}$ …などは記号列のブロック RLL などの繰り返しを表すことにする．まず f_a を決めて例を調べてみよう．

例1 ロジスティック写像で $0<a<1$ の場合，図 4.2.1 を参考にすると，
$$I(x) = (LL\bar{L}\cdots)\ ;\ x\in[0, c)$$
$$I(c) = (CL\bar{L}\cdots)$$
$$I(x) = (RL\bar{L}\cdots)\ ;\ x\in(c, 1]$$
特に，$K(f) = I(f(c)) = (LL\bar{L}\cdots)$

したがってこの場合，f_a の旅程として許されるものはたった3種類のみ，と言うことになる．特に，$x\in[0, f(c)]$ に対しては $(LL\bar{L}\cdots)$ のみになる．$x\in[0, 1]$ に対していつでも $f(x)\in[0, f(c)]$ なので，$x\in[0, f(c)]$ について旅程を考えればよい，という点から言えば実質的には $(LL\bar{L}\cdots)$ の1種類のみになる．

例2 $a\in(1, 2)$ の場合，図 4.2.2 を参考にすると許される記号列は
$$(LL\bar{L}\cdots),\ (CL\bar{L}\cdots),\ (RL\bar{L}\cdots),$$
$$K(f) = (LL\bar{L}\cdots)$$

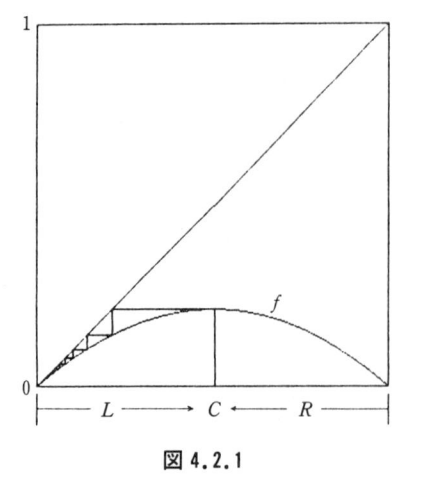

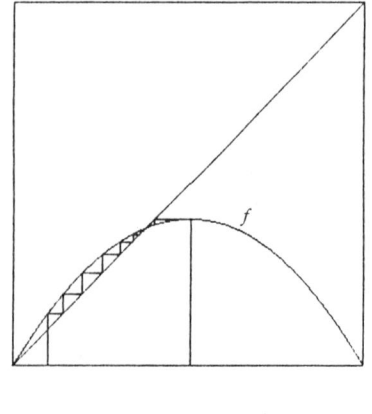

図 4.2.1

図 4.2.2

図 4.2.3　　　　　　　　図 4.2.4

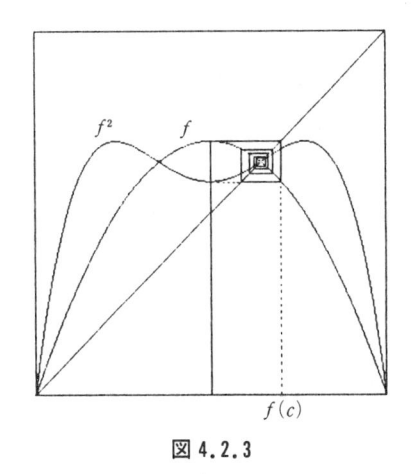

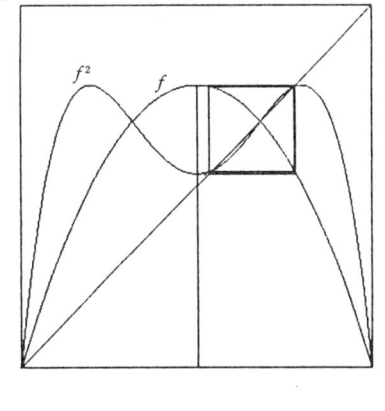

　この場合も例1の場合と同じになる．$a=2$ の場合は点 c は超安定不動点になり，上の $(CL\bar{L}\cdots)$ は $(C\bar{C}\cdots)$ になる．したがって $K(f)$ も $(C\bar{C}\cdots)$ である．

　例3　$a\in(2,3)$ の場合，図 4.2.3 を参考にすると，f_a は $x=1-1/a(>c)$ に安定不動点を持ち，初期点 x を 0 から $f(c)$ まで動かすとき，取り得る記号列は

$$(LL\bar{L}\cdots),\ (L\cdots LCR\bar{R}\cdots),\ (L\cdots LR\bar{R}\cdots)$$
$$(LR\bar{R}\cdots),\ (CR\bar{R}\cdots),\ (R\bar{R}\cdots)$$
$$K(f)=(R\bar{R}\cdots)$$

$x>f(c)$ に対する $O(x)$ の記号列は上にあるそれぞれの列の頭（左端）に R をつけ加えたもの以外にはない．

　$a_2(=3)$，a_n などを 2 周期点や n 周期点が分岐して現れるパラメーター値，また a_{2s} を 2 周期点が超安定になるときの a の値とする．続いて次の例 4 を調べよう．

　例4　$a\in(a_2,a_{2s})$ の場合．図 4.2.4 を参考にして，$f(f(c))=f^2(c)>c$ に注意すると，$K(f)$ はこの場合もやはり $(R\bar{R}\cdots)$ となっていて前の場合と同じである．この場合，f が 2 周期点を持つにもかかわらず，$K(f)$ は例 1〜3 と同様 1 周期である点に注意する．また，$x\in[0,f(c)]$ に対する許

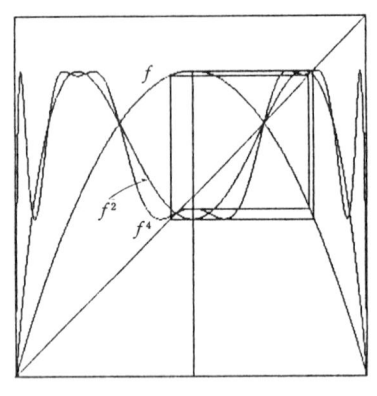

図 4.2.5

される旅程も前の場合と同じである.

$a=a_{2s}$ の場合は,点 c は超安定 2 周期点になっており,$K(f)=(RC\overline{RC}\cdots)$ である.ここで,記号列の表現の仕方を簡略にするために,$s_0 s_1 s_2 \cdots s_n$ が初めから繰り返す場合は $(s_0 s_1 s_2 \cdots s_n)$ と表すことにしよう.$(s_0 s_1 s_2 \cdots s_n)=(s_0 s_1 s_2 \cdots s_n \overline{s_0 s_1 s_2 \cdots s_n}\cdots)$ である.今の場合,$K(f)=(RC)$ である.

以上の例から推察されることは,$K(f)$ が周期的となる場合,その周期を n として,n 周期の安定な周期点か,もしくは $2n$ 周期の安定な周期点が存在する,ということである.

例 5 $a\in (a_{2s}, a_4)$ の場合.図 4.2.5 を参考にして,
$$f(c)>c,\ f^2(c)<c,\ f^3(c)>c,\ f^4(c)<c$$
が言えるので,以下 $f^{2n-1}(c)>c$,$f^{2n}(c)<c$ が言え,$K(f)=(RL\overline{RL}\cdots)=(RL)$ となることがわかる.

4.2.2 許容的な旅程と記号列の順序

f_a に許される旅程は,それぞれの f_a によって決まったある制限されたものであることを見た.そこで,区間 $[0,1]$ 上の x に対して f の旅程 $I(x)$ が取り得るすべての記号列を **f—許容的** (admissible) と呼ぶ.f—許容的な列を知ることは,f の持つ周期点や,分岐の道筋を知ることに道を開く.そこで,この f—許容的な列を知る方法を考える.もしも f—許容的な列につ

いて
- $x<y$ であれば $\qquad I(x) \leqq I(y)$
- $I(x)<I(y)$ であれば $\qquad x<y$

    (注．はじめの等号については，$x \neq y$ であっても $I(x)=I(y)$ となる場合があるので必要．)

となるような順序を記号列に対して与えることができれば，なにか特徴的な f —許容的な列，例えば最大なものとか，$K(f)$ とかを知ることによって全ての f —許容的な列が分かるという希望が持てる．

そこで，仮に $x<y$ として，軌道 $O(x)$，$O(y)$ を考えてみる．$x_i = f^i(x)$，$y_i = f^i(y)$ がともに区間 $[0, c)$ にあれば，この区間は f が単調増加なので f によって順序（大小）関係を変えない．すなわち

$$x_i < y_i \quad \text{なら} \quad x_{i+1} < y_{i+1} \quad (x_i, y_i \in [0, c))$$

である．逆に，x_i, y_i が区間 $(c, 1]$ 上にあれば，この区間は f が単調減少なので f によって順序が逆転し

$$x_i < y_i \quad \text{なら} \quad x_{i+1} > y_{i+1} \quad (x_i, y_i \in (c, 1])$$

である．したがって，x と y の軌道の各 i での順序は（旅程は変わらないとして）区間 $(c, 1]$ に入る度に次に f によって順序が入れ替わる．すなわち，旅程で言えば R となる度にその次は x_i, y_i の順序が入れ替わっていることになる．したがって x_i, y_i の順序は，もしも $x<y$ なら，それまでに R を偶数回経由していれば $x_i < y_i$ と変わらず，R を奇数回経由していれば逆転して $y_i < x_i$ となっているはずである．

そこで，$I(x) = (s_0 s_1 \cdots)$ と $I(y) = (t_0 t_1 \cdots)$ は，$i<n$ なら $s_i = t_i$ と一致しているが，$s_n \neq t_n$ であるとする．このとき旅程 $I(x)$ と $I(y)$ は**食い違い n を持つ**と言う．したがって，$i<n$ に対して s_i が R である個数を $T_{n-1}(I(x))$ で表すと，これが偶数の場合 x_n と y_n の順序は x と y の順序と同じはずなので，$x<y$ なら (s_n, t_n) は (L, C)，(L, R)，(C, R) のいずれかになっているはずである．$T_{n-1}(I(x))$ が奇数の場合は，x_n と y_n の順序は x と y の順序と逆になっているので，(s_n, t_n) は (R, C)，(R, L)，(C, L) のいずれかになっているはずである．

以上をまとめると次の命題になる．

命題1. $I(x)$ と $I(y)$ の食い違いが n のとき
1) $T_{n-1}(I(x))$ が偶数の場合,
$$x<y \iff x_n \leqq c \leqq y_n$$
2) $T_{n-1}(I(x))$ が奇数の場合,
$$x<y \iff x_n \geqq c \geqq y_n$$

(ただしどちらも,等号になる場合はどちらか一方のみ)

さらに次の命題2, 系3が言える.

命題2.
1) x, y が f^n の単調な区間に無ければ,すでにある $i<n$ において x_i, y_i は食い違っている.
2) x, y が f^n の単調な区間にあるとき,$f^n(x) \leqq c \leqq f^n(y)$ (等号の場合はどちらか一方) であれば食い違いが n であり,$f^n(x)$ と $f^n(y)$ が同じ側にあれば n までに食い違いはない.

系3. x, y は f^n の単調な区間内の点であるとする.
1) $(f^n)'(x)>0$ (単調増加) $\iff$ $x<y$ なら $x_n<y_n$
$\iff T_{n-1}(I(x))$ が偶数
2) $(f^n)'(x)<0$ (単調減少) $\iff$ $x<y$ なら $x_n>y_n$
$\iff T_{n-1}(I(x))$ が奇数

命題2について証明をする.まず1)について.点 x, y が f の単調な区間 (L または R) 内にあって f によって食い違わないとすれば,区間 $f([x, y])$ は f の単調性により点 c を含まず f の単調な区間内にあり,区間 $f([x, y])$ の端点は $f(x)$ と $f(y)$ である.したがって帰納法的に,点 x, y が f の繰り返しによってすべての $i<n$ で食い違いを生じていなければ,すべての $i<n$ について $f^i([x, y])$ は点 c を含んでいない.ところが区間 $[x, y]$ 内に f^n の臨界点 z を含めば $(f^n)'(z)=0$ である.このときチェーンルール
$(f^n)'(z)$
$$=f'(f^{n-1}(z)) \cdot f'(f^{n-2}(z)) \cdots f'(z)=0$$
より,ある $i<n$ で $f'(f^i(z))=0$ すなわち $f^i(z)=c$ である.すなわち区間 $f^i([x, y])$ は臨界点 c を含むので,x および y の旅程はすでに i で食い違っている.これで1)が言えた.次に2)について.x, y が f^n の単調な区間内

にあれば，すべての点 $z\in[x,y]$ に対して $(f^n)'(z)\neq 0$ なので，チェーンルールによりすべての $i<n$ とすべての点 $z\in[x,y]$ に対して $f^i(z)\neq c$ である．したがって $i<n$ では食い違わず 2) が言える．（証明終わり）

命題1と命題2より系3は明らかである．

以上の事実をふまえて，まず，記号および記号列に対して次のように順序を定義する．

定義4．
1) $L<C<R$
2) 記号列 $\mathbf{S}=(s_0 s_1 s_2\cdots)$ と $\mathbf{T}=(s_0 s_1 s_2 \cdots)$ が食い違い n を持つとき，次の場合 $\mathbf{S}<\mathbf{T}$ であるという．
   a．$T_{n-1}(\mathbf{S})$ が偶数で $s_n<t_n$
   b．$T_{n-1}(\mathbf{S})$ が奇数で $s_n>t_n$

命題1と定義4から次の定理が浮かぶ．

定理5． $x,y\in[0,1]$ とする．
1) $I(x)<I(y)$ であれば $x<y$
2) $x<y$ であれば $I(x)\leq I(y)$

ここで注意をすると，1) で等号が付かないのは，x と y が違っても（$y<x$ であっても）初めのいくつかの例でみたように $I(x)$ と $I(y)$ が同じになる場合があるので，それを除いているためである．2) で等号が除けないのも同じ理由による．証明は命題2と定義4よりただちになされるので確かめてみられたい．

次の例を定義4とグラフとから確かめてみられたい．

例6 ロジスティック写像 f_a で $2<a<3$ の場合：
$$(L)<(L\cdots LCR\bar{R}\cdots),\quad (L\cdots LR\bar{R}\cdots)<(CR\bar{R}\cdots)$$
$$<(R)=K(f)<\cdots<(RL\bar{L}\cdots)$$

上の例で $(L\cdots LCR\bar{R}\cdots)$ と $(L\cdots LR\bar{R}\cdots)$ の順序は両者の $L\cdots L$ における L の数が同じなら $(L\cdots LCR\bar{R}\cdots)<(L\cdots LR\bar{R}\cdots)$ で，また，L の数の少ない方がどちらのものよりも大きくなる．$(L)=I(0)$, $(RL\bar{L}\cdots)=I(1)$ である．また，$<\cdots<$ の $\cdots$ は，(R) より小さいそれぞれの記号列の頭に R を付けたものを，順序を逆にして並べたものになる．一般に，$f(c)>c$ であれば，

$K(f)$ より大きいすべての f —許容的な列は，$K(f)$ 以下の記号列の頭に R を付したものの中に見い出すことができる．もっときちんと言えば，$K(f)$ の記号列の頭の記号を除いた記号列（それは $I(f(f(c)))$ で，$f(f(c)) < f(c)$ なので $K(f)$ より左の記号列の中に必ずある）より小さい記号列に対して，その頭に R を付したものを逆の順序に並べたものが続いている．このことは，グラフを描いて軌道と記号列を対応させてみればすぐわかる．

例7 $3 \leq a < a_{2s}$ の場合は例4で調べたように安定な2周期点が存在しているにもかかわらず $K(f) = (R)$ で，$2 < a < 3$ の場合と同じになり，許される記号列も同じになる．

次の例を調べて，周期倍化分岐に対する $K(f)$ を予想してみよう．

例8 （周期倍化分岐）

$a_{2s} < a \leq a_4$	; $K(f) = (RL)$	安定 2 周期点
$a_4 < a < a_{4s}$	; $K(f) = (RL)$	安定 4 周期点
$a = a_{4s}$	; $K(f) = (RLRC)$	超安定 4 周期点
$a_{4s} < a \leq a_8$	; $K(f) = (RLRR)$	安定 4 周期点
$a_8 < a < a_{8s}$	; $K(f) = (RLRR)$	安定 8 周期点
$a = a_{8s}$	; $K(f) =$?	超安定 8 周期点
$a_{8s} < a < a_{16}$	; $K(f) =$?	安定 8 周期点

．．．．．．．．．

4.2.3 周期的な $K(f)$ は安定周期点の存在を意味する

これまでの考察から次の定理を導くことができる．

定理6． f は単峰でシュワルツ導関数 $Sf < 0$ とする．

$K(f)$ が周期的となる場合，またその場合に限って f は安定な周期点を持つ．

このとき $K(f)$ の周期を n とすると，f の安定な周期点の周期は n または $2n$ である．また，周期点の最大点の旅程は $K(f)$ である．

証明 まず先に，$K(f)$ が n 周期であれば f は周期 n または $2n$ の安定な周期点を持つ，を証明する．$n = 1$ の場合は先に考察した例1～5から明

らかである．そこで $n \geq 2$ を前提に考察する．この場合，$f(c) > c$ に注意する．さて，仮定のもとで，まず f は少なくとも 1 組の n 周期点を持つことが言えなければいけない．これは背理法で次のようにして言える．

今，f は n 周期点を持たないとしよう．すると，点 $f(c)$ より左にある直近の f^n の臨界点（極大，または極小点）を z として，区間 $[z, f(c)]$ において f^n は対角線と交点を持たないことになる．なぜなら，もし交点 p を持てば，この区間において f^n は単調であることと，$f^n(f(c)) > c$ （これは $K(f)$ が n 周期で，$f(c) > c$ であることから言える）および $f^n(p) = p > c$ （p は周期点の最大な点であるから R にあることは明らか）から，命題 2 より点 p と点 $f(c)$ の繰り返し n までの旅程は同じになり，n より小さい周期にはならないので，点 p は n 周期点になるからである．したがって交点 p を持たない．すると点 $f(c)$ を初期点とする f^n の軌道を追跡すれば，それはいずれ点 z の左へ写ることになる．旅程が同じ 2 点は f^n の単調な区間内になければいけないので，このことは点 $f(c)$ の旅程が周期 n でないことへ導く．これは矛盾である．したがって f は少なくとも 1 組の n 周期点を持つ．

さて，もし $K(f)$ が c を含む繰り返し列の場合は，点 $f(c)$ が旅程

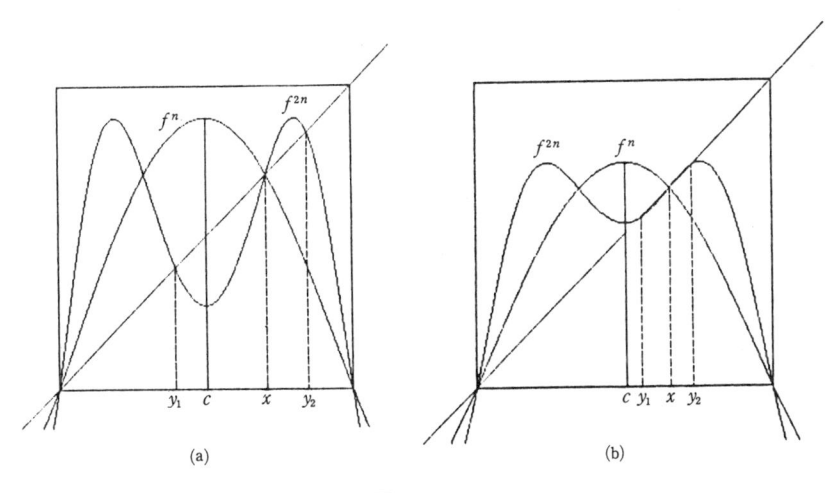

図 4.2.6

$K(f)$ を持つ周期 n の安定な周期点であることは明らかである．

$K(f)$ が c を含まない場合，そこでまた f^n のグラフを考える．f が安定な n 及び $2n$ の周期点を持たないと仮定してそれから矛盾を導くことにしよう．f^n と f^{2n} の c を含む部分のグラフは，図 4.2.6(a) のようになっているか，または 180° 回転した逆単峰になっているはずである．ここで x は n 周期点で，y_1, y_2 は $2n$ 周期点である．（もしも $2n$ 周期点 y_1, y_2 がなければ，第 2 話でみたように f^n の不動点 x は安定であるから仮定に矛盾する．）このとき，x, y_1, y_2 は不安定なので，$(f^n)'(x) < -1$ かつ $(f^{2n})'(y_i) < -1$，$(i=1, 2)$ となっていなければならない．さて，$f^n(c)$ は x と同じ側にあるが，$K(f)$ は n 周期なので，すべての整数 $t \geqq 1$ に対して $f^{nt}(c)$ も x と同じ側にある．したがって $f^{2n}(c) > c$ である．これは図 4.2.6(a) と明らかに矛盾する．これで，$n, 2n$ 周期点とも不安定であることは否定された．

一方，$2n$ 周期点 y_1, y_2 が存在して $f^{2n}(c) > c$ の場合は，$I(x)$ は n 周期となるが x は不安定で，y_1, y_2 は安定 $2n$ 周期点となり，$I(f(y_i))$，$(i=1, 2)$ と $K(f)$ は同じになる（図 4.2.6(b)）．$2n$ 周期点がない場合は x が安定 n 周期点で，$I(f(x))$ と $K(f)$ は同じになる．

では次にこの逆，f が安定な n 周期解を持てば $K(f)$ も周期的となり，その周期は n または $n/2$ になることの証明である．

c が周期点の場合は明らかである．また，f が安定不動点や安定 2 周期点を持つ場合は例 1～5 で考察したことから明らかである．

そこで，$n \geqq 3$ の場合を考察する．f が安定な n 周期点を持てば，2 章 2 節，および 3 節で明らかにしたように，これらの周期点は f^n の n 個の安定な不動点であって，f^n がこれらの不動点へ吸引する n 個の（開）区間 $\{I_i : i=1, 2, \cdots, n\}$ が存在し，これらの各区間を一辺とする正方形で囲まれた f^n は，それぞれある一次変換によって区間 $I = [0, 1]$ 上の $Sg(x) < 0$ を満たす単峰写像 g に変換され，f^n の各 I_i 上での軌道の振舞いは I 上での g の軌道の振舞いに完全に同等になるということであった．

そこで臨界点 c を含む区間，つまり中央の区間が必ず存在してそれを I_0 ($= I_n$) とする．この内部にある f^n の唯一の安定不動点を x として，その旅程 $I(x)$ と臨界点 c の旅程 $I(c)$ を比較する．まず，I_0 の内点は f^i によっ

て I_i の内部へ写る．実際もしもそうならないとすると I_0 内のそうならない点 y と周期点 x が f^i によって写った点による区間 $[f^i(x), f^i(y)]$ は区間 I_i の端点のどちらかを含むことになる．したがって，f^i の連続性よりその端点に写る点が区間 $[x, y]$ 内にあるはずである（中間値の定理）．その点を z としよう．ところが端点は f^n によって端点の1つである不安定周期点に落ち込まなければならず，その後はこの不安定周期点上を経巡ることになるので，点 z の f^n による軌道は I_0 の端点に落ち込むことになる．このことは z が f^n によって x へ吸引される点であることと矛盾する．したがって，旅程 $I(f(x))$ と旅程 $I(f(c))$ は，軌道が中央部 I_0 上にあるときを除いては一致している．一方 I_0 上では，$g = f^n$ と $g^2 = f^{2n}$ のグラフを考えると，g を例2, 3の f と考えれば明らかなように，g の不動点 x が安定であれば $g^2(c)$ は x と同じ側にあり，結局 $g^t(c)$ はすべての整数 $t \geqq 1$ について x と同じ側にあることがわかる．したがって $K(f)$ と $I(f(x))$ は同じになり，$K(f)$ は周期的であることが言える．$K(f)$ が周期的であれば，f の安定周期点の周期は $K(f)$ の周期と同じかその2倍以外にはないので，$K(f)$ の周期は n または $n/2$ 以外にはない． （証明終わり）

4.2.4 どのような記号列は許容的か

ある記号列 S に対して，$I(x) = S$ となる $x \in I (= [0, 1])$ が存在すれば，記号列 S は **f―許容的**であるという．f―許容的な列がすべて分かれば，f による各点 $x \in I$ の軌道として，どのような種類のものがあるかが明らかになる．f―許容的な列の集合を $\sum f$ と表すことにしよう．

さて，すべての $x \in I$ とすべての整数 $n \geqq 1$ に対して，$f^n(x) \leqq f(c)$ であることから，

$$I(f^n(x)) \geqq K(f) \quad (= I(f(c))) \qquad (*)$$

である．（記号列の順序は，$x < y$ なら $I(x) \leqq I(y)$，逆に $I(x) \leqq I(y)$ なら $x < y$ であるように定義されている．）

ここで，記号列の扱いを自由にするため，記号列 $S = (s_0 s_1 s_2 \cdots)$ に作用するずらし（推移）の写像 σ を

$$\sigma(s_0 s_1 s_2 \cdots) = (s_1 s_2 s_3 \cdots)$$

と定義する．整数 $k \geq 1$ に対して
$$\sigma^k(s_0 s_1 \cdots s_k) = (s_k s_{k+1} \cdots)$$
である．また，
$$\sigma^k I(x) = I(f^k(x))$$
が言える．

この σ を用いると，(*)式はすべての $S \in \sum f$ とすべての整数 $n \geq 1$ に対して
$$\sigma^n S \leq K(f)$$
と表せる．ではこの逆も言えるかと言うと，残念ながらそうはいかない．例えば，$a=4$ の場合 $K(f) = (RL\bar{L}\cdots)$ なので，$\mathbf{T} = (LRL\bar{L}\cdots)$ はすべての整数 $n \geq 1$ に対して $\sigma^n \mathbf{T} \leq K(f)$ を満たしているが，$f(x) = 1$ となる点 x は点 c 以外にないので，$(RL\bar{L}\cdots)$ の前像としては $(CRL\bar{L}\cdots)$ 以外に f 一許容的なものはなく，$\mathbf{T}$ は f 一許容的にならない．にもかかわらず，十分有効な次の定理が成り立つ．

定理7． f は単峰写像とする．記号列 $\mathbf{A}$ がつぎの(a)または(b)を満たせば，$I(x) = \mathbf{A}$ となる $x \in I$ が存在する．すなわち $\mathbf{A} \in \sum f$ である．

(a) $K(f)$ が C を含まない場合，すべての整数 $n \geq 1$ に対して
$$\sigma^n \mathbf{A} < K(f)$$

(b) $K(f)$ が C を含む場合，$K(f) = (BC)$（$B = B_0 B_1 \cdots B_m$ は C を含まない有限列）となるので，すべての整数 $n \geq 1$ に対して
- B が R を偶数個含む場合は
$$\sigma^n \mathbf{A} < (BL) \quad (< K(f))$$
- B が R を奇数個含む場合は
$$\sigma^n \mathbf{A} < (BR) \quad (< K(f))$$

この定理はあまり単純ではなく，証明も少し込み入ったものになるがあらすじは，定理の条件(a)，または(b)を満たす記号列 $\mathbf{A}$ に対して，区間 I の中に旅程 $\mathbf{A}$ を持つ空でない閉集合（点または閉区間）が存在することを示そうというものである．すなわち，すでに条件を満たす $I(0) = (L\bar{L}\cdots)$ と $I(1) = (RL\bar{L}\cdots)$ を $\mathbf{A}$ から除けば，次のような I の 2 つの部分集合
$$L_{\mathbf{A}} = \{x \in I : I(x) < \mathbf{A}\}$$

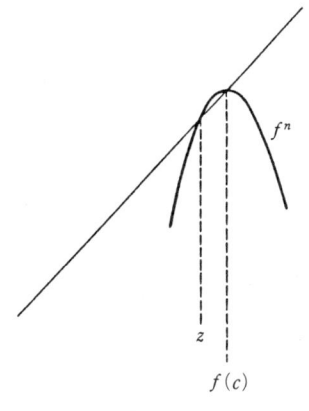

図 4.2.7

$$R_A = \{x \in I : I(x) > A\}$$

がともに非空の開区間であることが証明でき、L_A および R_A が交わりを持たない（$L_A \cap R_A = \phi$）ことから、I から L_A と R_A を取り除いた集合（$I \setminus (L_A \cup R_A)$）が L_A と R_A の間に非空の閉集合（点または区間）として存在し、この閉集合の点 x に対しては $I(x) = A$ でなければいけないということを示す。こうして $A \in \sum f$ が示されたことになる。したがって証明すべきことは、L_A と R_A が非空の開区間になるということになる。この点で、$K(f)$ が C を含む場合(b)のようにしたのは、例えば B が R を偶数個含む場合は $(BL) < (BC)$ で、$x=c$ が超安定周期点であることから、$\{x \in I : I(x) = (BL)\}$ はある $[z, f(c))$ となる開区間になり（図 4.2.7）、$(BL) \in \sum f$、および $\sigma^n(BL) < (BC) = K(f)$ は言えているが、閉集合の存在を一括して主張したいため、条件を $\sigma^n A < K(f)$ より一段下げている。

ではまず、L_A と R_A が非空の開区間であることを示すのに必要な補題とその証明である。

補題 8. ある $\mathbf{S} = (s_0 s_1 s_2 \cdots)$, $\mathbf{S} = \sum f$ に対して、点 $x \in I$ の旅程 $I(x) = (t_0 t_1 t_2 \cdots)$ が第 n 番までは $\mathbf{S}$ と同じである点 x の集合
$$\{x \in I \mid t_i = s_i, \ i = 0, 1, \cdots n\}$$
は、$s_i \neq C$ ($i = 0, 1, \cdots n$) であれば I におけるある開区間である.

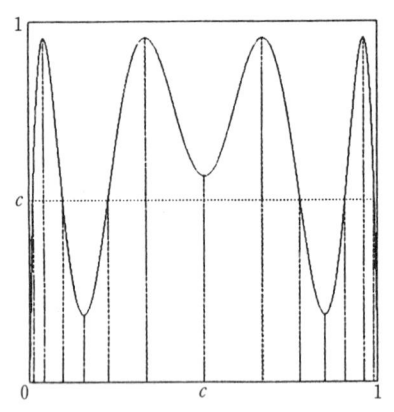

$n=3$ の場合の f^n. 破線で区切られた，f^n が単調な開区間内の点の旅程は，$n=3$ まではそれぞれ同じになる．

図 4.2.8

証明 まず，ある $i \leqq n$ で $s_i = C$ であれば，そうなる旅程をとる初期点は1点だけで，開集合にはならないので，条件 $s_4 \neq C$ は必要である．さて，**S** $\in \sum f$ なので，$I(y) =$ **S** となる点が存在する．ここで f^n のグラフを思い浮かべよう．命題2より，点 x と点 y の旅程が n までは同じであれば，点 x, y は f^n の単調なある開区間内にあり，$f^n(x)$ と $f^n(y)$ は R または L のどちらか同じ側にある．すなわちこの開区間は，点 $0, 1$ および $f^n(z) = c$, $(f^n)'(z) = 0$ を満たす点で区切られている．（図 4.2.8 が一例）

(補題の証明終わり)

では続いて L_A と R_A が非空の開集合であることを証明する．定理7で(a)の場合と(b)の場合とがあるが，まず(a)の場合について考察する．R_A について証明をしよう．L_A も同様である．$y \in I$ は $I(y) >$ **A** を満たす任意の点としよう．**A** $= (s_0 s_1 \cdots)$ と $I(y) = (t_0 t_1 \cdots)$ はどこかで食い違うので食い違いを n とする．$i < n$ では $s_i = t_i$ で，$s_n \neq t_n$ である．**A** は C を含まないが（含めばある i で σ^i**A** $= K(f)$ となり条件に反する），t_n が R または L をとる場合と C を取る場合とで異なる．そこでまた場合分けをする．

(1) $t_n \neq C$ の場合

補題8において S を $I(y)$ とする．$I(x)$ が n 番までは $I(y)$ と一致するとする．$I(x)$ と A とは，やはり食い違いは n である．補題によって，この点 x の集合は開区間になる．開区間の任意個の合併は開集合になることに注意しておく．

(2) $t_n = C$ となる場合，さらに次の場合分けをする．

a．$I(y) = (BCI(f(c)))$，$A = (BLD)$ B は R を偶数個含む n 個の有限列，D は無限列

b．$I(y) = (BCI(f(c)))$，$A = (BRD)$ B は R を奇数個含む n の有限列

a．について考察を進める．b．についても同様である．$D = \sigma^{n+1} A < I(f(c))$ に注意する．$D = (D_0 D_1 \cdots)$，$I(f(c)) = (I_0(f(c)) I_1(f(c)) \cdots)$ とする．D と $I(f(c))$ は食い違いが m とする．$D_i = I_i(f(c))$ $i < m$，$D_m \neq I_m(f(c))$ である．今我々は $I(f(c))$ は C を含まない場合を考えているので，補題8において S を $I(f(c))$ とすると，$f(c)$ に十分近い点 z に対して $I(z) = (I_0(z) I_1(z) \cdots)$ を考えると，m 番までは $I(f(c))$ と同じ旅程をとるようにできる．すなわち，$j < m$ に対しては $I_j(z) = I_j(f(c)) = D_j$ で，$I_m(z) = I_m(f(c)) \neq D_m$ となる点 z の集合が開区間 $(a, f(c)]$ となるある点 a が存在する．こうして，f によって $(a, f(c)]$ へ写される点 c のある近傍 (w_1, w_2) があって，点 y に十分近い点 y' に対して $f^n(y') \in (w_1', w_2')$，$(w_1 \leqq w_1' < c < w_2' \leqq w_2)$ となる y' を発見できる．こうして，$f^{n+1}(y') \in (a, f(c)]$，かつ $f^j(y')$ と $f^j(y)$ が $j = 0, 1, \cdots n-1$ に対して同じ側にあることを見る．こうして，$I(y')$ $(y' \neq y)$ は次の形のいずれかである．

$$I(y') = (BRI_0(f(c)) \cdots I_m(f(cc)) E)$$
$$I(y') = (BLI_0(f(c)) \cdots I_m(f(c)) E)$$

一方，$A = (BLI_0(f(c)) \cdots I_{m-1}(f(c)) D_m F)$ で，$I_m(f(c)) \neq D_m$ である．こうして，B は偶で $D < I(f(c))$ なので $I(y') > A$ である．これで(2)の a．の場合，y を含む開区間 $\{y' : I(y') > A\}$ の存在が示された．b．の場合も同様である．

(1), (2)，および開区間の任意個の集合は開集合であることから，$I(y) > A$ を満たす y の集合は開区間（連結した1つの区間であることは明らか）になる．これで R_A が開区間であることが示せた．

(b) を示すのも基本的に同じなので略す． （定理7の証明終わり）

4.2.5 周期的な許容列は周期点の存在を意味する

，まだ決定的とはいえない定理の証明のためにかなり紙面と労力を割いた．以下，周期的な許容列に的をしぼって話を進めよう．

次の定理は周期的な許容列に対してその旅程をとる周期点の存在を保証する．

定理9． $Sf<0$ とする．$S=(s_0 s_1 \cdots s_{n-1})$ を，すべての整数 $i \geqq 0$ について $\sigma^i S \leqq K(f)$ を満たす周期 n の繰り返し列とする．このとき $I(x)=S$ となる周期 n または $2n$ の多くとも2つの周期点が存在する．特に，$\sigma^i S < K(f)$ の場合は $I(x)=S$ を満たす周期点はただ1点である．

証明 $K(f)$ が周期的であって，ある i で $\sigma^i S = K(f)$ となる場合は定理6から明らかである．これ以外の場合は $K(f)$ が周期的である無しによらずすべての $i \geqq 0$ で $\sigma^i S < K(f)$ の場合である．$K(f)$ が C を含む場合とそうでない場合とに分けて考察する．

(1) K(f) が C を含まない場合

定理7の証明で示されたように，

$$J = \{x \in I \mid I(x) = S\}$$

は I 内の非空の閉集合で，点または閉区間である．もし J がただ1点であればそれはすでに望まれた周期点である．J が区間である場合が否定されれば定理はこの場合においては証明されたことになる．そこで，$J=[a,b]$，$a \neq b$ とする．$x \in J$ に対して，任意の i について $\sigma^i S < K(f)$ なので，$f^i(x) \neq c$ である．したがって，任意の $x \in J$ に対して $(f^n)'(x) \neq 0$，すなわち f^n は区間 J 上で増加か減少である．ところで，J の端点は f^n によって J の端点に写らなければならない．もしそうでなければ，J の定義から J の全ての点は f^n によって J 内に写っていなければいけないので，例えば $f^n(a)$ が J の内点であれば J 内の $f^n(a)$ の開近傍 U に写る a の開近傍 V があることになる．この開近傍 V の点は f^n によって J 内に写るので，J の定義より V は J に含まれているはずである．これは点 a が J の端点であることに矛盾する．したがって，f^n が J 上で増加なら $f^n(a)=a$，$f^n(b)=b$ となり，a,b は周

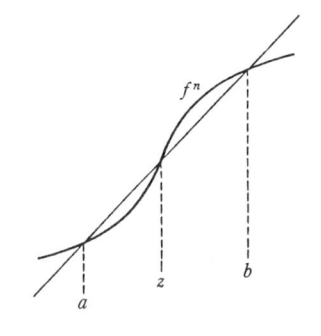

(a) この場合，2組の安定周期点を持ち，$Sf<0$ より許されない．　　(b) この場合，単調な区間内に2個以上の変曲点があり，$Sf<0$ より許されない．

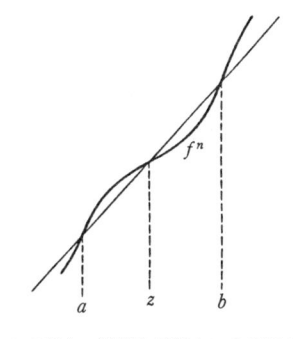

図 4.2.9

期 n の周期点である（a, b は旅程 S をとる周期点で，S は n 周期）．とこ ろがこのとき，$Sf<0$ より安定周期点はあっても1組で，また f^n が単調な 区間において変曲点はただ1つなので，a と b の中間に f^n が対角線と交点 を持つ場合は起きない（図 4.2.9 参照）．したがってこれ以外は，a, b のう ち一方が安定，他方が不安定となる場合である（対角線と2点で交差する単 調増加曲線を調べよ）．しかし，実は安定周期点を持つ場合は，定理6から $K(f)$ が周期的であって $\sigma^i S = K(f)$ となる場合だけであるから，結局 J が区間となる場合は起こらず，ただ1点のみになる．

f^n が J 上で減少なら $f^n(a)=b$，$f^n(b)=a$ となり，a, b は周期 $2n$ の周期 点である．またこのとき中間値の定理から，a と b の間に $f^n(z)=z$ となる 点 z があり，その点は周期 n の周期点である．この場合も f^{2n} を考えると J 上で単調増加（J 上の点は同じ旅程．単調でなければ旅程が異なる）なの で，a, b, z の少なくとも1つは安定とならなければならないが（グラフを 描いてみられたい．3つの点のどれかで $(f^{2n})'<1$），先に述べたのと同じ 理由でこれも否定される．したがってこの場合も J が区間であることは否定 される．これで(1)は証明された．

(2) K(f) が C を含む場合

定理7の(b)と同じく，$K(f)=(BC)$（$B=B_0 B_1 \cdots B_m$ は C を含まない有限

列) となるので，さらに次の①，②の2つの場合がある．

① すべての整数 $i \geq 1$ に対して
 ・B が R を偶数個含む場合，$\sigma^i S < (BL)$
 ・B が R を奇数個含む場合，$\sigma^i S < (BR)$

となる S に対しては(1)の場合の考察と同じで，旅程 S を取るただ1つの周期点が存在し，それは望まれた点である．

② B が R を偶数個含み，ある i で $\sigma^i S = (BL) < (BC)$ の場合，または B が R を奇数個含み，ある i で $\sigma^i S = (BR) < (BC)$ の場合，旅程 S を取る周期点は，n を $K(f)$ の周期として，f^n のグラフと対角線との交点で点 $f(c)$ のすぐ左にある点（図 4.2.7 の点 z）がそれに相当する．なぜなら，区間 $[z, f(c)]$ の点は同じ旅程 $\sigma^i S$ をとるので．この点は，点 c が接線分岐による場合は点 $f(c)$ のペアーに相当する不安定 n 周期点であり，点 c が周期倍化分岐によって生じている場合は，$K(f)$ は $2n$ 周期，S は n 周期となって，点 z は周期 n の不安定周期点に相当している．（証明終わり）

4.2.6 周期点の分岐と記号列

最後に，記号列によって周期点の分岐を考えてみよう．今までの議論から，記号列の大小（順序）関係を調べることによって周期点の分岐の順序を明らかにできる．以下，必要な定義をする．

定義10.

(1) S をある繰り返し n の旅程とする．すべての $i \geq 1$ に対して $\sigma^i S$ が最大である記号列を $M(S)$ と表し，**最大列** (maximal) という．S の軌道の最大の軌道点に対する旅程を指す．

(2) 許容的となり得る繰り返し n の記号列 S のすべてのタイプについて，その最大列 $M(S)$ のなかで最小なものを**最小最大列** (min-max) とよび，P_n で表す．

例えば，L と R による4周期の繰り返し列を考えると，$\{(LRRR), (RRRL), (RRLR), (RLRR)\}$ は，ある1組の4周期点の旅程を小さい順に並べたものである．この組の最大列 $M(S)$ は $(RLRR)$ である．4周期点の組はこの他に，$\{(LLRR), (LRRL), (RRLL), (RLLR)\}$, $\{(LLLR),$

$(LLRL)$, $(LRLL)$, $(RLLL)$} が考えられる. 前者の $M(\mathsf{S})$ は $(RLLR)$, 後者の $M(\mathsf{S})$ は $(RLLL)$ である. そして, $(RLRR)<(RLLR)<(RLLL)$ であるから, これらの最小最大列 P_4 は $(RLRR)$ になる. $M(\mathsf{S})$ の順序は, このそれぞれのタイプの周期点がパラメーター a の増加とともに現れる順序を示している. また P_n は最初に現れる n 周期点のタイプの最大列を表す. (注. L, C, R を勝手に並べた周期的記号列がすべて許容的となり得るかといえばそうはいかない. 例えば, (LLC) は許容的とはなり得ない.)

続けてあと2つ定義をする.

定義11. 2つの記号列 $\mathsf{S}=(s_0s_1\cdots s_n)$, $\mathsf{T}=(t_0t_1\cdots t_k)$ の**つなぎ** (concatenation) を $\mathsf{S}\cdot\mathsf{T}=(s_0s_1\cdots s_nt_0t_1\cdots t_k)$ で表す.

定義12. *積; A をある有限な記号の列とする. $\mathsf{S}=(s_0s_1s_2\cdots)$ として

・A が R を偶数個含む場合は,
$$A*\mathsf{S}=(As_0As_1As_2\cdots)$$
・A が R を奇数個含む場合は, $\hat{R}=L, \hat{L}=R, \hat{C}=C$ として
$$A*\mathsf{S}=(A\hat{s}_0A\hat{s}_1A\hat{s}_2\cdots)$$

例9 $A=R$, $\mathsf{S}=(C)$ として $R*$ を次々施してみる.

$R*(C)=(RC)$

$(R*)^2(C)=R*(RC)=(RLRC)$

$(R*)^3(C)=R*(RLRC))$

$\qquad =(RLRRRLRC)$

$(R*)^4(C)=R*(RLRRRLRC))$

$\qquad =(RLRRRLRLRLRRRLRC)$

例9は周期倍化分岐における各周期の超安定周期軌道の最大列を表している. このように, $R*\mathsf{S}$ は, S が周期 n の最大列 $K(f)$ の場合, 周期倍化分岐をした同じレベルの $2n$ 周期の最大列 $K(f)$ を表す. ここでレベルとは, 周期点における f^n の傾き λ が $0<\lambda<1$ か, $\lambda=0$ か, $-1<\lambda<0$ かで分類した状態を指す. 例えば1周期点の場合, それが生まれた直後は $0<\lambda<1$ で, $K(f)=(L)$ であり, やがて $\lambda=0$ すなわち $K(f)=(C)$ を経過して, $-1<\lambda<0$ すなわち $K(f)=(R)$ になるというふうに. (L) のレベルに相当する2周期点の最大列は $(RR)=(R)$, 同様に (C) に対しては

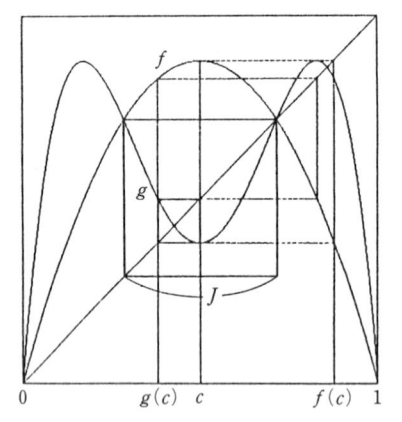

$S=(RC)$ の場合．$K(f)=R^*S=(RLRC)$．J 上の $g=f^2$ のグラフを180°回転したものの $g(c)$ の旅程は **S** になる．

図 4.2.10

　(RC)，(R) に対しては (RL) になる．このとき，分岐後の $g=f^2$ に対する点 c の旅程 $I(g(c))$ は，分岐前の f の最大列 $\mathbf{S}=K(f)$ の各記号の R と L をすべて逆にした記号列になっている．すなわち，図4.2.10において区間 J 上の g のグラフを180°回転したものは，分岐前の同じレベルの f と力学的に同等になっている．このことは周期倍化分岐の特徴として2章2節で述べた．

　例9から推察されるように，周期倍化分岐に対応する $n=2^m$ 周期の最大列は，1周期が (R) のレベルでは $(R*)^m(R)$ であることが示されるが，ここで少し道草をして，これを少し異なった記法（R. L. Devaney 参照）で表してみよう．$\mathbf{S}=(s_0 s_1 s_2 \cdots s_n)$ に対して，最後の s_n を $\hat{s}_n$ にしたものを $\hat{\mathbf{S}}$ と表すことにする．繰り返し列 τ_m を次のように定義する．
$$\tau_0=(R),\ \tau_1=(RL),\ \tau_2=(RLRR),\ \tau_3=(RLRRRLRL)$$
帰納的に
$$\tau_{m+1}=\tau_m \cdot \hat{\tau}_m$$
である．この場合 τ_m は素周期 2^m の繰り返し列になっている．また，τ_{m+1} は奇数個の R を含んでいる．これは，$\tau_m \cdot \tau_m$ は偶数個の R を含み，τ_{m+1} は，

命題13. $\tau_0 < \tau_1 < \tau_2 < \cdots$

証明 $\tau_m = (s_0 s_1 \cdots s_{2^m-1} s_{2^m})$ として, s_{2^m} が R の場合は, $s_0 s_1 \cdots s_{2^m-1}$ の中に偶数個の R があるので, $\hat{\tau}_m < \tau_m$ である. よって,
$$\tau_{m-1} = \tau_{m-1} \cdot \tau_{m-1} = \hat{\tau}_m < \tau_m$$
s_{2^m} が L の場合は奇数個の R があるのでやはり同じことがいえる.

(証明終わり)

命題14. $M(\tau_m) = \tau_m$

証明 数学的帰納法を使う. まず, $M(\tau_0) = \tau_0$, $M(\tau_1) = \tau_1$ は明らか. $M(\tau_m) = \tau_m$ とする. $1 \leq i < 2^m$ の場合は, $\sigma^i \tau_m < M(\tau_m) = \tau_m$ より
$$\sigma^i \tau_{m+1} = \sigma^i \tau_m \cdot \sigma^i \hat{\tau}_m < \tau_m \cdot \hat{\tau}_m = \tau_{m+1}$$
$2^m + 1 \leq i < 2^{m+1}$ の場合は, $k = i - 2^m$ として $(1 \leq k < 2^m)$,
$$\sigma^k \hat{\tau}_m \leq M(\hat{\tau}_m) = M(\tau_{m-1}) = \tau_{m-1} < \tau_m$$
より
$$\sigma^i \tau_{m+1} = \sigma^k \hat{\tau}_m \cdot \sigma^k \tau_m < \tau_m \cdot \hat{\tau}_m = \tau_{m+1}$$
$i = 2^m$ の場合は, $\hat{\tau}_m = \tau_{m-1} < \tau_m$ より
$$\sigma^i \tau_{m+1} = \hat{\tau}_m \cdot \tau_m < \tau_m \cdot \hat{\tau}_m = \tau_{m+1}$$
したがって, すべての $i \geq 1$ に対して $\sigma^i \tau_{m+1} \leq \tau_{m+1}$ である. (証明終わり)

命題15. $\tau_m = (R*)^m (R)$

証明 $m = 0, 1$ の場合は明らか. ある j までは正しいとする.
$$\tau_j = R * ((R*)^{j-1}(R)) = R * \tau_{j-1}, \quad \hat{\tau}_j = R * \hat{\tau}_{j-1}$$
より
$$\tau_{j+1} = \tau_j \cdot \hat{\tau}_j = R * \tau_{j-1} \cdot R * \hat{\tau}_{j-1}$$
$$= R * (\tau_{j-1} \cdot \hat{\tau}_{j-1}) = R * \tau_j$$
$$= R * (R*)^j (R) = (R*)^{j+1}(R)$$
すなわち $j+1$ で成り立つ. (証明終わり)

命題16. T を, (L) およびすべての τ_m と異なる, C を含まない (正則と言う) 任意の繰り返し列とする. このとき, 最大列 $M(T)$ はすべての $m \geq$

0 について

$$\tau_m < M(\mathbf{T})$$

証明 略.(これは,＊積の性質をもう少し解明することによってなされる.文献(1)に詳しく解説されている.)

以上から $r=2^m$ ($m=0,1,2,\cdots$) の場合,

$$P_r = (R*)^m(R) = \tau_m$$

がいえる.

次に,r が3以上の正則な奇数周期を考えてみる.先に結論をいうと奇数 r の最小最大列 P_r は

$$P_r = (RLR^{r-2}) \tag{*}$$

になる.このことは次の命題によって明らかである.

命題17. L と R による奇数 r 個の繰り返し列の最小最大列 P_r を考える.

(1) P_r は L と R を少なくとも1つは含む.

(2) P_r の先頭は R である.

(3) L を1個だけ含む r 個の繰り返し列の最大列は,$(RR\cdots L\cdots R) < (RLR^{r-2})$ より (RLR^{r-2}) である.

(4) L を2個以上含む r 個の繰り返し列は,それにずらしを施したものの中に (RLR^{m-2}) より大きい記号列が必ずある.

(5) したがって,$P_r = (RLR^{r-2})$

証明 (1)〜(3)はほとんど自明である.(4)は,L が LL と続く場合は $(RLR\cdots) < (RLL\cdots)$ よりすぐいえる.続かない場合は,L が偶数個なら R は奇数個,L が奇数個なら R は偶数個であることに注意してどちらの場合も L の後に続く R が偶数個ある場合が必ずあることから導かれる.(5)は(3),(4)よりいえる. (証明終わり)

さらに,$RLR^{r-2}R$ の中には R が奇数個含まれるので,

$$P_{r+2} = (RLR^{r-2}RR) < (RLR^{r-2}RLR^{r-2}) = P_r$$

がいえる.

最後に,$r = 2^m \cdot k$ (m は自然数,k は3以上の奇数) の場合は

$$P_r = (R*)^m RLR^{k-2}$$

となる(証明は略す).

以上をまとめると次の命題になる．

命題18.
(1) $r=2^m$ $(m=1,2,3,\cdots)$ では $P_r=(R*)^m R$
(2) $r=2^m \cdot k$ $(m=1,2,3,\cdots,\ k=3,5,7,\cdots)$ では
$$P_r=(R*)^m RLR^{k-2}$$
(3) $r=3,5,7,\cdots$ では $P_r=(RLR^{r-2})$

さらに次の命題がいえる（証明は略す）．

命題19. 自然数を次の順序で並べたものを**シャルコフスキーの順序**という．
$$3>5>7>\cdots$$
$$>2\cdot 3>2\cdot 5>2\cdot 7>\cdots$$
$$\cdots\cdots$$
$$>2^m\cdot 3>2^m\cdot 5>2^m\cdot 7>\cdots$$
$$\cdots\cdots\ (2^\infty \cdot 奇数の\infty)$$
$$>2^\infty\cdots>2^3>2^2>2>1$$

この順序の意味で $r>t$ ならば $P_r>P_t$ である．

この命題と，定理9から次の**シャルコフスキーの定理**を得る．

定理20.（シャルコフスキー）f が周期 r の周期軌道を持てば（すなわち $P_r \in \sum f,\ P_r \leqq K(f)$），シャルコフスキーの順序で $r>t$ である周期 t の周期軌道も存在する．

最後に，S が $3\sim 5$ 周期の繰り返し列の $M(S)$ の各タイプについてその順序を調べておこう．次のようになることがわかる．

$((RLRL)<)\ (RLRC)<(RLRR)<\cdots<(RLRRR)<(RLRRC)<(RLRRL)<\cdots<(RLR)<(RLC)<(RLL)<\cdots<(RLLRL)<(RLLRC)<(RLLRR)<\cdots<(RLLR)<(RLLC)<(RLLL)<\cdots<(RLLLR)<(RLLLC)<(RLLLL)$

以上で記号力学の入門的なお話を終わる．命題の証明などで省略した部分やさらに深い考察については，この解説において参考にした P. Collet, J. P. Eckmann による著書(1)を参照されたい．また，この解説においては触れなかった推移行列による有限部分推移の記号力学はデバネイの著書に述べられているので参照されたい．

参考文献

(1) P. Collet & J. P. Eckmann；『ITERATED MAPS ON THE INTERVAL AS DYNAMICAL SYSTEMS』BIRKHAUSER（「カオスの出現と消滅」森真訳（遊星社））

4.3 入門フラクタル

1982年に『THE FRACTAL GEOMETORY OF NATURE』を著し，フラクタルという造語とともに有名になったベンワー.マンデルブローは，自然における自己相似なかたちを**フラクタル**と呼び，非整数次元である**フラクタル次元**によってそれをとらえることを提唱した．

フラクタルとは，観測するスケールをどんどん小さくしてもその中に元のかたちと同じものが見えているもので，ニュートン的な図形観（拡大すれば直線や平面になる）とは異なった図形の見方である．自然界は，植物の樹枝成長，雪など結晶の成長，河川，海岸線，稲妻，山，岩石，信号電送中のノイズの分布，血管・肺・脳などの樹状分布，などなどフラクタルで満ち満ちている．また，カオス系のストレンジアトラクターもフラクタルである．フラクタル幾何学は今や物理，化学をはじめ，生理学，冶金学，地震学，原油の探索，ポリマーの研究,映画の特撮シーンなど広範な分野に応用されている．

4.3.1 縮小写像と自己相似な図形

完全自己相似集合

まず最初に，畑正義氏によって見いだされた**自己相似集合**を紹介しよう．（アメリカのハッチンソンも同様のことを見いだしている.）これは，複素平面上における複数個の縮小1次変換の組合せによる写像の不変集合（ハウスドルフ空間における不動点）として現れる集合である．

例えば，図4.3.1はよく知られた**コッホ曲線**であるが，全体の図形をA，図形の左半分をA_0，右半分をA_1とすると，AはA_0とA_1を合わせたもの

$$A = A_0 \cup A_1 \tag{4-3-1}$$

で，しかも，A_0およびA_1はどちらも全体の図形Aを縮小した相似な図形

$A = A_0 \cup A_1$

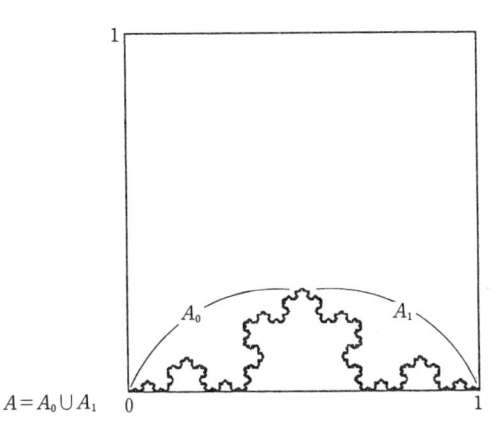

図 4.3.1　コッホ曲線

になっている．このようなタイプの自己相似集合を**完全自己相似集合**と言う．

そこでまず A_0 は A をどのように写したものであるかを調べてみよう．A の代わりに三角形で示す．まず全体を ① 原点に向かって $1/\sqrt{3}$ 倍に縮小し（図 4.3.2(a)），次にそれを ② x 軸に対称にひっくり返し（図 4.3.2(b)），最後にそれを ③ 原点の回りに角 $\theta = 30°$ 反時計回りに回転したものになっている（図 4.3.2(c)）．同様に A_1 は，A を ① 原点に向かって $1/\sqrt{3}$ 倍に縮小し，次にそれを ② x 軸に対称にひっくり返し，さらに ③ 原点の回りに $-30°$ 回転し，最後に ④ 右上 $30°$ の方向へ A_1 まで平行移動したものになっている．

結局，自己相似な縮小写像は縮小，回転，軸対称移動，平行移動の組合せで作られる．このような操作を表現するには複素平面を使うと便利である．この 4 つの操作を式で表すとそれぞれ次のようになる．複素平面上の点（図形上の点）を z とする．

1. 原点を中心に r 倍に縮小　　：　$z \rightarrow rz$
2. 実軸（x 軸）に対称移動　　：　$z \rightarrow \bar{z}$
3. 原点の周りに角 θ 回転　　：　$z \rightarrow z e^{i\theta}$
4. a だけ平行移動　　　　　　：　$z \rightarrow z + a$

すると，A を A_0 に写す写像を $f_0(z)$，A_1 に写す写像を $f_1(z)$ とすると，

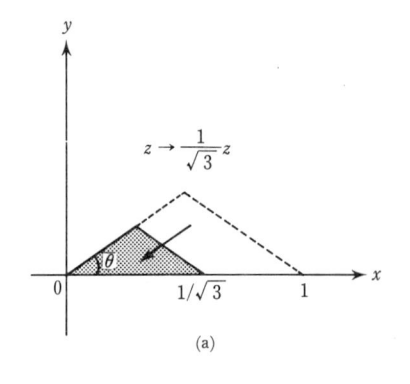

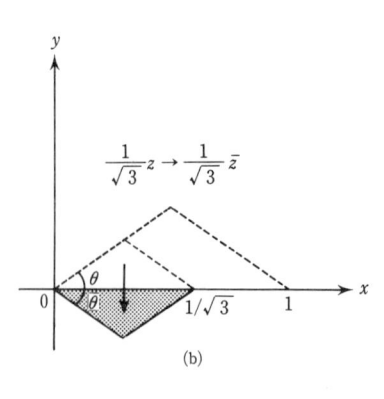

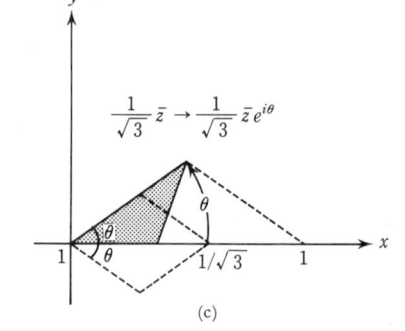

(a) 原点に向かって $1/\sqrt{3}$ 倍に縮小
(b) x 軸に対称に鏡像
(c) 原点を中心に角 θ 回転

図 4.3.2

$A \to A_0$; $\quad f_0(z) = (1/\sqrt{3})\,\bar{z}\,e^{\pi i/6}$

$A \to A_1$;
$$\begin{aligned} f_1(z) &= (1/\sqrt{3})\,\bar{z}\,e^{-\pi i/6} \\ &\quad + (1/\sqrt{3})\,e^{\pi i/6} \end{aligned} \tag{4-3-2}$$

これを x, y を使って表すと, $z = x+iy$, $\bar{z} = x-iy$, $e^{i\theta} = \cos\theta + i\sin\theta$ より

$$\begin{aligned} f_0(z) &= ((1/2)x + (1/2\sqrt{3})y) \\ &\quad + ((1/2\sqrt{3})x - (1/2)y)\,i \\ f_1(z) &= (1/2 + (1/2)x - (1/2\sqrt{3})y) \\ &\quad + (1/2\sqrt{3} - (1/2\sqrt{3})x - (1/2)y)\,i \end{aligned} \tag{4-3-3}$$

さてここで, コッホ曲線のバリエーション (図 4.3.3 はその例) も表せる

図 4.3.3　コッホ曲線のバリエーション

式を書いてみよう．縮小率を r, 回転角を θ とする．条件 $r\cos\theta = 1/2$ に注意する．

$\alpha = re^{i\theta}$ とおくと，条件より $\bar{\alpha} = 1 - \alpha$ である．そこで (4-3-2) 式を一般的な形に書き換えると

$$f_0(z) = \alpha \bar{z}$$
$$f_1(z) = \alpha + \bar{\alpha} \bar{z} \qquad (4\text{-}3\text{-}4)$$
$$\quad = \alpha + (1-\alpha) \bar{z}$$

(4-3-4) 式は連結条件 $f_0(1,0) = f_1(0,0)$ を満たしている．全体像 A が連結した集合であれば，$f_0[A]$ と $f_1[A]$ は共通点を持たねばならない．ここで，(x, y) は $z = x + yi$ の点を表す．ここで $\alpha = a + bi$, $z = x + yi$, $z' = x' + y'i = f_0(z)$, $z'' = x'' + y''i = f_1(z)$ として (4-3-4) 式を実数形式に書けば，

$$x' = ax + by$$
$$y' = bx - ay$$
$$x'' = a + (1-a)x - by \qquad (4\text{-}3\text{-}5)$$
$$y'' = b(1-x) - (1-a)y$$

（ただし $a = 0.5$, $0.5 > b > 0$ とする）

さてここで，(4-3-4) 式を用いてパソコンでコッホ曲線を描いてみよう．ここではパラメーターを使う方法を紹介する．パラメーターを $t \in [0, 1]$ として曲線上の点をこの t に対応させる．$t = 0$ は曲線の左端の原点に，中央

は $t=0.5$ に，$t=1$ は曲線の左端の点 $(1,0)$ に．すると (4-3-4) 式は，図形 A の自己相似性より

$$f_0(z(t)) = \alpha \bar{z}(t) = z(t/2)$$
$$f_1(z(t)) = \alpha + (1-\alpha)\bar{z}(t) = z((1+t)/2)$$
(4-3-6)

と書ける．これをさらに (4-3-5) 式のように表し，配列変数 $(x(t), y(t))$ を用意する．こうして，点 $z(0)=(0,0)$ に f_1 を施して（または点 $z(1)=(1,0)$ に f_0 を施して）点 $z(1/2)$ を求め，求めた点をもとにさらに f_0 および f_1 を施して，次々と点 $z(t)$ を求めていく．この方法によるプログラムは LIST_10 である．図 4.3.1, 図 4.3.3 はこのプログラムによって描かれている．

このような方法で描かれるいくつかのフラクタル図形とその縮小写像の式を挙げておく．例 1 は連結条件 $f_0{}^2(1,0)=f_1(0,0)$ を満たし，例 2 は連結条件 $f_1f_0{}^2(1,0)=f_0(1,0)$ を満たしている．例 3 は $f_0[A]$ と $f_1[A]$ が一点で連結するという条件を満たしておらず，複数個の点で交差しており，例 4 は逆に $f_0[A]$ と $f_1[A]$ が交点を持たない，したがって全不連結なフラクタルである．

例 1　スギの葉——図 4.3.4 は $\alpha=0.5+0.3i$

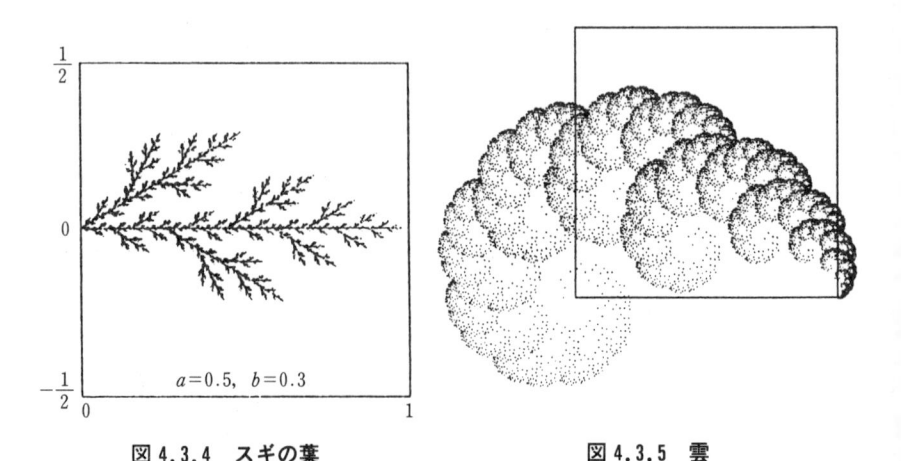

図 4.3.4　スギの葉

図 4.3.5　雲

$$f_0(z) = \alpha \bar{z}$$
$$f_1(z) = |\alpha|^2 + (1-|\alpha|^2)\bar{z}$$

例2 雲――図 4.3.5 は $\alpha = 0.6 + 0.56i$
$$f_0(z) = \alpha z$$
$$f_1(z) = \frac{\alpha + z}{1 + \alpha}$$

例3 つる草――図 4.3.6 は $\alpha = 0.46 + 0.46i$
$$f_0(z) = \alpha \bar{z}$$
$$f_1(z) = (例2の f_1(z) と同じ)$$

例4 飛翔――図 4.3.7 は $\alpha = a + bi = 0.4 + 0.4i$
$$f_0(z) = (0.2ax + by) + (1.4bx - ay)i$$
$$f_1(z) = (例2の f_1(z) と同じ)$$

一般に,縮小1次変換の組 (f_0, f_1) を
$$f_0(z) = \alpha z + \beta \bar{z}$$
$$f_1(z) = \gamma z + \delta \bar{z} + 1 - \gamma - \delta$$
(ただし $|\alpha| + |\beta| < 1$, $|\gamma| + |\delta| < 1$)

とすると,複素数 $\alpha, \beta, \gamma, \delta$ について,上の縮小条件を満たす任意の値に対してそれに対応したフラクタル集合が存在する.(ただし,α と β のどちらかが 0,かつ γ と δ のどちらかが 0 の場合のみ完全自己相似集合になる.)

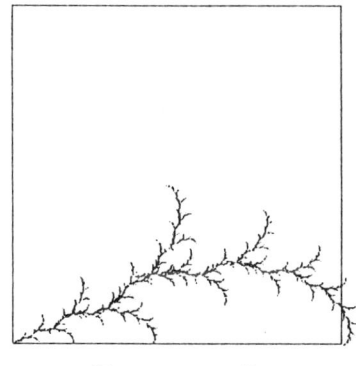

図 4.3.6 つる草

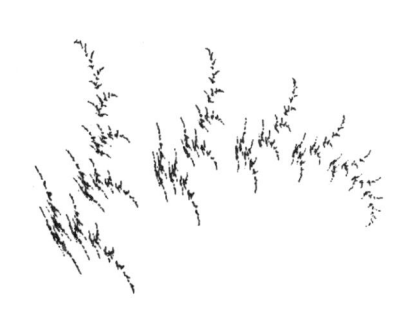

図 4.3.7 飛翔

$\alpha, \beta, \gamma, \delta$ の与え方によって，連結したフラクタルであったり，不連結なフラクタルであったりする．畑氏による，$f_0[A]$ と $f_1[A]$ がちょうど1点で連結するようないろいろのタイプのフラクタルが，放送大学教材（1992年）『カオスとフラクタル入門』（山口昌哉）に載せられているのでを参考にされたい．

内部自己相似集合

さて，自己相似集合には，上に述べた完全自己相似集合

$$A = f_0[A] \cup f_1[A] \tag{4-3-7}$$

$$(一般に，A = f_0[A] \cup f_1[A] \cup \cdots \cup f_n[A])$$

のタイプの他に，

$$A = f_0[A] \cup f_1[A] \cup B \tag{4-3-8}$$

$$(一般に，A = f_0[A] \cup f_1[A] \cup \cdots \cup f_n[A] \cup B)$$

のタイプもある．(4-3-8) 式のタイプを**内部自己相似集合**と言う．

図 4.3.8 （カリフラワー） は内部自己相似集合の一例で，左端の直線が集合 B に相当する．(4-3-8) 式において，$B = [0, 1]$ とし，

$f_0(z) = rze^{i\theta} + 1$:

  全体像を r 倍に縮小し，角 θ 回転した後，

  右へ 1 だけ平行移動する

$f_1(z) = rze^{-i\theta} + 1$:   (4-3-9)

  全体像を r 倍に縮小し，角 $-\theta$ 回転した後，

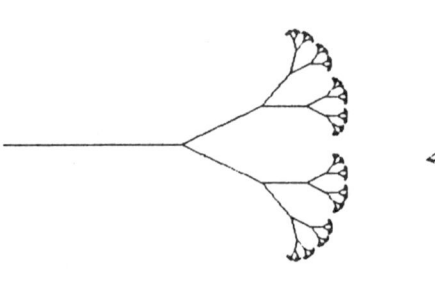

図 4.3.8　カリフラワー 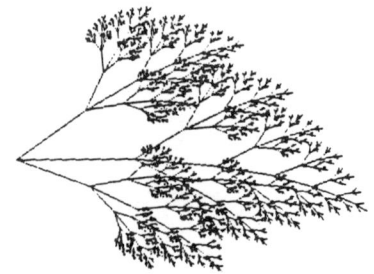　　　　　　図 4.3.9　小枝

右へ1だけ平行移動する

で，$r=1/2$，$\theta=\pi/6$ としている．第 n 枝 Bn は，この2つの縮小写像を使って，$s_i \in \{0,1\}$ として

$$s_1, s_2, \cdots, s_n$$

をあらゆる組合せについて

$$f_{s_1} \cdot f_{s_2} \cdot \cdots \cdot f_{s_n}[B]$$

を描けば得られる．こうすれば良いことは，例えば第2枝は第1枝を f_0 または f_1 で写したものになっているが，その第1枝は B を f_0 または f_1 で写したものになっていることから理解できるであろう．パソコンで描くには，枝の継目の点の写り方の規則性に着目して番号を付け，各点の座標を次々求めて配列変数に納める．このプログラムを組む際，どの点がどの点に写るかがポイントである．継目の点と点を正しく LINE 命令で結ぶと出来あがる (LIST_11)．

例5 小枝（図 4.3.9）

種になる集合 B は図の根元の部分の3本の直線で，$B=K_1 \cup K_2 \cup K_3$ として

$$K_1 = r_1[0,1]e^{i\theta_1}$$
$$P_2 = r_2[0,1]e^{i\theta_2}$$
$$K_3 = r_3[0,1]e^{i\theta_3}$$

である．縮小写像は

$$f_1(z) = r_1(z+1)e^{i\theta_1}$$
$$f_2(z) = r_2(z+1)e^{i\theta_2}$$
$$f_3(z) = r_3(z+1)e^{i\theta_3}$$

である．プログラムについては読者の課題とする．LIST_11 を参考にされたい．

4.3.2 複素力学系とフラクタル

ジュリア集合とマンデルブロー集合

z を複素数として，

$$z_{n+1} = f(z_n) \tag{4-3-10}$$

で記述される離散方程式を**複素離散力学系**（略して**複素力学系**）と呼ぶ．$f(z)$ が z の多項式，特に

$$z_{n+1} = z_n^2 + a \qquad (4\text{-}3\text{-}11)$$

の系の振舞いについて1920年代にジュリアとファトウーによって研究が深められた．

(4-3-11) 式において，初期点 z_0 から出発した軌道がいつまでも発散しない初期点の集合を**充填ジュリア集合**，充填ジュリア集合の境界を**ジュリア集合**という．一般に，複素パラメーター a の絶対値が十分小さいと（すぐ後に説明するマンデルブロー集合の十分内部），発散しない初期点の領域すなわち充填ジュリア集合の領域は広く単領域であるが，大きくなるにしたがって連結はしているがくびれを生じ，領域は痩せていき，ついには全不連結なカントール集合になる．また領域の境界であるジュリア集合はなめらかではなくフラクタルになっていて，パラメーターの値によって様々な形のフラクタル模様を描く．図 4.3.10 は，$a = 0.32 + 0.043i$ のジュリア集合をLIST_12 を修正して白黒パターンで攻めて描いている．内部の白抜きの部分が充填ジュリア集合である．力学的にはジュリア集合はカオス集合になっ

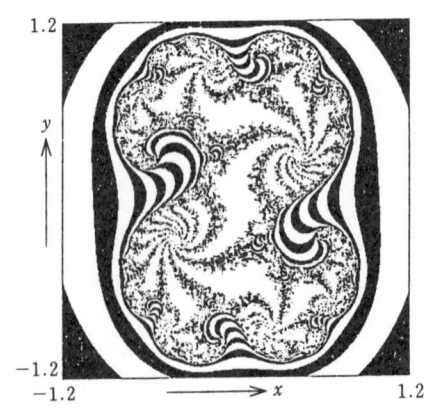

ジュリア集合を白黒パターンで改めた図．内部の白抜きの部分が充填ジュリア集合．その境界がジュリア集合，$AR = 0.32$, $AI = 0.043$

図 4.3.10　ジュリア集合（$AR=0.32$, $AI=0.043$）

ている．

　一方，**マンデルブロー集合**とは，(4-3-11) 式において初期値 z_0 を $z_0=0$ と決めて，そこからの軌道がいつまでも発散しないようなパラメーター a の集合のことをいう．この集合は，全体としては図 4.3.11 のようにいたるところ瘤だらけの雪だるまのような形をしていて，子だるま，孫だるまがくっついたなめらかなところのないフラクタルである．これをくびれのところで分離してみると，それぞれのまとまった領域（マンデルブローはこのそれぞれの単領域をアトムと呼んでいる）のパラメーター値に対しては軌道は同じ周期の安定周期解を持つ．例えば，一番大きい領域であるだるまの中心部分は安定不動点，次に大きい領域であるだるまの頭の部分は安定 2 周期点というふうに．言い替えると，くびれのところで分岐が起きている．さて，図 4.3.10 や図 4.3.11 を描くプログラムについて述べておこう．まず図 4.3.10 のプログラム LIST_12 について．$z=0$ を中心とする十分大きい半径 R ($R^2-|a|>R$ を満たすようにする) 内の領域を D とすると，初期点 z_0 から出発して，ある N 回目の写像で領域 D から飛び出せば発散と判断できる．実はこのことは領域 D の逆写像は縮小写像になっていて，点 z_0 は D の N 回逆写像には含まれるが $N+1$ 回逆写像には含まれないないことを意味する．そこでこの N の値に対応させて点 z_0 に色を配色する．描き終えたディスプ

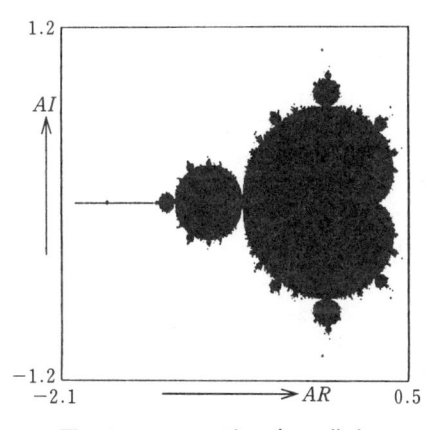

図 4.3.11　マンデルブロー集合

レー上の絵を保存するにはLIST_14の最後にある *** GRAPH SAVE PROGRAM *** をプログラムの最後に加えて実行する．また，ファイルからディスプレー上に取り出すにはLIST_15を行えばよい．2HDフロッピーディスクには12枚の絵が保存できる．

マンデルブロー集合（図4.3.11）は，同じ考え方でNをできるだけ（コンピューターでの作図時間が許すかぎり）大きく与えて，初期点$z_0=0$から出発した軌道がN回目でまだD内にあるとき，そのパラメーター値を与えている点を塗り込んでいく．プログラムはLIST_13である．時間が許せばさらに小さい部分の拡大図を試みられたい．全体からは見られないまったく異なった図形が現れる．

ニュートン法とフラクタル

複数個のアトラクターがある場合，それぞれのアトラクターに吸引される領域の境界がフラクタルになっている場合がある．例えば，3次方程式

$$z^3=1$$

の根は3個あるが，この解を求めるニュートン法は3個のアトラクターを持つ一つの離散力学系を与え，その吸引領域の境界はフラクタルになる．

ニュートン法とは，方程式

$$f(z)=0$$

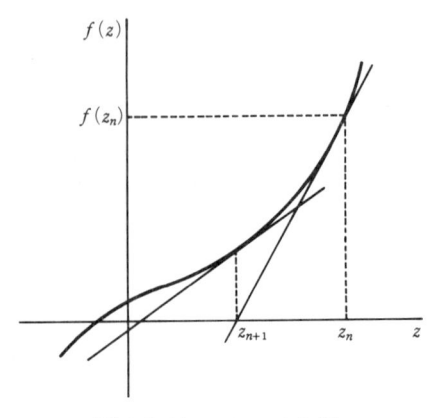

図 4.3.12　ニュートン法

の根を数値的に解く一つの方法で，
漸化式
$$z_{n+1} = z_n - \frac{f(z_n)}{f'(z_n)} \quad (4\text{-}3\text{-}12)$$
により，根に近いと思われる初期値 z_0 から出発して（4-3-12）式の収束値として根を求める方法である．（4-3-12）式は，図 4.3.12 からわかるように
$$f'(z_n) = \frac{f(z_n)}{z_n - z_{n+1}}$$
から導かれる．ここで，
$$f(z) = z^3 - 1 \quad (4\text{-}3\text{-}13)$$
の場合，（4-3-12）式は
$$z_{n+1} = (2z_n^3 + 1)/3z_n^2 \quad (4\text{-}3\text{-}14)$$
となる．この場合，（4-3-13）式の $f(z)=0$ の根，$z_1=1$，および $z_2=-1/2+\sqrt{3}i/2$ に収束する z の領域をパソコンで調べてみると，それぞれ図 4.3.13(a),(b)になる．それぞれの境界は単純ではなくフラクタルになっている．図から，根 $z_3=-1/2-\sqrt{3}i/2$ に吸引される領域は，z_1 の吸引領域の補集合と z_2 の吸引領域の補集合の共通集合になることが推察される．z_1, z_2, z_3

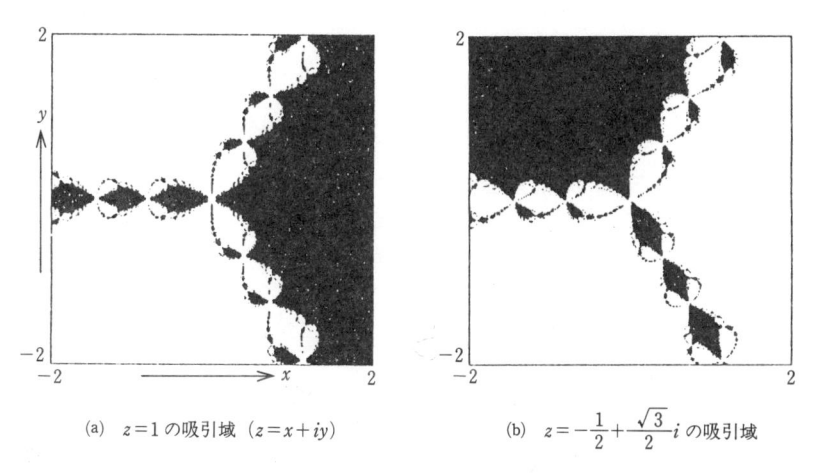

(a) $z=1$ の吸引域 ($z=x+iy$)

(b) $z=-\frac{1}{2}+\frac{\sqrt{3}}{2}i$ の吸引域

図 4.3.13　ニュートン法による $z^3=1$ の根の吸引域

は，図 4.3.13 のそれぞれ，およびそれぞれの補集合の共通集合を吸引領域に持つ，力学系（4-3-14）式の吸引不動点である．

4.3.3 フラクタル次元

自己相似集合の次元（相似次元）

最後にフラクタル図形の次元について考える．線分やそれを折り曲げてできる曲線は 1 次元で，有限な長さを持つが面積はゼロ，正方形やなめらかな曲面は 2 次元で有限な面積を持つが体積はゼロである．ではコッホ曲線は面積がゼロなのでやはり 1 次元と考えるべきであろうか．ちょっと待っていただきたい．この曲線はじつは長さが無限大なのである．確かめてみよう．この曲線の直径（差渡し：この図形を一つの円で覆うとき半径の最も小さい円の直径）を 1 とする．図 4.3.1 を見ると，全体の直径を 1/3 に縮小したものが 4 個連なって全体を構成している．もっとスケールを小さくして直径 $1/3^n$ で見ればそのスケールのものが 4^n 個あることがわかる．このときの全体の図の近似的な長さ s は

$$s = 4^n \cdot 1/3^n$$

である．こうしてスケールをどんどん小さくしていくと，すなわち n をどんどん大きくしていくと，s はいくらでも大きくなって結局長さなんて測れない！　すなわち無限大なのである．

ここでもう一度次元について振り返ってみよう．まず図 4.3.14 の長方形で考えてみる．図の斜線の部分の縦横をそれぞれ 2 倍にしてできた長方形は

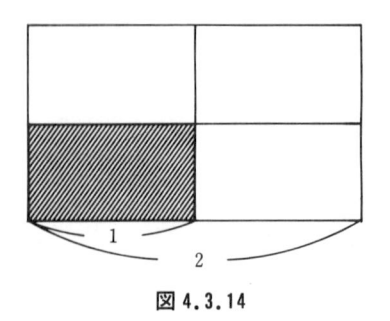

図 4.3.14

元の長方形が4個，4倍の面積になっている．すなわち，スケールを2倍にすると図形は元の4倍になる．このとき，

$$(スケールの倍率)^n = (図形の倍率) \qquad (4\text{-}3\text{-}14)$$

として
$$2^n = 4$$

すなわち $n=2$，2次元であると考える．じっさい直線では $n=1$，立方体では $n=3$ になる．

ではコッホ曲線ではどうなるのであろう．先ほど見たように，全体はスケール $1/3$ のものが4個ある．すなわちスケールを3倍にすると図形は4倍になるので，(4-3-14) 式にあてはめると

$$3^n = 4$$

となる．この n は，両辺対数をとると

$$n = \log 4 / \log 3 = 1.26\cdots$$

と求まる．こうして1でも2でもない非整数次元が現れてしまった．このような非整数次元を**フラクタル次元**といい，特に自己相似な集合のフラクタル次元を**相似次元**ともいう．こうしてコッホ曲線はスケールを2倍にすると大きさは $2^{1.26\cdots}$ 倍になるような図形ということになるのである．

練習として，図 4.3.15 の極限集合（カントールの3進集合）について計算してみられたい（答は $0.63\cdots$）．これは，区間 $[0,1]$ から中央の $1/3$ を除き，残った区間について再び同じ操作を無限に繰り返して残っている集合である．

一般のフラクタル次元（ハウスドルフ次元）

さて以上は完璧な自己相似集合の場合で簡単であったが，完全には自己相似ではない内部自己相似集合や，もっと一般に自然界のフラクタルについてはどのように次元を測ればよいであろう．次元の測り方は近似的にはいろいろあるが，ここでは基本的な考え方である**ハウスドルフ次元**を紹介する．この厳密な定義は註に述べるとして，その近似的な求め方を述べよう．

図形を直径 ε の円（3次元空間では球，円の代わりに正方形でもよい）で図 4.3.16 のように被覆していく．このときその図形を覆っている円の数を数えて $N(\varepsilon)$ とする．このとき，

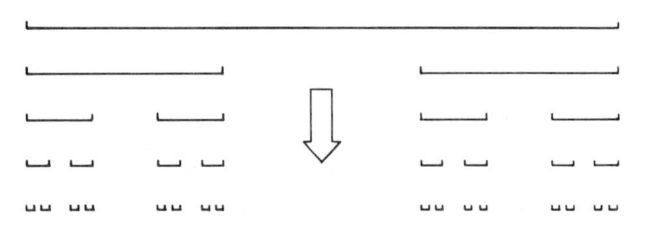

図 4.3.15　カントールの 3 進集合

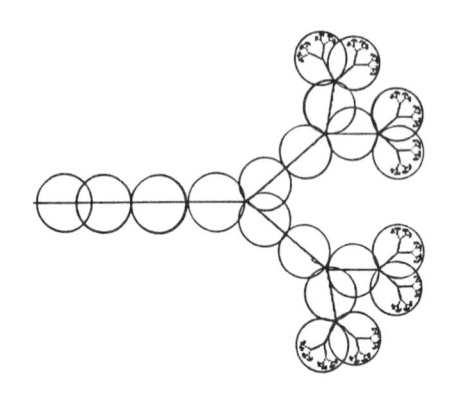

図形を直径 ε の円で覆う．覆う円の数が最小となるような覆い方のときの円の数を $N(\varepsilon)$ とする．

図 4.3.16

$$\mu_k(\varepsilon) = N(\varepsilon) \cdot \varepsilon^k \qquad (4\text{-}3\text{-}15)$$

を次元 k のハウスドルフ測度という．さて，$\varepsilon \to 0$ のとき，$\mu_k(\varepsilon)$ は k がある値 κ より大きいと $\mu_k(\varepsilon) \to 0$ に，また逆に k がこの値 κ より小さいと $\mu_k(\varepsilon) \to \infty$ になり，k がちょうどこのある値 κ のときに $\mu_k(\varepsilon)$ はある有限な値になることがわかっている．読者は因に長方形の場合 $\kappa=2$ であることを調べてみられたい．そこでこの $k=\kappa$ をハウスドルフ次元といい，これもフラクタル次元である．例えばコッホ曲線の場合，$\kappa=\log 4/\log 3$，$\mu_\kappa(\varepsilon)=1$ となり，先に述べたフラクタル次元と一致する．

では，この κ をフラクタル図形に当てはめて近似的に求めるにはどうするかを考えみよう．(4-3-15) 式の対数をとると，

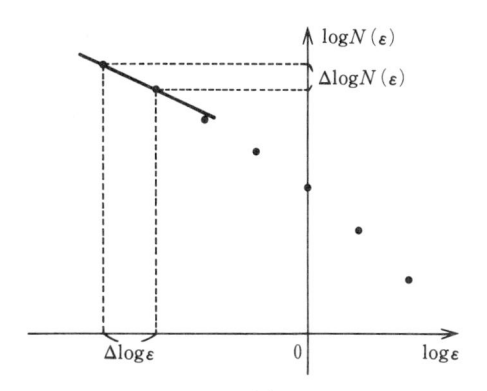

$\varepsilon \to 0$ のときの $-\dfrac{\Delta \log N(\varepsilon)}{\Delta \log \varepsilon}$ がハウスドルフ次元

図 4.3.17

$$\log N(\varepsilon) + \kappa \log \varepsilon = \log \mu_\kappa(\varepsilon) \tag{4-3-16}$$

となる．そこで $\log \varepsilon$ を横軸，$\log N(\varepsilon)$ を縦軸にとり，ε をいろいろ変えて（小さくしながら）各 ε の値毎に図形から $N(\varepsilon)$ を読み取って，$\log N(\varepsilon)$ と $\log \varepsilon$ を計算しグラフ上にプロットする（図 4.3.17）．ε が十分小さく，点が左方へほぼ直線的になったと考えられるところで，その相隣る 2 点を結ぶ直線の傾きの大きさが κ の近似値になる．すなわち

$$\kappa = \lim_{\varepsilon \to 0} \frac{-\Delta \log N(\varepsilon)}{\Delta \log \varepsilon} \tag{4-3-17}$$

である．グラフは左上方へ直線的に延びて行くので，原点と点 $(\log \varepsilon, \log N(\varepsilon))$ を結ぶ直線の傾きは，$\varepsilon \to 0$ ではグラフの傾きと一致すると考えてよい．したがって，(4-3-17) 式の代わりに

$$\kappa = \lim_{\varepsilon \to 0} \frac{-\log N(\varepsilon)}{\log \varepsilon} \tag{4-3-18}$$

を用いることもできる．

註．

A を平面上の点集合（図形）とする．A を直径が ρ 以下の有限個の閉集合 U_i $(i=1, 2, \cdots n)$ で覆う：

$$A \subset U_1 \cup U_2 \cup \cdots \cup U_n$$

ここで，閉集合Uの直径とは直感的に言ってUの差渡しが最大となるその長さのこととする．例えばUが楕円であればその長径である．

次の式で次数kとρを固定して，すべての$\{U_i\}$のとり方について

$$\sum_{i=1}^{n} d(U_i)^k$$

の下限を$\mu_k(\rho)$と書く．$d(U_i)$はU_iの直径である．すなわち

$$\mu_k(\rho) = \inf \sum_{i=1}^{n} d(U_i)^k, \ \text{diam} U_i \leq \rho$$

そこで

$$\mu_k = \lim_{\rho \to 0} \mu_k(\rho)$$

をAの**k次元ハウスドルフ測度**という．

このときある正数κが唯一定まって

$k > \kappa$のとき　$\mu_k = 0$

$k < \kappa$のとき　$\mu_k = \infty$

$k = \kappa$のとき　μ_kはある有限なある確定正値

となることが証明される．（ハウスドルフ・ベシコビッチの定理）

この定理を実際に応用するには本文で述べたように$\{U_i\}$を適切に決めてそ

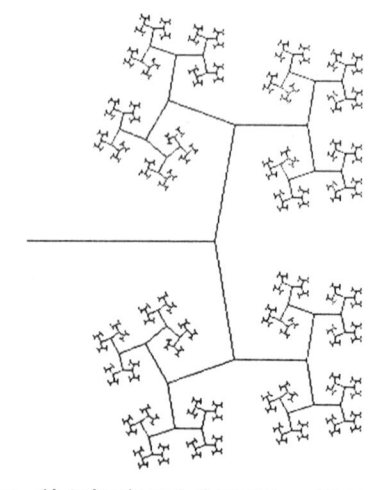

図 4.3.18　縮小率2/3のカリフラワーバリエーション

の極限を考える.

例として図4.3.18のフラクタル次元（ハウスドルフ次元）を求めてみよう．これは前節の(4-3-9)式で縮小率 $r=2/3$ とした場合である．まず n 枝までのすべての枝の長さ L_n を求めると，

$$L_n = 1 + (2/3) \cdot 2 + (2/3)^2 \cdot 2^2 + \cdots + (2/3)^n \cdot 2^n$$

したがってここまでを直径 $\varepsilon_n = (2/3)^n$ の円で覆ってしまうと，円の個数は L_n を ε_n で割った数になり，さらに $n+1$ 枝目から先は近似的に $2 \cdot 2^n$ 個の円で覆い尽くせると考えてよいので，図を覆う円の数 $N(\varepsilon_n)$ は

$$N(\varepsilon_n) \fallingdotseq (3/2)^n + (3/2)^{n-1} \cdot 2 + (3/2)^{n-2} \cdot 2^2 + \cdots + 2^n + 2 \cdot 2^n$$
$$= 2^n \{(3/4)^n + (3/4)^{n-1} + \cdots 3/4 + 3\}$$
$$= 2^n S_n$$

（ここで $\lim_{n\to\infty} S_n = \dfrac{1}{1-3/4} + 2 = 6$ に注意）

と近似できる．したがって (4-3-17) 式より

$$\kappa = \lim_{\varepsilon \to 0} \frac{-\{\log N(\varepsilon_{n+1}) - \log N(\varepsilon_n)\}}{\log \varepsilon_{n+1} - \log \varepsilon_n}$$

$$= \frac{\log 2}{\log 3 - \log 2} = 1.71\cdots$$

練習問題として次の場合のハウスドルフ次元 κ を求めてみよ．

① 図4-3-7（縮小率 1/2）の場合．
② 同様の図で縮小率 $r=n/m$ （ただし $m/2 < n < m$）の場合．
③ コッホ曲線の場合

海岸線や河川，あるいはカオスアトラクターなどのフラクタル次元は上の例のようにはすぐには計算では求められないが，考え方は同じである．例えばある河川のフラクタル次元を求めるとしよう．まず，できるだけ細部が正確に大きく描かれた河川図と，図を覆う透明な方眼紙をいろいろのメッシュについて用意する．方眼紙のメッシュ ε については，例えばまず縦横に中心線だけのものから，1/2倍づつ小さくしていったものをできるだけ多く（できるだけ小さいメッシュまで）揃える．そこで，この図の上にメッシュ ε の大きい方眼紙から順に置き，各 ε について図をカバーしている方形の数

を数えて記録し，$\log \varepsilon$ と $\log N(\varepsilon)$ をグラフにプロットする．最後に，このグラフの左上へ延びている部分の曲線（近似的には直線）の傾きの大きさ，すなわち (4-3-17) 式の近似値を求めるとフラクタル次元の近似値が得られる．

カオスのストレンジアトラクターはフラクタルになっているので，実験で得られた時系列データをもとにフラクタル次元を調べ，アトラクターが埋め込まれている相空間の次元（**埋め込み次元**）を求める方法がある．例えば n 番めから $n+2$ 番目の3個の続くデータを3次元座標の点と考えて3次元相空間にプロットする．こうして得られた点列の集合に対してフラクタル次元を調べる．もしもアトラクターの次元が2.3であれば，1次元や2次元の相空間に対してはそれぞれ1，2の次元を示すが，3次元に埋め込んでみれば3にはならなず，2.3に近い値を示すであろう．時系列が連続的であればタイムインターバル T を適当に選び，$x(t)$, $x(t+T)$, $x(t+2T)$, を3次元相空間の座標と考えて，同様に3次元相空間に埋め込んだ連続した軌道を調べる．T の選び方が適切であれば相空間に広がったアトラクターが現れる．この方法はショウ (R. S. Shaw) によって蛇口から滴る水滴の時間間隔に対して最初に試され，ターケンス (F. Takens) によって数学的に基礎づけられた．

最初に述べたハウスドルフ次元の近似的な求め方は**容量次元**（d_c）と呼ばれている．カオスアトラクターの次元を求める場合，点の集合は有限個であるので，アトラクターの特徴が反映するようにいろいろな次元の定義があり，容量次元の他に**情報次元**や**相関次元**，**一般化次元**などがある．以下簡単に紹介しておく．

情報次元は2章4節で触れたエントロピーに関係する．アトラクターがサイズ ε のボックス n 個で覆われているとしよう．p_i を i 番目のボックスに軌道点が入る頻度とすると，**エントロピー** $I(\varepsilon)$ は

$$I(\varepsilon) = -\sum_{i=1}^{n} p_i \log p_i \qquad (4\text{-}3\text{-}19)$$

である．情報次元 d_I は式

$$d_I = \lim_{\varepsilon \to \infty} \frac{-I(\varepsilon)}{\log \varepsilon} = \lim_{\varepsilon \to \infty} \frac{\sum_{i=1}^{n} p_i \log p_i}{\log \varepsilon} \tag{4-3-20}$$

で定義される．

相関次元は，相関関数

$$C(\varepsilon) = \lim_{\varepsilon \to \infty} \left\{ \frac{1}{N^2} \sum_{i,j=1}^{N} H(\varepsilon - |x_i - x_j|) \right\} \tag{4-3-21}$$

を用いて定義される．ここで $H(x)$ は**ヘビサイド（階段）関数**（$x \geq 0$ なら $H(x)=1$，$x<0$ なら $H(x)=0$）である．相関次元を d^G とすると，

$$d_G = \lim_{\varepsilon \to 0} \frac{\log C(\varepsilon)}{\log \varepsilon} \tag{4-3-22}$$

で定義される．

一般化次元 d_q は

$$d_q = \lim_{\varepsilon \to \infty} \frac{1}{q-1} \cdot \frac{\log\left(\sum_{i=1}^{n} p_i{}^q\right)}{\log \varepsilon} \quad (-\infty < q < \infty) \tag{4-3-23}$$

で定義される．$q=0$ の場合は容量次元 d_c，$q=1$ の場合は情報次元 d_I，$q=2$ の場合は相関次元 d_G になる．一般に $q \leq q'$ のとき $d_q \geq d_{q'}$ である．したがって次の関係

$$d_c \geq d_I \geq d_G$$

が成り立つ．

エノン写像（3章3節図3.3.5）の場合の容量次元 d_c は $d_c \sim 1.26$ と求められている．

4.4 非線形写像と'墨流し絵'

写像がカオスであれば無限個の周期点を持つので，写像の繰り返し合成写像を陰関数的に表現するとゼロカーブが複雑に折れ曲がり，墨流し絵のような抽象画的絵模様が得られる．以下その描き方と例を示す．

4.4.1 墨流し絵の描き方

F を2次元写像

$$X \longmapsto F(X) = (f(X), g(X)), \quad X \in R^2 \tag{4-4-1}$$

とする．以下，3章4節で述べたことと同じである．$X=(x,y)$ として，$f(x,y), g(x,y)$ はある非線形実数関数とする．この関数をもとに次のような関数

$$\Phi_k(X) = F^k(X) - X = (\phi_k(X), \psi_k(X))$$

を考える．ここで，F^k は F の k 回繰り返し合成関数である．

そこで，$F^k(X) = (f^k(X), g^k(X))$ と表すことにすると，

$$\begin{aligned}\phi_k(x,y) &= f^k(x,y) - x \\ \psi_k(x,y) &= g^k(x,y) - y\end{aligned} \tag{4-4-2}$$

である．ただし，$f^k(x,y)$ と $g^k(x,y)$ は単純な繰り返し合成関数を意味せず，

$$\begin{aligned}f^k(x,y) &= f(f^{k-1}(x,y), g^{k-1}(x,y)) \\ g^k(x,y) &= g(f^{k-1}(x,y), g^{k-1}(x,y))\end{aligned}$$

である．$f^k(x,y), g^k(x,y)$ は，初期点 (x,y) から出発した第 n 番目の軌道点の x 座標 x_n，および y 座標 y_n を表しているにすぎない．(4-4-2) 式より，$\phi_k(x,y)=0, \psi_k(x,y)=0$ を満たす点は，F^k の不動点，言いかえると F の k 周期点を与える．しかしながら，一般に高次の k においてこの点を解析的に求めることは不可能である．

そこで，パソコンで $F(x,y)$ の k 回繰り返し計算を行い $\phi_k(x,y), \psi_k(x,y)$ を求め，点 (x,y) に対して

$\phi_k(x,y) > 0$ なら その点に**赤色**を塗る

$\psi_k(x,y) > 0$ なら その点に**緑色**を塗る

ことにする．ただしその場合ディスプレイ上ではこの操作を1ドットおきに交互に行なう．すると，

$\phi_k(x,y) > 0$ 且つ $\psi_k(x,y) > 0$ なら黄色

$\phi_k(x,y) > 0$ 且つ $\psi_k(x,y) < 0$ なら赤

$\phi_k(x,y) < 0$ 且つ $\psi_k(x,y) > 0$ なら緑色

$\phi_k(x,y) < 0$ 且つ $\psi_k(x,y) < 0$ なら無色

となる．

こうしてできた塗り絵の二つの境界線（$\phi_k=0, \psi_k=0$ のカーブ）の交点

は F^k の不動点，したがって F の k 周期点を与える．

この塗り絵は，F がカオスを持つ場合，カオスの性質として，ある自然数 k_0 があって $k \geq k_0$ のすべての自然数 k に対して F は k 周期点を持つので，k が大きくなると F^k の不動点（F の周期点）の数が飛躍的に増え，したがって境界線が複雑に入り組んだ，赤，黄，緑，無色による絵模様が得られる．また，パラメーターを F の分岐がすすむ方向へ変化させていくと，墨流しの模様が次第に複雑に絡み合っていく様に似た絵模様の変化がみられる．関数値に対応した諧調表現をするとか，あるいはパラメーターを少しずつ変化させて墨流しのアニメーションにするとか，関数 F によって様々な模様を楽しむことができる．

4.4.2 いくつかのモデルと墨流し絵

以下，いくつかのモデルについて墨流し絵とアトラクターを紹介する．

例1 餌食-捕食者モデル——アニメーション風

墨流し絵（カラー口絵）G1～G6は，3章4節でとりあげた餌食-捕食者モデル

$$f(x, y) = ax(1-x-y)$$
$$g(x, y) = by(1+cx)$$
(4-4-3)

に対するもので，$b=0.55$，$c=5$，$k=27$ として，a について G1 から順に 1.5，2.4，3.2，3.5，3.9，4.0（左下 1/4 の拡大図）である（この6枚の図は，山口昌也編著の1992年度放送大学教材[1]に紹介されている図の一部である．）パラメーター a が増加するにつれて模様が次第にたがいに入り組んでいく．墨流し絵をパソコンで描くプログラムは LIST_14 である．

例2

$$f(x, y) = a(1-x-y)$$
$$g(x, y) = by(1+cx)$$
(4-4-4)

このモデル，および例3，例4は餌食-捕食者モデルの変形である．モデル (4-4-4) は，上の餌食-捕食者モデル (4-4-3) 式において第1式の初めの x を落としたモデルである．すなわち $f(x, y)$ は線形である．これでも，(4-4-3) 式と同様にカオスへ至る分岐ルートを持つ．(4-4-3) 式と異なって，カオスとなるパラメーターの値に対しては，左下の部分を初期値とする軌道

は発散してしまい，発散しない初期値の集合は上方の部分に狭められる．図4.4.1(a)は，7周期点が2次ナイマーク・サッカー分岐した後7個のリミットサイクルが島状に現れているところで，パラメーター値は$a=1.427$, $b=0.55$, $c=5$である．図4.4.1(b)はカオスアトラクターで，$a=1.362$, $b=0.4$, $c=7.8$の場合である．墨流し絵$G7$は，図4.4.1(a)と同じパラメーター値で$k=45$として，xを$0.05\sim0.35$, yを$0.5\sim0.8$の範囲を描いている．

例 3
$$f(x,y)=a(1-x)(1-y)$$
$$g(x,y)=bxy \qquad (4\text{-}4\text{-}5)$$

まず，図4.4.2(a)は$a=0.86$, $b=4.1$に対するリミットサイクル，図4.4.2(b)は$a=0.86$, $b=4.42$に対するるカオスアトラクターである．一方，墨流し絵$G8$は図4.4.2(b)と同じパラメーター値で$k=30$に対する墨流し絵である．

例 4
$$f(x,y)=ax(1-x)(1-y)$$
$$g(x,y)=bxy \qquad (4\text{-}4\text{-}6)$$

まず，図4.4.3はこのモデルに対する分岐図で，$b=2.6$として，aが2.5から4.0までのものである．この場合，$a=3.1175$でいったん8周期点が分岐して現れた後，$a=3.1907$でその周期点が消滅し再びリミットサイクルが生じる．そしてその後も周期点→リミットサイクル→周期点のパターンが繰

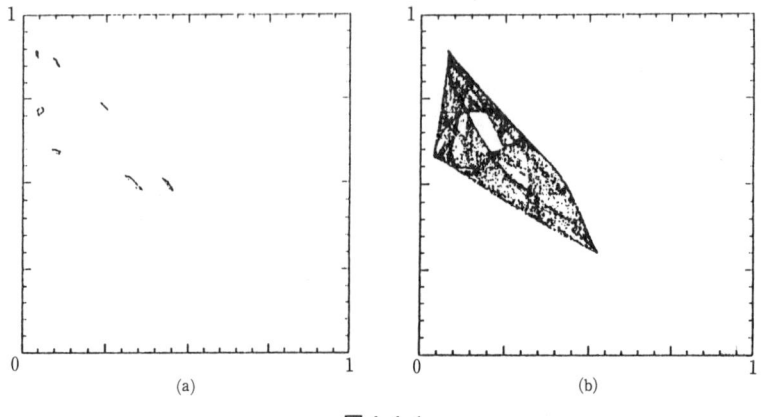

図 4.4.1

り返された後，$a=3.4204$ で9周期点が現れ，続いて2次ナイマーク・サッカー分岐（9個の島状の小リミットサイクルの出現）→周期点→……→カオスへとたどっている．図 4.4.4(a) は $a=3.25$，$b=2.6$ におけるリミットサイクル，図 4.4.4(b) は $a=3.85$，$b=2.6$ におけるカオスアトラクターである．墨流し絵は，$G9$ が図 4.4.4(b) と同じパラメーター値で $k=10$ に対する絵，$G10$ は $G9$ と同じパラメーター値で $k=24$ に対する墨流し絵である．

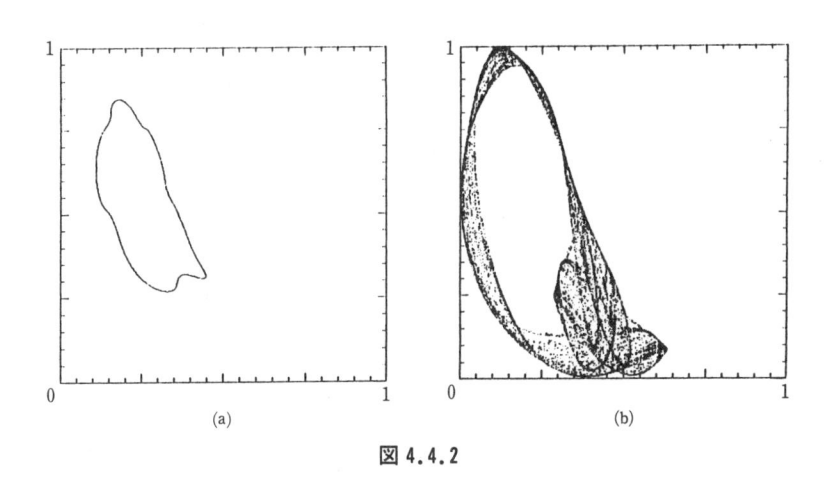

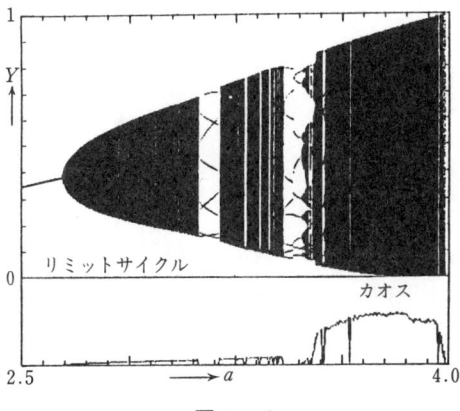

図 4.4.2

図 4.4.3

例 5
$$f(x, y) = y + ax + 5/(1+x^2)$$
$$g(x, y) = -x$$
(4-4-7)

この式はエノン写像のバリエーションの一つ（第1式の2,3項が違っているが，やはり1対1連続写像である）である（川上博氏の著書[(2)]を参照されたい）．墨流し絵 $G11$, $G12$ はモデル (4-4-7) において，それぞれ $a=0.14$, $k=16$, と $a=-1.3$, $k=27$ である．この場合のカオスアトラクターはそれぞれ図 4.4.5 (a), (b)になる．

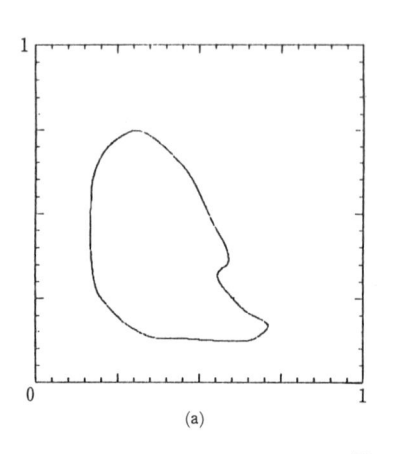

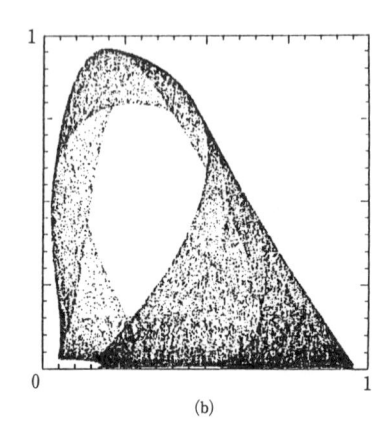

図 4.4.4

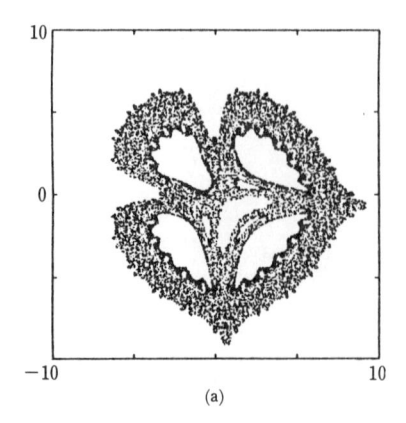

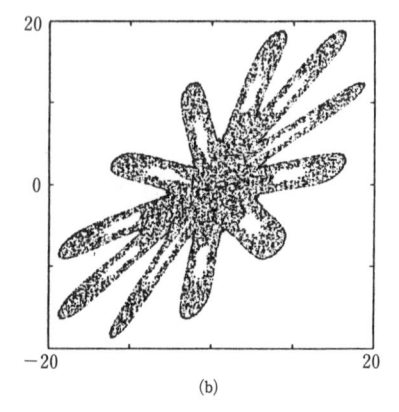

図 4.4.5

参考文献

(1) 山口昌哉編著『カオスとフラクタル入門』（1992年度放送大学教材）放送大学教育振興会
(2) 川上 博『カオス CG コレクション』サイエンス社

LIST_01

```
100 '   SAVE "LIST_01.BAS",A
110 '*** LOGISTIC MAP ORBIT ***
120 CLS 3 : CONSOLE ,,0
130 INPUT "A=",A         :' パラメーター
140 INPUT "X0=",X0       :' ショキテン
150 SCREEN 3,0
160 WINDOW (0,-200)-(599,0)
170 VIEW (0,0)-(599,200)
180 LINE (55,0)-(55,-200),3
190 LINE (55,0)-(385,0),3
200 FOR I=15 TO 330 STEP 15
210    LINE (55+I,0)-(55+I,-3)
220 NEXT I
230 FOR I=50 TO 200 STEP 50
240    LINE (55,-I)-(58,-I)
250 NEXT I
260 CIRCLE (55,-200*X0),2,2
270 X=X0 :PT0=0 :PX0=-200*X
280 FOR K=1 TO 22
290    X=A*X*(1-X)
300    PT1=15*K : PX1=-200*X
310    LINE (55+PT0,PX0)-(55+PT1,PX1),1,,&HCCCC
320    CIRCLE (55+PT1,PX1),2,2
330    PT0=PT1 : PX0=PX1
340 NEXT K
350 '*** RETURN MAP ***
360 INPUT "M=",M         :' RETURN ノ カイスウ
370 LINE (400,0)-(599,-199),3,B
380 FOR I=50 TO 150 STEP 50
390    LINE (I+400,0)-(I+400,-3)
400    LINE (400,-I)-(403,-I)
410 NEXT I
420 LINE (400,0)-(599,-199),2
430 YS=0 :XS=0
440 FOR N=1 TO 200
450    XN=N/200 :X=XN
460    X=A*X*(1-X)
470    YN=X
480    LINE (400+200*XS,-200*YS)-(400+200*XN,-200*YN)
490    XS=XN :YS=YN
500 NEXT N
510 LINE (400,-200*X0)-(400+200*X0,-200*X0),5,,&HCCCC
520 LINE (400+200*X0,0)-(400+200*X0,-200*X0),5
530 FOR N=1 TO M
540    X1=A*X0*(1-X0)
550    LINE (400+200*X0,-200*X0)-(400+200*X0,-200*X1),5
560    LINE (400+200*X0,-200*X1)-(400+200*X1,-200*X1),5
```

```
570    X0=X1
580 NEXT N
590 LOCATE 0,22
600 INPUT "クリカエシマスカ? (Y,N)=",D$
610 IF D$="Y" THEN 110 ELSE 620
620 END
```

LIST_02

```
100  '    SAVE "LIST_02.BAS",A
110 '*** BIFURCATION DIAGRAM OF LOGISTIC MAP ***
120 CLS 3 : CONSOLE ,,0
130 INPUT "AL=",AL :INPUT "AH=",AH :'ハ°ラメータ ノ ハンイ
140 INPUT "AS=",AS :INPUT "AE=",AE :'ス゛ヲ アラワスハンイ
150 INPUT "XL=",XL :INPUT "XH=",XH :'X-シ゛クノ ハンイ
160 INPUT "ショキチ X0=",X
170 INPUT "NS=",K :INPUT "NR=",L :'NSカイ クリカエシタノチ NRカイヲ ミル
180 SCREEN 3,0
190 WINDOW (0,-399)-(499,0)
200 VIEW (100,0)-(599,399)
210 LINE (0,0)-(499,-399),3,B
220 FOR I=125 TO 375 STEP 125
230    LINE (I,-399)-(I,-389) : LINE (I,0)-(I,-9)
240 NEXT I
250 FOR I=25 TO 475 STEP 25
260    LINE (I,-399)-(I,-394) : LINE (I,0)-(I,-5)
270 NEXT I
280 FOR I=100 TO 300 STEP 100
290    LINE (0,-I)-(4,-I) : LINE (495,-I)-(499,-I)
300 NEXT I
310 NS=CINT(500*(AS-AL)/(AH-AL))
320 NE=CINT(500*(AE-AL)/(AH-AL))
330 FOR N=NS TO NE
340    A=AL+N*(AH-AL)/500
350    FOR M=1 TO K
360      X=A*X*(1-X)
370    NEXT M
380    FOR M=1 TO L
390      IF X<XL OR X>XH THEN 420
400      J=400*(X-XL)/(XH-XL)
410      PSET (N,-J)
420      X=A*X*(1-X)
430    NEXT M
440 NEXT N
450 LOCATE 0,20
460 PRINT "クリカエシマスカ?"
470 INPUT " (Y,N)=",G$
480 IF G$="Y" THEN 120
490 END
```

LIST_03

```
100 '    SAVE "LIST_03.BAS",A
110 '*** ORBIT OF LORENZ MODEL ***
120 CLS 3 : CONSOLE ,,0
130 PRINT "ORBIT OF"
140 PRINT "   LORENZ MODEL"
150 PRINT " dX/dt=-SX+SY"
160 PRINT " dY/dt=-XZ+RX-Y"
170 PRINT " dZ/dt=XY-BZ"
180 INPUT "S=",S : INPUT "R=",R : INPUT "B=",B
190 INPUT "DT=",DT :' ジカン ノ キザミハバ
200 INPUT "X0=",X : INPUT "Y0=",Y : INPUT "Z0=",Z
210 INPUT "TE=",TE :'ケイサン ヲ ウチキル ジカン
220 T=0
230 SCREEN 3,0
240 WINDOW (0,-399)-(399,0)
250 VIEW (150,0)-(549,399)
260 LINE (0,-95)-(190,-95)      :'Y-AXIS
270 LINE (95,0)-(95,-190)       :'X-AXIS
280 LINE (0,-210)-(190,-210)    :'Y-AXIS
290 LINE (95,-200)-(95,-390)    :'Z-AXIS
300 LINE (200,-210)-(390,-210)  :'X-AXIS
310 LINE (295,-200)-(295,-390)  :'Z-AXIS
320 *MAIN
330   T=T+DT :'PRINT " T=";T
340   XX=X-S*(X-Y)*DT
350   YY=Y+(-X*Z+R*X-Y)*DT
360   ZZ=Z+(X*Y-B*Z)*DT
370   X=XX : Y=YY : Z=ZZ
380   PSET (95+2*YY,-95+2*XX) : PSET (95+2*YY,-210-2*ZZ)
390   PSET (295+2*XX,-210-2*ZZ)
400   IF T<TE THEN 410 ELSE 420
410 GOTO *MAIN
420 INPUT "クリカエシマスカ?(Y,N)=",G$
430 IF G$="Y" THEN 120
440 END
```

LIST_04

```
100 '    SAVE "LIST_04.BAS",A
110 '**** LORENZ PLOT ****
120 CLS 3 : CONSOLE ,,0
130 SCREEN 3,0
150 PRINT "dX/dT=-SX+SY"
170 PRINT "dY/dT=-XZ+RX-Y"
190 PRINT "dZ/dT=XY-BZ"
200 PRINT " "
210 INPUT "S=",S : INPUT "R=",R : INPUT "B=",B
220 INPUT "DT=",DT                    :' ジカン ノ キザミ
```

```
230 INPUT "X0=",X : INPUT "Y0=",Y : INPUT "Z0=",Z
240 INPUT "TS=",TS          :' PLOT ノ スタートタイム
250 INPUT "PN=",PN : K=0    :' PLOT ノ カイスウ
260 INPUT "Zmin=",ZMIN      :' Zジク min ノ アタイ
270 INPUT "Zmax=",ZMAX      :' Zジク max ノ アタイ
280 T=0
290 WINDOW (0,-300)-(300,0)
300 VIEW (150,0)-(450,300)
310 LINE (0,0)-(300,0)       :'ZN0-AXIS
320 LINE (0,-300)-(0,0)      :'ZN1-AXIS
330 FOR N=10 TO ZMAX STEP 10
340    NN=(N-ZMIN)*300/(ZMAX-ZMIN)
350    LINE (0,-NN)-(4,-NN)
360    LINE (NN,0)-(NN,-4)
370 NEXT N
380 GOSUB *MAIN
390    IF T<TS THEN 380 ELSE 400
400 GOSUB *MAIN
410 ZZ2=Z
420 GOSUB *MAIN
430 ZZ1=ZZ2 : ZZ2=Z
440 GOSUB *MAIN
450 ZZ0=ZZ1 : ZZ1=ZZ2 : ZZ2=Z
460    IF ZZ1>ZZ0 AND ZZ1>ZZ2 THEN 470 ELSE 440
470 GOSUB *PLOT
475    IF K>PN THEN 650
480 GOTO 440
490 *MAIN
500    XX=X+(-S*X+S*Y)*DT
510    YY=Y+(-X*Z+R*X-Y)*DT
520    ZZ=Z+(X*Y-B*Z)*DT
530    X=XX : Y=YY : Z=ZZ
540    T=T+DT
550 RETURN
560 *PLOT
570    ZN0=ZN1
580    ZN1=ZZ1
590    PX=(ZN0-ZMIN)*300/(ZMAX-ZMIN)
600    PY=(ZN1-ZMIN)*300/(ZMAX-ZMIN)
610    PSET (PX,-PY)
620    K=K+1
640 RETURN
650 END
```

LIST_05

```
100 '     SAVE "LIST_05.BAS",A
110 '*** LOGISTIC FUNCTION CURVE ***
120 CLS 3 : CONSOLE ,,0
```

```
130 SCREEN 3,0
140 WINDOW (0,-399)-(399,0)
150 VIEW (199,0)-(599,399)
160 LINE (0,0)-(399,-399),3,B
170 FOR I=100 TO 300 STEP 100
180    LINE (I,-399)-(I,-394)
190    LINE (I,0)-(I,-5)
200    LINE (0,-I)-(5,-I)
210    LINE (394,-I)-(399,-I)
220 NEXT I
230 INPUT "XL=",XL : INPUT "XH=",XH :'X ノ ハンイ
240 INPUT "YL=",YL : INPUT "YH=",YH :'Y ノ ハンイ
250 IF XL>YL THEN 260 ELSE 270          :'タイカクセン シテン
260    XXL=0 : YYL=(XL-YL)/(YH-YL): GOTO 280
270    YYL=0 : XXL=(YL-XL)/(XH-XL)
280 IF XH>YH THEN 290 ELSE 300          :'タイカクセン シュウテン
290    YYH=1 : XXH=(YH-XL)/(XH-XL): GOTO 310
300    XXH=1 : YYH=(XH-YL)/(YH-YL)
310 LINE (400*XXL,-400*YYL)-(400*XXH,-400*YYH),2,
320 M=0
330 INPUT "A=",A
340 INPUT "K=",K :' F ノ ゴウセイカイスウ
350    X=XA
360 FOR I=1 TO K
370    X=A*X*(1-X)
380 NEXT I
390 Y0=X
400 FOR N=1 TO 400
410    X1=XL+(XH-XL)*N/400 :X=X1
420    FOR I=1 TO K
430       X=A*X*(1-X)
440    NEXT I
450    Y1=X
460    YY0=400*(Y0-YL)/(YH-YL) : YY1=400*(Y1-YL)/(YH-YL)
470    LINE (N-1,-YY0)-(N,-YY1)
480    X0=X1 :Y0=Y1
490 NEXT N
500 INPUT "ツヅケマスカ?(Y,N)=",G$
510 IF G$="Y" THEN 330 ELSE 520
520 END
```

LIST_06

```
100 '  save "LIST_06.BAS",A
110 '*** LYAPUNOV EXPONENT OF LOGISTIC MAP ***
120 CLS 3 : CONSOLE ,,0
130 PRINT "'リアプノフシスウ-LOGI"
140 SCREEN 3,0
150 WINDOW (0,-360)-(450,0)
```

```
160 VIEW (140,15)-(590,375)
170 LINE (0,0)-(450,-360),,B
180 LINE (0,-240)-(450,-240),5,,&HCCCC
190 FOR N=1 TO 5
200    LINE (0,-60*N)-(5,-60*N)
210 NEXT N
220 INPUT "AS=",AS      :' ﾊﾟﾗﾒｰﾀｰ ﾊｼﾞﾒ
230 INPUT "AE=",AE      :' ﾊﾟﾗﾒｰﾀｰ ｵﾜﾘ
240 FOR N=0 TO 20
250    M=(.2*N-AS)*450/(AE-AS)
260    LINE (M,0)-(M,-5)
270 NEXT N
280 INPUT "X0=",X       :' X ﾉ ｼｮｷﾁ
290 INPUT "M=",M        :' ｼｮｷｹｲｻﾝ
300 INPUT "N=",N        :' L-ｼｽｳ ﾉ ｹｲｻﾝｶｲｽｳ
310 FOR I=1 TO M
320    X1=AS*X*(1-X)
330    X=X1
340 NEXT I
350    R=(LOG(ABS(AS-2*AS*X)))/N
360 FOR I=1 TO N
370    X1=AS*X*(1-X)
380    X=X1
390    R=R+(LOG(ABS(AS-2*AS*X)))/N
400 NEXT I
410    R0=R : RM=1
420 FOR J=1 TO 450
430    A=AS+(AE-AS)*J/450
440   FOR I=1 TO M
450    X1=AS*X*(1-X)
460    X=X1
470   NEXT I
480    R=(LOG(ABS(A-2*A*X)))/N
490   FOR I=1 TO N
500    X1=A*X*(1-X)
510    X=X1
520    R=R+(LOG(ABS(A-2*A*X)))/N
530   NEXT I
540    H0=-120*R0/RM-240
550    H=-120*R/RM-240
560    LINE (J-1,H0)-(J,H)
570    R0=R
580 NEXT J
590 END
```

LIST_07

```
100 '    SAVE "LIST_07.BAS",A
110 '*** DISTRIBUTION OF LOGISTIC ORBIT ***
```

```
120 CLS 3 : CONSOLE ,,0
130 INPUT "A=",A# : INPUT "X0=",X#
140 INPUT "EL=",EL        :'タテジク ノ カクダイリツ
150 INPUT "M=",M          :'ケイサンクリカエシスウ
160 SCREEN 3,0
170 WINDOW (0,-399)-(399,0)
180 VIEW (200,0)-(599,399)
190 LINE (0,-399)-(0,0) : LINE (0,0)-(399,0)
200 LINE (399,0)-(399,-399)
210 LY=199*EL
220 LINE (0,-LY)-(399,-LY),4,,&HCCCC
230 N=400        :'X-ジク ノ ブンカツ
240 DIM NM(N+1)
250 FOR I=1 TO N+1
260    NM(I)=0
270 NEXT I
280 FOR I=1 TO M
290    X#=A#*X#*(1-X#)
300    XN=INT(N*X#)+1
310    NM(XN)=NM(XN)+1
320 NEXT I
330 S=0
340 FOR I=1 TO N-1
350    X0=(I-.5)*400/N : X1=(I+.5)*400/N
360    Y0=NM(I)*N*200*EL/M : Y1=NM(I+1)*N*200*EL/M
370    S=S+NM(I)/M
380    IF Y0>=4000 THEN 400 : IF Y1>=4000 THEN 400
390    LINE (X0,-Y0)-(X1,-Y1)
400 NEXT I
410 ERASE NM
420 INPUT "ツツ゛ケマスカ?(Y,N)=",G$
430 IF G$="Y" THEN GOTO 120
440 END
```

LIST_08

```
100 '      SAVE "LIST_08.BAS",A
110 '*** ATTRACTOR OF HENON MAP ***
120 CLS 3 : CONSOLE ,,0
130 PRINT "X=1-AX^+Y
140 PRINT "Y=BX
150 INPUT "A=",A:INPUT "B=",B
160 INPUT "X0=",X:INPUT "Y0=",Y    :'ショキテン
170 INPUT "M=",M        :'Mカイ クリカエシタノチ
180 INPUT "N=",N        :'Nコ ノ キトウヲミル
190 INPUT "XL=",R : INPUT "DX=",DX  :'X ノ ハンイ
200 INPUT "YL=",S : INPUT "DY=",DY  :'Y ノ ハンイ
210 SCREEN 3,0
220 WINDOW (0,-399)-(399,0)
```

```
230 VIEW (150,0)-(549,399)
240 LINE (0,0)-(399,-399),3,B
250 FOR I=100 TO 300 STEP 100
260    LINE (I,-399)-(I,-394)
270    LINE (I,0)-(I,-5)
280    LINE (0,-I)-(5,-I)
290    LINE (394,-I)-(399,-I)
300 NEXT I
310 DEF FNF(X,Y)=1-A*X*X+Y
320 DEF FNG(X,Y)=B*X
330 FOR I=1 TO M
340    X1=FNF(X,Y)
350    Y1=FNG(X,Y)
360    X=X1: Y=Y1
370    IF X<-100 THEN 540
380 NEXT I
390 FOR I=1 TO N
400    X1=FNF(X,Y)
410    Y1=FNG(X,Y)
420    X=X1: Y=Y1
430 '
440    IF X<-100 THEN 540
450    IF R>X THEN GOTO 530
460    IF (R+DX)<X THEN GOTO 530
470    IF S>Y THEN GOTO 530
480    IF (S+DY)<Y THEN GOTO 530
490 '
500    PX=400*(X-R)/DX
510    PY=-400*(Y-S)/DY
520    PSET (PX,PY)
530 NEXT I
540 INPUT "ツヅｹﾏｽｶ?(Y,N)=",G$
550 IF G$="Y" THEN 120
560 END
```

LIST_09

```
100 ' save "LIST_09 .BAS",A
110 '***** DUFFING EQUATION *****
120 CLS 3 : CONSOLE ,,0
130 SCREEN 3,0,0,1
140 WINDOW (0,-399)-(399,0)
150 VIEW (150,0)-(549,399)
160 PRINT "dX/dT=Y"
170 PRINT "dY/dT=-KY-X^3"
180 PRINT "        +B・COS(T)"
190 PRINT " "
200 INPUT "K=",K : INPUT "B=",B
210 INPUT "DT=",DT :'ｼﾞｶﾝ ﾉ ｷｻﾞﾐ
```

```
220 INPUT "XL=",XL : INPUT "XH=",XH : DX=XH-XL :'X ノ ハンイ
230 INPUT "YL=",YL : INPUT "YH=",YH : DY=YH-YL :'Y ノ ハンイ
240 INPUT "X0=",X# : INPUT "Y0=",Y# :'ショキテン
250 PI2#=6.283185308#
260 INPUT "NS=",NS : TS#=PI2#*NS :'プロット スタートジカン
270 INPUT "NE=",NE : TE#=PI2#*NE :'プロット シュウリョウジカン
280 T=0 : TN#=TS#
290 PX0=-400*XL/DX : PY0=-300*YL/DY+100
300 LINE (0,-PY0)-(399,-PY0)   :'X-AXIS
310 LINE (PX0,-100)-(PX0,-399) :'Y-AXIS
320 LINE (0,-100)-(399,-399),4,B
330 LINE (0,-48)-(399,-48)     :'T-AXIS
340 LINE (0,0)-(0,-96)         :'COS(T)-AXIS
350 *MAIN
360   GOSUB *SUB1
370   GOSUB *SUB2
380   GOSUB *SUB3
390   IF T<TN# THEN *MAIN ELSE GOSUB *SUB4
400   IF T<TE# THEN *MAIN ELSE 410
410 END
420 '
430 *SUB1 :'キドウケイサン RUNGE-KUTTA(2/3)
440   XX#=X#+Y#*DT*2/3
450   YY#=Y#+(-K*Y#-X#*X#*X#+B*COS(T))*DT*2/3
460   XXX#=X#+(Y#+3*YY#)*DT/4
470   G#=-K*YY#-XX#*XX#*XX#+B*COS(T+2*DT/3)
480   YYY#=Y#+(-K*Y#-X#*X#*X#+B*COS(T)+3*G#)*DT/4
490   X#=XXX# : Y#=YYY# : T=T+DT
500  RETURN
510 *SUB2 :'キドウ ノ プロット
520   PX=400*(X#-XL)/DX : PY=300*(Y#-YL)/DY+100
530   PSET (PX,-PY),6
540  RETURN
550 *SUB3 :' X(T)-T グラフ
560   PT=400*T/TE# : PX=48*X#/5+48
570   PSET (PT,-PX),6
580  RETURN
590 *SUB4 :'ポアンカレー マップ
600   PX=400*(X#-XL)/DX : PY=300*(Y#-YL)/DY+100
610   CIRCLE (PX,-PY),2,2 : PAINT (PX,-PY),3,2
620   LINE (PT,-45)-(PT,-51)
630   TN#=TN#+PI2#
640  RETURN
```

LIST_10

```
100 '    SAVE "LIST_10.BAS",A
110 '*** KOCH CURVE VARIATION ***
120 CLS 3 : CONSOLE ,,0
```

```
130 PRINT "X1=AX+BY "
140 PRINT "Y1=BX-AY "
150 PRINT "X2=A+(1-A)X-BY"
160 PRINT "Y2=B(1-X)-(1-A)Y "
170 INPUT "A=",A:INPUT "B=",B
180 INPUT "K=",K  :'シュクショウカイスウ
190    KK=2^K
200 DIM X(KK),Y(KK)
210 FOR J=0 TO KK
220    X(J)=-1
230 NEXT J
240 X(0)=0 : X(KK)=1 : Y(0)=0 : Y(KK)=0
250 FOR I=0 TO KK STEP 2
260    IF X(I)=-1 THEN 340
270       N=I/2 : M=KK/2+N
280    IF X(N)>-.1 THEN 310
290       X(N)=A*X(I)+B*Y(I)
300       Y(N)=B*X(I)-A*Y(I)
310    IF X(M)>-.1 THEN 340
320       X(M)=A+(1-A)*X(I)-B*Y(I)
330       Y(M)=B*(1-X(I))-(1-A)*Y(I)
340 NEXT I
350 IF X(1)=-1 THEN 250
360 SCREEN 3,0
370 WINDOW (0,-399)-(399,0)
380 VIEW (150,0)-(549,399)
390 LINE (0,0)-(399,-399),3,B
400 FOR N=0 TO KK-1
410    PX0=X(N)*400 : PY0=-Y(N)*400
420    PX1=X(N+1)*400 : PY1=-Y(N+1)*400
430    LINE (PX0,PY0)-(PX1,PY1)
440 NEXT N
450 ERASE X,Y
460 INPUT "ツヅ゛ケマスカ?(Y,N)=",G$
470 IF G$="Y" THEN 120
480 END
```

LIST_11

```
100   '    SAVE "LIST_11.BAS",A
110   '*** カリフラワー VARIATION ***
120 CLS 3 : CONSOLE ,,0
130 SCREEN 3,0
140 PRINT "fx0=r0Xcosβ0-r0Ysinβ0+1 "
150 PRINT "fy0=r0Ycosβ0+r0Xsinβ0"
160 PRINT "fx1=r1Xcosβ1-r1Ysinβ1+1 "
170 PRINT "fy1=r1Ycosβ1+r1Xsinβ1 "
180 INPUT "r0=",R0:INPUT "β0°=",B0 :'f0 ノ シュクショウリツ ト カイテンカク
190 INPUT "r1=",R1:INPUT "β1°=",B1 :'f1 ノ シュクショウリツ ト カイテンカク
```

```
200 INPUT "K=",K : 'シュクショウカイスウ
210   C0=COS(6.28319*B0/360)
220   C1=COS(6.28319*B1/360)
230   S0=SIN(6.28319*B0/360)
240   S1=SIN(6.28319*B1/360)
250   N=2^(K+2)
260 WINDOW (0,-399)-(540,0)
270 VIEW (99,0)-(639,399)
280 DIM X(N+2),Y(N+2)
290   DEF FNX0(X,Y)=R0*X*C0-R0*Y*S0+1
300   DEF FNY0(X,Y)=R0*Y*C0+R0*X*S0
310   DEF FNX1(X,Y)=R1*X*C1-R1*Y*S1+1
320   DEF FNY1(X,Y)=R1*Y*C1+R1*X*S1
330 X(0)=0 : Y(0)=0 : X(1)=1 : Y(1)=0
340 PX0=150*X(0)+130 : PY0=150*Y(0)+200
350 PX1=150*X(1)+130 : PY1=150*Y(1)+200
360 LINE (PX0,-PY0)-(PX1,-PY1)
370 FOR I=0 TO (K-1) : M=2^I
380     L=2*M
390   FOR J=M TO 2*M-1
400     X=X(J) : Y=Y(J)
410     X(L)=FNX0(X,Y)
420     Y(L)=FNY0(X,Y)
430     L=L+1
440   NEXT J
450   FOR J=M TO 2*M-1
460     X=X(J) : Y=Y(J)
470     X(L)=FNX1(X,Y)
480     Y(L)=FNY1(X,Y)
490     L=L+1
500   NEXT J
510 NEXT I
520 FOR I=0 TO(K-1) : M=2^I
530   FOR J=M TO 2*M-1
540     PXJ=150*X(J)+130 : PYJ=-150*Y(J)-200
550     PX2J=150*X(2*J)+130 : PY2J=-150*Y(2*J)-200
560     PX21J=150*X(2*J+1)+130 : PY21J=-150*Y(2*J+1)-200
570     LINE (PXJ,PYJ)-(PX2J,PY2J)
580     LINE (PXJ,PYJ)-(PX21J,PY21J)
590   NEXT J
600 NEXT I
610 ERASE X,Y
620 INPUT "ツヅケマスカ?(Y,N)=",G$
630 IF G$="Y" THEN 120
640 END
```

LIST_12

```
100 '     SAVE "LIST_12.BAS",A
110 '*** JULIA SET ***
120 CLS 3 : CONSOLE ,,0
130 PRINT "JULIA Set"
140 PRINT "  of F(Z)=Z^2+A"
150 INPUT " AR = ",AR :'A ノ REAL PART
160 INPUT " AI = ",AI :'A ノ IMAGINARY PART
170 INPUT " XL = ",XL : INPUT " XH = ",XH
180 INPUT " YL = ",YL : INPUT " YH = ",YH
190 INPUT " R  = ",R       :'ハッサン ハンケイ
200 INPUT " Give up Num. = ",GN :'ケイサン ウチキリカイスウ
210 SCREEN 3,0
220 WINDOW (0,-399)-(399,0)
230 VIEW (170,0)-(569,399)
240 LINE (0,0)-(399,-399),,B
250   COLOR=(1,1) : COLOR=(2,5) : COLOR=(3,4)
260   COLOR=(4,3) : COLOR=(5,6) : COLOR=(6,2)
270 FOR M=1 TO 398
280   YS=YL+M*(YH-YL)/400 : PY=M
290   FOR N=1 TO 398
300     XS=XL+N*(XH-XL)/400 : PX=N
310     X=XS :Y=YS
320     FOR I=1 TO GN
330       PN= (I MOD 6) + 1  :' Palette number
340       IF  X*X+Y*Y>R*R THEN 410
350       XX=X*X-Y*Y+AR
360       YY=2*X*Y+AI
370       X=XX : Y=YY
380     NEXT I
390   NEXT N
400 NEXT M : GOTO 420
410 PSET (PX,-PY),PN   : GOTO 390
420 INPUT "",D
430 END
```

LIST_13

```
100 '     SAVE "LIST_13.BAS",A
110 '*** MANDELBROT SET ***
120 CLS 3 : CONSOLE ,,0
130 PRINT "Mandelbrot Set"
140 PRINT " of F(Z)=Z^2+A"
150 INPUT "ARL= ",ARL : INPUT "ARH= ",ARH
160 INPUT "AIL= ",AIL : INPUT "AIH= ",AIH
170 INPUT "R  = ",R
180 INPUT "Give up Num. = ",GN
190 SCREEN 3,0
200 WINDOW (0,-399)-(399,0)
```

```
210 VIEW (150,0)-(549,399)
220 LINE (0,0)-(399,-399),,B
230 FOR M=1 TO 399
240   AI=AIL+M*(AIH-AIL)/400 : PAI=M
250   FOR N=1 TO 399
260     AR=ARL+N*(ARH-ARL)/400 : PAR=N
270     X=0 :Y=0
280     FOR I=1 TO GN
290       XX=X*X-Y*Y+AR
300       YY=2*X*Y+AI
310       X=XX : Y=YY
320     NEXT I
330     IF  X*X+Y*Y<R*R THEN 360
340   NEXT N
350 NEXT M : GOTO 370
360 PSET (PAR,-PAI)  : GOTO 340
370 INPUT "",D
380 END
```

LIST_14

```
100 '    SAVE "LIST_14.BAS",A
110 '*** スミナガシエ PREY-PREDATOR MODEL ***
120 CLS 3 : CONSOLE ,,0
130 PRINT "X=AX(1-X-Y)"
140 PRINT "Y=BY(1+CX)"
150 PRINT " ノ スミナガシエ"
160 INPUT "A=",A:INPUT "B=",B : INPUT "C=",C
170 INPUT "K=",K :'F ノ ゴウセイカイスウ
180 SCREEN 3,0
190 WINDOW (0,-399)-(399,0)
200 VIEW (200,0)-(599,399)
210 LINE (0,0)-(0,-399) : LINE (0,-399)-(399,0)
220 LINE (0,0)-(399,0)
230 FOR I=1 TO 399
240   X0= I/400
250   FOR J=1 TO (399-I)
260     Y0= J/400 :Y=Y0 :X=X0
270     FOR N=1 TO K
280       X1=A*X*(1-X-Y)
290       Y1=B*Y*(1+C*X)
300       X=X1: Y=Y1
310     NEXT N
320     IF (J MOD 2) = 0 THEN 330 ELSE 350
330     IF (X-X0)>0 THEN 340    ELSE 370
340     PSET (I,-J),2 :GOTO 370
350     IF (Y-Y0)>0 THEN 360 ELSE 370
360     PSET (I,-J),4
370   NEXT J
```

```
380 NEXT I
390 '**** GRAPH_SAVE PROGRAM *****
400 INPUT "GRSAVE? (Y,N)=",G$
410 IF G$="Y" THEN 420 ELSE 500
420 INPUT "ﾃﾞｨｽｸ ｦ ｲﾚｶｴﾃ HIT KEY",D
430 INPUT "ﾌｧｲﾙﾉﾅﾏｴﾊ? FN$=",NM$
440 DEF SEG = &HA800
450 BSAVE NM$+"0" ,0,&H8000
460 DEF SEG = &HB000
470 BSAVE NM$+"1" ,0,&H8000
480 DEF SEG = &HB800
490 BSAVE NM$+"2" ,0,&H8000
500 INPUT "ﾂﾂﾞｹﾏｽｶ?(Y,N)=",S$
510 IF S$="Y" THEN 120
520 END
```

LIST_15

```
100 '     SAVE "LIST_15.BAS",A
110 ' ***** GRAPH LOAD PROGRAM *****
120 CONSOLE ,,0 : CLS 3
130 SCREEN 3,0
140 INPUT "FN$=",NM$
150 DEF SEG = &HA800
160 BLOAD NM$+"0"
170 DEF SEG = &HB000
180 BLOAD NM$+"1"
190 DEF SEG = &HB800
200 BLOAD NM$+"2"
210 INPUT "ﾂﾂﾞｹﾏｽｶ ? (Y,N) = ",S$
220 IF S$="Y" THEN 120
230 END
```

LIST_16

```
1000    ' asave "FFTONOFF": *** UBASIC ノ Program デス ***
1010    cls 3:console 0,25:screen 3
1020    window (0,0)-(639,399):view (0,0)-(639,399)
1030    print "Fast Fourier Transform of the model"
1040    print "   XX=AX(1-X)":print "   YY=BXY(1-Y)"
1050    input "POINT NP(<=6)=";NP
1060     point NP
1070    input "A=";AA:input "B=";BB
1080    print "date length (N=2^Z) "
1090    input " Z(<=13)=";Z
1100    input "AK(FFTノaverageｦﾄﾙdataノｽｳ)=";AK
1110    N=round(2^Z):M=round(N/2)
1120    emaword 6
```

```
1130    dim ema(0;N),ema(1;N),ema(2;M),ema(3;M)
1140    dim ema(4;M),ema(5;M)
1150    'ema(0;I)=(Re Y),ema(1;I)=(Im Y)
1160    'ema(2;I)=sin((2*pi/N)*I),ema(3;I)=cos((2*pi/N)*I)
1170    '====== Test calculation ノ GRAPH  ======
1180    input "ショキケイサンカイスウ IN=";IN
1190    input "MaxGY(=1 ガ ヒョウジュン)=";MGY
1200    TN=round(N/4):'TN=1GraphアタリノDataLength
1210    MM=10:'MM=ヨコジクメモリスウ
1220    gosub *GR0
1230    randomize:'X ノ ランスウ ショキカ
1240    X=0.1+0.8*rnd:Y=0.001
1250    locate 0,13:print "X0=";X
1260    for J=0 to IN
1270      XX=AA*X*(1-X):YY=BB*X*Y*(1-Y):X=XX:Y=YY
1280      III=J:next J
1290    for I=1 to 4
1300     for J=1 to TN
1310      II=III+J:locate 0,14:print "II=";II
1320      XX=AA*X*(1-X):YY=BB*X*Y*(1-Y):X=XX:Y=YY
1330      PY0=90+98*(I-1):PY=90+98*(I-1)-75*Y/MGY
1340        PYM=90+98*(I-1)-75
1350      if Y=0 then 1360 else 1380
1360        locate 0,15:print "Y=0 ニオチマシタ"
1370        cancel for:goto 1430
1380      if Y>MGY then 1410
1390        line (120+J*500/TN,PY0)-(120+J*500/TN,PY)
1400          goto 1420
1410        line (120+J*500/TN,PY0)-(120+J*500/TN,PYM)
1420     next J:III=II:goto 1440
1430       cancel for:goto 1460
1440    next I
1450    goto 1470
1460    cls 2:gosub *GR0:goto 1240
1470    locate 0,16:print "FFTノケイサンニススミマス OK?{Y=1,N=else}="
1480    input " YN=";YN:if YN=1 then 1490 else 1460
1490    locate 0,19:print "FFT is now calculated !"
1500    '============ FFT calculation =============
1510    MM=Z ' stage number of FFT calculation
1520    for I=0 to M 'making the table for sin and cos
1530      ema(2;I)=sin((2*#pi/N)*I)
1540      ema(3;I)=cos((2*#pi/N)*I)
1550     next I
1560    NKK=0:FaN0=0
1570    for II=1 to AK
1580       gosub *Map:gosub *FFT
1590      for I=0 to M 'average of FFT
1600        ema(5;I)=ema(4;I)/AK+ema(5;I)
1610      next I:next II
```

```
1620     '=========== Graph of FFT ============
1630     input "Input number&CR then show Power Spectrum";DD
1640     BMAX=0:PP=10000
1650     for I=0 to M
1660      if BMAX<ema(5;I) then BMAX=ema(5;I)
1670     next I
1680     for I=0 to M:ema(5;I)=PP*ema(5;I)/BMAX:next I
1690     cls 2
1700     *FFT_Graph
1710     line (300,350)-(600,350),7
1720     line (300,350)-(300,50),7
1730     KM=3
1740     for I=0 to KM
1750      IM=300*log(10^I)/log(1000)
1760      line (300+IM,350)-(300+IM,355),7
1770     next I
1780     CMAX=0
1790     for I=0 to M
1800      if CMAX<ema(5;I) then CMAX=ema(5;I)
1810     next I
1820     KC=int(log(CMAX/10)/log(10))
1830     for I=0 to KC
1840      IM=300*log(10^I)/log(CMAX/10)
1850      line (300,350-IM)-(296,350-IM),7
1860     next I
1870     for I=1 to 1000
1880      if ema(5;I)=0 then 1920
1890       Plogw=300+300*log(I)/log(1000)
1900       PlogIw=350-300*log(ema(5;I))/log(CMAX/10)
1910      circle (Plogw,PlogIw),1,4
1920     next I
1930     end
1940     '
1950     *Map:'*******************************
1960     X=0.1+0.8*rnd:Y=0.001
1970     for J=1 to IN 'initial calculation
1980      XX=AA*X*(1-X):YY=BB*X*Y*(1-Y):X=XX:Y=YY:next J
1990     for J=1 to N
2000      XX=AA*X*(1-X):YY=BB*X*Y*(1-Y):X=XX:Y=YY
2010      if Y=0 then 2020 else 2040
2020       FaN0=FaN0+1:locate 0,20:print "FaN0=";FaN0
2030       cancel for:goto 1960
2040      ema(0;J)=Y:next J
2050     for J=1 to N:ema(1;J)=0:next J
2060     NKK=NKK+1:locate 0,21:print "NKK=";NKK
2070     return
2080     *FFT:'*************************
2090     ema(0;0)=0:ema(1;0)=0
2100     H=N:L=1
```

```
2110      for S=1 to Z:H=round(H/2):P=0
2120        for T=1 to L:K=0
2130          for I=P to H+P-1:J=I+H
2140            A=ema(0;I)-ema(0;J):B=ema(1;I)-ema(1;J)
2150            ema(0;I)=ema(0;I)+ema(0;J)
2160            ema(1;I)=ema(1;I)+ema(1;J)
2170            if K=0 then ema(0;J)=A:ema(1;J)=B:goto 2200
2180            ema(0;J)=A*ema(3;K)+B*ema(2;K)
2190            ema(1;J)=B*ema(3;K)-A*ema(2;K)
2200            K=K+L:next I
2210          P=P+2*H:next T
2220        L=2*L:next S
2230      '== bit reversal ==
2240      J=M
2250      for I=1 to N-1:K=N
2260        if J<I then 2270 else 2280
2270        swap ema(0;I),ema(0;J):swap ema(1;I),ema(1;J)
2280        K=round(K/2):if J>=K then J=J-K:goto 2280
2290        J=J+K
2300      next I
2310      for I=0 to M
2320        ema(4;I)=(ema(0;I)/M)^2+(ema(1;I)/M)^2:next I
2330      return
2340      *GR0
2350      for I=1 to 4
2360      line (120,90+98*(I-1))-(620,90+98*(I-1)),7
2370       line (120,90+98*(I-1))-(120,15+98*(I-1)),7:next I
2380      for I=1 to 4:for J=0 to 10
2390        line (120+(50)*J,98*I-8)-(120+(50)*J,98*I-5),7
2400       next J:next I
2410      return
```

索　引

あ　行

アトラクター　9, 51, 64, 66, 82
アトラクターの棲み分け　84, 94, 112
アフィン変換　68
安定性交代型分岐　95
安定（不安定）渦状点　73, 74
安定（不安定）結節点（沈点, 湧点）　71, 82, 85, 104
安定（不安定）多様体　72, 132
安定（不安定）不動点　5, 6, 11, 20, 23, 38, 39, 75, 92
安定（不安定）不変直線　71
鞍状点（サドル点）　65, 71, 113
位相空間　1
位相的推移性　58
一般化次元　212, 213
陰関数定理　94
インターミングルベイスン　133
薄膜衝突型崩壊　147
埋め込み次元　212
運動方程式　1
餌食－捕食者方程式　77, 86, 137, 215
エノン写像　77
エントロピー　51, 212
オイラー差分法　15
横断的ホモクリニック点　113
折り畳みのある写像　119
オン・オフ間欠性　148

か　行

カイ離　48
カオス　6, 38, 41, 46, 90
カオス放浪　144

カオスの条件　57
カオス集合の分布　50, 60
カオスアトラクターの構造　85
拡大的な不動点　113, 121
片側無限列　54, 56
過渡カオス　143
渦状点　73, 74
渦心点　74
完全自己相似集合　195
完備性　56
完全部分集合　17
カントール集合　17, 84, 117, 202
カントールの3進集合　48, 188, 207
カントールの定理　56, 125
記号力学（系）　1, 64, 150
吸引不動点（安定不動点に同じ）
競合モデル　108
局所的に安定　75, 76
局所的に絡み合ったベイスン　142
境界衝突型崩壊　143
許容的な旅程（許容列）　174, 181, 186
熊手型分岐　23, 37, 95, 101
繰り込み法　28
結節点　71
コーシー列　56
高速フーリエ変換（FFT）　151
コッホ曲線　194
固有方程式, ──値, ──ベクトル　69
混合的カオス　50

さ　行

最小最大列, 最大列　188
サドル点（鞍状点）　65, 71, 95, 113
サドル・ノード分岐　67, 95, 100
次元（埋め込み次元, 容量次元, 情報次元,

相関次元，一般化次元）　206, 212, 213
自己相似集合，完全――，内部――　194, 195, 200, 206
ジャパニーズアトラクター　66, 129
シャルコフスキーの定理，――列　35, 156, 161, 193
ジャンプ（爆発）　32
周期点　5, 6
周期点の稠密性　59
周期倍化分岐　19, 23, 67, 95, 101
周期的カオス　32, 51
縮小写像　195, 203
ジュリア集合　202
シュワルツの導関数　17, 25, 37
充填ジュリア集合　202
情報次元　212
初期値への鋭敏な依存性　49, 58
自律系　11, 67
自律微分方程式　130
垂直リアプノフ指数　134
スクランブル集合　46, 123
スナップ-バック　リペラー　113, 121
ずらしの写像　114
成長曲線　14
接線分岐　30, 33
ゼロカーブ　96, 97
線形共役な行列　72
線形近似　75
線形写像　68, 72, 75
全不連結　17
相関次元　212, 213
双曲型　75
双曲性が欠ける　75, 81, 96
相似次元　206, 207

た　行

ダフィン方程式　66, 129
単峰写像　6, 17, 37, 79

中心　3, 74
中心多様体（定理，理論）　3, 94
超安定不動点　37
（記号列の）つなぎ　189
テント写像　10, 62
特性方程式　69

な　行

ナイマーク・サッカー分岐　65, 67, 90, 91, 95, 96
内的崩壊　143
内部自己相似集合　200
2 対 1 写像　77, 89
ニュートン法　204
ノイジーな周期性　32

は　行

パイこね変換　53, 57
ハウスドルフ次元　207, 208
ハウスドルフ測度　208, 210
ベイスン（鉢，吸引域）　84, 94
馬蹄型写像　113, 114, 115
（分岐に於ける）爆発（ジャンプ）　32
バースト　148
パワースペクトル　51
バンド　18, 31, 32
反発不動点（不安定不動点に同じ）　6
（行列の）標準形　73
微分可能同相写像　77
ピュアーカオス　20, 52
ファイゲンバウムの普遍定数　28, 82
ファットフラクタル　138
複素力学系　202
不動点，――の安定性　3, 5, 18, 20, 22, 23, 75
不動点定理（1 次元）　155, 156
不変測度　50

索　引

フラクタル　94, 194, 201
フラクタル次元　194, 206, 207
ブローウエルの不動点定理　115, 124
フロベニウス・ペロンの積分方程式　51
分岐, 分岐ダイアグラム（分岐図）　7, 18, 31, 83, 91
分布関数　50, 61, 63
ヘテロクリニック点　72
ヘビサイド関数　213
ポアンカレ写像　11, 66, 77, 130, 131
ホップ分岐　65
ホモクリニックカオス　86
ホモクリニック点　72, 86, 113, 114
ボルテラ方程式　66, 86

ま　行

窓　32, 39, 41, 43
マルサスの方程式　13
マロットの定理　113, 121, 123
マンデルブロー集合　201, 203, 204

や　行

ヤコビ行列　76
ヤコビ行列式　79

ら　行

ラミナー　148
リアプノフ指数　49
力学系　1
離散写像, ――方程式, ――力学系　1, 2, 6, 15, 16, 65
リターンマップ　3, 5, 20, 45
リドルベイスン　133, 137
リドル崩壊　144
リミットサイクル　11, 67, 90, 91, 92, 93
リー・ヨークの定理　46, 155
旅程　54, 118, 171
臨界的　49
臨界点　17, 25, 29, 37, 44
ルベーク測度　138
レスラー方程式　10
連続力学系　1, 2
ロジスティック写像　4, 13
ロジスティック方程式　13
ローレンツアトラクター　9
ローレンツの方程式　9
ローレンツプロット　8

わ　行

ワダの湖（basins of Wada）　142

著者紹介

早間　慧（はやま　さとし）

1943年　島根県に生まれる

1966年　島根大学文理学部理科卒業

1968年　京都大学大学院理学研究科修士課程修了

1968年より京都市立洛陽工業高校定時制に勤務

1994年より大阪電気通信大学にて特論講師の一人を勤める

2001年　洛陽工高定時制を退職

　　日本物理学会，日本応用数理学会会員

　　理学博士

カオス力学の基礎	1994年2月20日　初版発行
	2002年2月10日　改訂2版発行

©2002

検印省略

著者　早間　慧

印刷所　（株）合同印刷

発行所　株式会社　現代数学社

京都市左京区鹿ヶ谷西寺之前町1

振替 01010-8-11144

Tel (075) 751-0727

INBN4-7687-0282-1　C3041　　　落丁・乱丁はお取りかえします．